湖北省
水利水电规划勘测设计院院志

（1997—2016 年）

《湖北省水利水电规划勘测设计院院志》编纂委员会　编

中国水利水电出版社
www.waterpub.com.cn
·北京·

内 容 提 要

本书是湖北省水利水电规划勘测设计院自1956年建院以来的第二部院志，它记载着湖北省水利水电规划勘测设计院近20年以来的提升、跨越和辉煌的闪光轨迹，它全面反映了湖北省水利水电规划勘测设计院近20年来在湖北省治水、兴水的伟大事业中，发挥着科技排头兵的巨大作用，成绩斐然，亮点纷呈。

本志书适合于湖北省水利系统职工、水利水电工程建设者、水文化研究者和社会大众阅读。

图书在版编目（CIP）数据

湖北省水利水电规划勘测设计院院志 ： 1997-2016年/
《湖北省水利水电规划勘测设计院院志》编纂委员会编
. -- 北京 ： 中国水利水电出版社，2018.12
ISBN 978-7-5170-7280-5

Ⅰ．①湖… Ⅱ．①湖… Ⅲ．①水利工程测量－研究院
－概况－湖北－1997-2016 Ⅳ．①TV221-242.63

中国版本图书馆CIP数据核字(2018)第291647号

书　　名	**湖北省水利水电规划勘测设计院院志（1997—2016 年）** HUBEI SHENG SHUILI SHUIDIAN GUIHUA KANCE SHEJIYUAN YUANZHI (1997—2016 NIAN)	
作　　者	《湖北省水利水电规划勘测设计院院志》编纂委员会　编	
出版发行	中国水利水电出版社 （北京市海淀区玉渊潭南路 1 号 D 座　100038） 网址：www.waterpub.com.cn E - mail：sales@waterpub.com.cn 电话：(010) 68367658（营销中心）	
经　　售	北京科水图书销售中心（零售） 电话：(010) 88383994、63202643、68545874 全国各地新华书店和相关出版物销售网点	
排　　版	中国水利水电出版社微机排版中心	
印　　刷	北京印匠彩色印刷有限公司	
规　　格	184mm×260mm　16 开本　13.25 印张　314 千字	
版　　次	2018 年 12 月第 1 版　2018 年 12 月第 1 次印刷	
印　　数	0001—2000 册	
定　　价	**120.00 元**	

编纂委员会

序

　　自 1956 年湖北省水利水电规划勘测设计院（简称"设计院"）成立以来，设计院大力发扬"献身、负责、求实"的水利行业精神，精心设计了一大批水库、堤防、泵站、涵闸等造福于民的水利工程，一道道堤坝、一座座电站、一栋栋泵房，如同一颗颗璀璨的明珠，镶嵌在广袤的荆楚大地上，为推动湖北水利事业的快速发展提供了有力支撑。

　　设计院创业、奋斗、壮大、繁荣的 60 年光辉历程，亦是湖北水利事业大投入、大建设、大发展的一甲子壮美画卷。在设计院迎来 60 周年院庆之际，《湖北省水利水电规划勘测设计院院志（1997—2016 年）》即将出版。既记载了该院 20 余年奋发图强、开拓进取的辉煌历程，又在一定程度上体现了湖北江河安澜背后与时俱进的治水理念和弥足宝贵的成功经验，对于湖北治水兴水工作具有十分重要的借鉴意义和参考价值。

　　仔细翻阅这段厚重而腾飞的院史，我欣然看到：进入 1998 年后的设计院犹如插上了一对腾飞的翅膀，无论是工程规划勘测设计，还是开拓市场经营创收，抑或是规范管理培养人才，都实现了重要突破、取得了跨越发展，成绩可喜可贺、可圈可点。在这 20 年间，设计院人踊跃投身抗洪抢险第一线，为迎击 1998 年大洪水和 2016 年的"98＋大洪水"提供技术支持，在灾后水利重建中，突击完成了包括武汉市江堤、洪湖监利长江干堤、汉江遥堤在内的千里江堤的勘测设计任务，贡献突出、成绩斐然；在这 20 年间，设计院人在稳稳扎根湖北市场的同时，大踏步走向省外、走向全国，珠海、北京和成都的工程管理分院相继成立，监理、置业、实业等公司稳步发展，主业遍布全国、副业同步增长。

　　尤其值得一提的是，最近 10 年是设计院的黄金发展期。设计院人规划设计了引江济汉工程、龙背湾电站和白马泾泵站三大亮点工程，并在不到 3 年的时间内完成了湖北水利一号工程——鄂北地区水资源配置工程前期工作，创造了国内同类工程前期工作进度之最。经过这一系列重大工程锤炼，一大批技术专家和业务骨干迅速成长起来，他们在流域规划、水资源配置、筑坝技术、泵站设计等方面达到国内领先水平，设计院先后荣获"全国水利系统先进集体""全国文明单位"等荣誉称号，并获得省部级勘察设计奖及科技进步奖等多项大奖。

知史而明鉴，传承以进取。希望湖北省水利水电规划勘测设计院以"创新、协调、绿色、开放、共享"五大理念为指导，深入践行"节水优先、空间均衡、系统治理、两手发力"新时期治水思想，紧紧围绕建设湖北水利强省的宏伟目标，开拓进取，奋发作为，在推动湖北水利强省建设的进程中继续发挥聪明才智、提供技术支撑、作出卓越贡献！

智慧描绘碧水长流新画卷，匠心浇筑千秋伟业美华章。愿湖北省水利水电规划勘测设计院的明天前程似锦！

湖北省水利厅厅长 王忠法

2016 年 11 月武昌

凡　　例

一、本志是《湖北省水利水电勘测设计院院志》（湖北科学技术出版社，1996年10月）的续编，以湖北省水利水电规划勘测设计院（简称"设计院"或"院"）自1997年至2016年的发展与创新历程为主线编纂。

二、编纂过程中坚持以辩证唯物主义和历史唯物主义作指导，纪实存史，实事求是。

三、编写体例，采用纲目体，分篇、章、节、目编排。

四、志内正文分四篇，共29章；正文后为大事记和编后语。

五、纪年统一采用阿拉伯数字。

六、计量单位统一采用中华人民共和国成立后法定计量单位。

七、正文中基本将"湖北省"略写成"省"。

八、所用称谓，对人物一般直书其名，必要时冠以职务；对地名和单位第一次出现时用全称，并加注简称，以后使用简称。全书行文一律用第三人称。

九、志中引用原文概加引号；除重要引文外，一般不注明出处。

十、撰志资料主要援引设计院的文书档案和技术档案。

目录
CONTENTS

概　述

　　在湖北水利的丰碑上，镌记着设计院的诞生、成长、发展的奋斗历程，也铭记着设计院近 20 年来的提升、跨越、辉煌的闪光轨迹。中华人民共和国成立后，遭遇 1952 年湖北大旱，1954 年长江大水，除水害，兴水利直接关系到国计民生，湖北省水利建设事业在省委省政府的重视下，被列为全省经济建设的首要任务，湖北省水利勘测设计院应运而生了。

　　1956 年 9 月，设计院是在省水利厅勘测设计处的基础上组建起来的，基础设施简陋，技术人员短缺，白手起家，艰难创业。自此 60 年以来，设计院积极投身到湖北省水利建设事业，担负着十分繁重的水利规划、勘察、设计、施工任务。"文化大革命"前，先后完成了除长江干流外全省中小河流的水利规划和水利水电开发建设的前期工作，为解决江汉平原的"水袋子"和鄂北岗地的"旱包子"，设计院进行了大量的调查、研究、论证工作。在兴建水库、灌区、山区小水电方面设计院提供了科学有效的技术支撑，使湖北省大型水库座数居全国各省区之冠，泵站总装机容量约占全国的一半，小水电站建设也位居全国前列。特别是流域规划、筑坝技术等方面达到了国内领先水平。

　　随着"文化大革命"结束，设计院各项工作重新走入正轨，河流规划工作也重新受到重视。设计院对全省水力资源进行了普查，普查成果荣获国家科技进步一等奖；完成了 10 余座水库或电站的设计任务；主编了《小水电设计技术》，并在全国颁布执行。党的十一届三中全会以后，设计院试行技术经济责任制，改事业费按计划拨款为项目合同收费制，在事业单位性质不变的前提下，逐步实行企业式管理。

　　10 余年的改革，设计院对全省 41 条中等河流作了大量的补充规划工作，堤防工程的加固设计取得了突破性进展，完成了一批规模较大、坝座较新颖、技术较先进的水电工程设计，在水利工程设计方面特别是泵站工程设计也取得了显著成就。

　　经过几十年艰苦创业，栉风沐雨，设计院进入了大发展时期（1997 年起），生产总值逐年递增，职工实际收入迅速提高。特别是 1998 年大洪水之后，设计院突击完成了长江干堤（总长 860km）包括荆江大堤、洪湖监利长江干堤、咸宁长江干堤、武汉市江堤、黄广大堤、黄石长江干堤和汉江遥堤（长 110km）的整险加固工程设计，完成了汉江干堤（长 530km）和长江支流府环河、举水等（总长 290km）堤防整险加固工程设计，承担了荆江分洪区安全建设、洪湖分蓄洪区安全建设工程的设计，完成了大批泵站、涵闸更新改造和除险加固工程的设计，同时完成了朝阳寺、长顺、小溪口、松树岭、陡岭子、过渡湾等 69 座水电站建设，实现了从计划经济"等米下锅"向市场经济"找米下锅"的根本转变，为设计院的发展奠定了基础。

　　随着市场经济不断深入，极大地调动了职工的积极性，卓有成效地促进了生产力的发展，设计院大步迈入大跨越时期，新世纪开始，设计院综合产值连续以每年两位数递增，2008 年院货币收入突破 1 亿元大关，2016 年院总合同金额达到 5 亿元。抢抓机遇，开拓创新，企业改革和发展实现了重大突破，秉承"献身、负责、求实"的水利精神，传承"诚实、创新、高效、和谐"的立院宗旨，进一步构建企业文化"软动力"，实现企业发展"硬支撑"，争做湖北水利建设的排头兵，锐意创新，关注民生，参与南水北调中线工程引江济汉工程、鄂北地区水资源配置工程、湖北中小河流流域综合治理和大中型水库除险加固等一批重点骨干工程，同时完成了姚家坪、碾盘山等大中型水利水电枢纽工程的前期工作，为湖北省水利水电建设作出了卓越贡献。

为了更进一步拓展经营，开拓市场，扩大市场份额，加大对省外市场经营力度，设计院先后在珠海、北京、成都等地成立了分院，并承接了中珠联围珠海段海堤加固工程、珠海市乾务赤坎大联围加固达标工程、珠海南水沥水闸、北京上庄新闸工程、北京永定河山区河道生态修复治理工程和四川阿坝州金川县俄日河俄日水电站工程等 14 项工程的规划设计，积极参与中央企业承揽的国际工程项目建设，实施"走向国际"的战略目标。

近 20 年来，设计院坚持"外塑形象，苦练内功"，不断扩大业务范围，相继成立了腾升公司（监理与招标代理），生态环境与建筑、水土保持、移民与环评等专业处室（公司）。腾升公司拥有水利工程施工监理、水利工程建设环境保护监理、地质灾害治理工程监理、工程招标代理、政府采购招标代理等五项甲级资质，承接各类水利水电工程 150 余项、招标代理业务 600 余项。生态环境与建筑专业处室主要从事河湖生态修复与保护、城市水生态环境综合治理、建筑设计（含新农村建设）等，完成项目 137 项。水土保持专业处室主要承担水土保持方案编制、水土保持监测、水土保持专项设施验收评估以及小流域水土保持综合治理规划设计等 800 项。移民与环境评价专业处室主要从事水利水电工程建设征地移民安置规划设计、监督评价和建设项目选址规划、环境影响评价、社会稳定风险评估等 360 项。为了适应水利水电工程建设发展，设计院今年成立了工程管理分院，主要负责鄂北地区水资源配置工程的设计，PCCP 管件采购生产制造、安装、试验等技术支持与服务，并完成了总投资约 2 亿元的付家河水库代建工作。

此外，设计院积极参与市场竞争，不断培育新的经济增长点，先后成立了湖北水院实业发展公司，主要承接宾馆、物业、印制、会务、水利水电工程施工等业务；湖北合丰置业有限公司，主要负责湖北省省级防汛物资储备、转运和管理，是全省防汛物资储备量最大的防汛后方基地；正平公司取得了水利部五个专业类别的甲级检测资质，先后承担了国内各级水电站、水库、泵站、涵闸、灌区、安全饮水、调水工程、土地整治等各种类别的安全检测、施工质量检测、质量监督检测、验收检测等各种试验检测。

近 20 年来，设计院始终以"科技创新、规范管理、追求精品、优质服务"的质量方针，构建核心竞争力，取得了 80 余项科技成果和 33 项技术专利，其中获国家、部省级科技进步奖和科技成果奖 21 项，获国家、部省级优秀工程勘察设计奖 17 项，获国家设计金、银、铜奖 38 枚。以"诚信、创新、高效、和谐"为宗旨发展企业文化，设计院被授予全国文明单位，全国水利和湖北省最佳文明单位，全国、湖北省五一劳动奖状，全国模范职工之家，全国、湖北省杰出及湖北省青年文明号，全国水利系统职工文化工作先进集体等各类荣誉 20 余项，其中国家、部省级荣誉称号 10 个，14 人荣获"全国先进工作者""省级劳动模范""全国五一劳动奖章"等部省级以上奖励，连续被评为湖北省守合同重信用企业，2012 年起连续被评为"全国守合同重信用单位"。2015 年 9 月，人力资源和社会保障部、全国博士后管理委员会在设计院设立"博士后科研工作站"。

设计院现有职工700人，其中正高职称高级工程师90人，高级工程师和其他高级职称130人，各类注册工程师200人，拥有享受国家津贴、省政府津贴和入选水利部"5151"人才工程，以及被评为湖北省有突出贡献的中青年专家、湖北省水利拔尖人才、湖北省水利科技英才等20余人。

60年风雨同行，成绩斐然；20年开拓进取、亮点纷呈。正逢党的十八届六中全会，甲子共喜，又值设计院实现大发展大跨越20年，全院职工心旷神怡。忆往矣，历尽沧桑，不忘初心；展未来，信心十足，任重道远。

第一篇

建置沿革

第一章 | 发展历程

20 世纪 90 年代中期是设计院发展历程中的相对较困难时期，市场化运作机制不完善，生产任务不饱满，经营性收款困难，职工收入增长缓慢。1996 年湖北省府澴河、汉北河、沮漳河等流域遭受大范围暴雨洪水侵袭，灾后设计院承担了多项恢复重建勘测设计项目，生产任务增加，经营状况开始得到改善。

1997 年，设计院继荆江数字微波通信工程铁塔及基础设计荣获湖北省优秀工程设计奖之后，又承担了湖北省汉江防汛通信网一点多址工程建设的项目总承包任务。

1998 年 6 月，湖北发生继 1954 年以后长江流域大洪水，设计院派出院领导、总工程师们和各生产科室技术骨干日夜坚守抗洪救灾第一线，驻扎在堤防现场处理险情，分别参加省防汛指挥部督查组、抢险组、技术组，随时听从省防汛指挥部派遣，及时派出技术专家 200 余人次，奔赴现场指导处理各类险情。98'大洪水之后，陈斌院长及院领导班子提出，对外要抓机遇、接项目，对内要鼓干劲、抢时间，迎难而上。首先着手完成鄂州长江干堤昌大堤加固工程的勘测设计，并全面开展全省 34 处险工险段的整险加固工程的勘测设计工作。后续承揽了洪湖—监利长江干堤、黄石长江干堤、武汉市长江干堤、汉南至白庙干堤、咸宁长江干堤、荆江大堤、阳新长江干堤、汉江遥堤以及长江支流长孙堤等约 1500km 堤防整险加固工程，为灾后恢复重建工作作出了突出贡献，被省直工委和省人事厅荣记抗洪抢险集体二等功，被人事部、水利部命名为抗洪抢险全国水利系统先进集体。

从 1999 年开始，设计院迎来了历史性机遇，生产任务日益饱满，经营市场日益扩展，职工效益逐步提高。在计算机应用方面，鼓励应用 CAD 计算机辅助设计，到 1999 年初，设计院全面实现了计算机制图。1999 年 1 月，南水北调中线方案引江济汉工程前期工作开始。4 月，设计院召开第四次职工代表大会，讨论并通过了《劳动人事管理制度》《职工从业管理规定》《医疗制度实施办法》等。5 月，院党委书记隋俊卿退休。11 月，设计院党委召开自 1964 年以来的第二次党代会，选举产生了院新一届党的委员会和纪律检查委员会，古国亭任党委书记，程崇木任纪委书记。2000 年 6 月，成立了"湖北省水土保持监测监督总站"，内设水保设计室。

21 世纪伊始，设计院实施了"一业为主，两头延伸"的发展战略，从水利工程到水电工程，从前期设计到施工服务，从勘测设计到工程监理、岩土工程、服务性业务管理，不断扩大业务范围。监理业已成为设计院第二大产业，实业公司涉及印制、宾馆、餐饮、物业管理多个领域，成为又一个新的经济增长点。

2000 年兴建了第十栋住宅楼，按政策对 300 余户职工住房进行了调整，改善了干部职工的住房条件。2000 年底通过了 ISO9001 国际质量标准认证，档案管理工作达到国家二级档案管理标准。从 2001 年起共选送 30 位同志攻读硕士学位，以提高设计院专业技术人员学历水平和专业水平。院正式出台《项目管理办法》，实行项目经理负责制。项目经

7

理由院任命，院经营办将生产任务下达给项目经理，效益工资由经营办核算总额给项目部，再由项目经理根据工作量分配到职工。4月，院总工程师刘克传被国务院授予"全国先进工作者"称号。

2002年11月陈斌调任省水利厅副总工程师，杨金春任院长。年底，掀起大干60天的生产新高潮。

2003年，设计院通过公开竞聘方式，遴选一批年轻的中层干部，为设计院发展添活力。9月，全院职工企业养老保险正式运作。确立了"诚信、创新、高效、和谐"的企业宗旨，生产管理全面推行项目管理办法，推动设计院改革进一步走向深入，全院职工冒酷暑奋战90天，基本完成了重大生产项目南水北调引江济汉工程的勘测设计任务。这一年，设计院承担的11个堤防建设项目进入最后的收尾和验收阶段，3条汉江堤防加固工程全面展开前期工作，7个中型电站开始了大施工。10月，通过设计投标拿到珠海市乾务赤坎大联围海堤工程勘测设计项目，实现了走出"省门"的历史性跨越，12月30日成立珠海分院。

2004年初，设计院正式收购湖北省水利水电物资设备公司；7月投资建设神农架"红坪山庄"，对院内安排职工度假疗养，同时对外营业。9月，应国家商务部援外司项目招标处邀请，中标"援建佛得角水坝"项目施工监理。

2005年2月，省水利厅同意成立"北京分院"，5月与汉江水利水电（集团）有限公司签订了湖北省竹山县《龙背湾水电站》勘测设计合同和《小漩水电站》勘测设计合同。9月武汉市龙王庙险段综合整治工程荣获2005年度中国水利工程优质奖（大禹奖）和2005年中国建筑工程鲁班奖。

至2005年，设计院先后荣获全省2001—2002年度创建文明行业工作先进单位、"九五"全省水利科技工作先进单位、全省堤防建设工作先进单位、湖北省行业文明示范点、全省"三五"普法先进单位、全省模范职工之家、全省档案工作先进集体、全省水利系统纪检监察工作先进单位、厅直单位领导班子创"五好"先进单位等光荣称号，获得水利部颁发的南水北调工程规划设计先进集体称号。

2006年设计院制定了"十一五"发展规划，大力实施"走出去"的经营战略。6月，设计院领导班子进行了调整，杨金春调任省水利厅副总工程师，徐少军聘任为院长。11月28日，设计院迎来了发展史上又一个里程碑——50周年华诞。湖北省人民政府、水利部、长江水利委员会以及有关市县人民政府、大专院校、部分省勘测设计单位、项目参建工程单位、新闻媒体等单位的领导及来宾200余人，与全院职工共同庆祝设计院建院50周年。省人民政府副省长刘友凡、长江水利委员会主任蔡其华亲临会场表示祝贺并先后发表了热情洋溢的讲话。水利厅全体党组成员和领导出席了大会。省政协主席王生铁、省人大常委会副主任贾天增为设计院成立50周年亲笔题词、赠画；副省长刘友凡、水利部副部长矫勇亲自为50周年纪念画册《半个世纪》作序。

2007年2月，院党委书记古国亭退休，徐平任院党委书记。4月，成立成都分院、宏利达公司。5月，设计院被省委省政授予2005—2006年度全国精神文明创建活动先进单位。11月，南水北调中线工程引江济汉工程等项目设计中标。

2008年5月12日，四川汶川突发7.8级强烈地震，设计院通过各种渠道向灾区捐款捐物，全院党团员以交纳特殊党费、团费的方式，向汶川地震灾区交纳特殊党费团费共计9.6万元，各类捐款达110余万元，在省里组织的"我们心相连"湖北省抗震赈灾晚会现场，向四川地震灾区再捐款50万元。

2009年3月，由设计院、水科院、水电工程检测中心共同出资组建湖北正平水利水电工程质量检测有限公司。7月，省水利厅同意设计院的"湖北省防汛物资储备中心"挂牌。12月，国务院南水北调工程建设委员会办公室以国调办设计〔2009〕250号文对设计院完成的《南水北调中线一期引江济汉工程初步设计报告（技术方案）》进行了批复。

2010年经湖北省机构编制委员会办公室批准，设计院更名为"湖北省水利水电规划勘测设计院"，增加了"规划"二字，突出其公益性职能，同时珠海分院、北京分院、成都分院升格为副处级部门。至2010年，设计院被授予全国水利系统先进集体、全国水利和湖北省文明单位、省直机关先进基层党组织、全国五一劳动奖状、全国水利系统模范职工之家、全国杰出青年文明号、湖北省杰出青年文明号及湖北省青年文明号等，徐少军获湖北省劳动模范称号、韩翔获全国"五一劳动奖章"。

2006—2010年，设计院承担了全省水利水电项目总投资的近40％的堤防、大中型泵站、大中型水库、灌区和中小水电站的勘测设计任务。编制了湖北水利发展"十二五"规划、长江流域综合规划修编（湖北部分）、汉江水利现代示范建设规划、四湖流域综合规划、武汉城市圈"两型社会"生态水系整治与修复规划等涉及全省经济发展的各类重要规划三十五项；完成了南水北调中线工程中引江济汉、兴隆枢纽、部分闸站改造等工程和汉江流域中下游水利现代化示范工程前期设计任务；承担了全省田关、金口、樊口、沙湖等23座大型泵站的更新改造；漳河、温峡口、石门等30余座大中型水库除险加固和漳河、引丹等14个大型灌区改造；开展了龙背湾、小旋、新集、碾盘山、姚家坪等总装机约1200MW的中小水电程勘测设计项目；荆江大堤综合整治、重要长江支流堤防加固设计、五个蓄滞洪区建设工程勘测设计工作；编制了三峡库区等项目水土流失综合治理水保设计；武昌"大东湖"生态水网构建工程、浠水县百万人大水厂农村安全饮水工程设计方案等近10项水环境、水生态综合治理工程方案；引江补汉神农溪引水工程作为纳入湖北省"十二五规划"，并写入了省委"一号"文件的重点项目。院属湖北腾升工程管理有限责任公司承担各类工程项目监理200余项，受监项目总投资200多亿元；招标代理业务150余项，实现收入5000余万元。院实业公司完成产值4000多万元。院合丰置业公司运营投资项目20余项。珠海分院、北京分院、成都分院合计收入总量占到院总收入的25％左右。对实施多年的项目管理办法进行了修订和补充，成立了电站、水利和堤防等6个大项目部。设计院拥有11名享受国务院特殊津贴人员、21名享受湖北省津贴人员和有突出贡献中青年专家、省部拔尖人才、67名教授级高工、143名高级工程师、178名各类注册执业人员、370名中级及以下职称专业技术人员，打造了一支实力雄厚的技术队伍。2008年全院货币收入首次突破亿元大关。

2011年设计院实现了"十二五"生产良好开局。完成湖北水利发展"十二五"规划、湖北省汉江流域水利现代化试点规划等一批重大规划项目19项；完成杜家台分蓄洪区配套建设、荆江分蓄洪区安全建设、沮漳河综合治理工程等勘测设计项目数十项；引江补汉神农溪引水工程项目建议书已通过水规总院咨询；南水北调引江济汉、闸站改造、龙背湾、小漩等项目的技施设计有序进行；修编漳河等 14 个大型灌区续建配套与节水改造可行性研究报告；开展和完成了大东湖、磁湖、梧桐湖、长湖、洪湖等水生态修复和保护设计项目。全院实现货币收入 1.6 亿元。出资 700 万元参股碾盘山水电开发有限公司，在资本运作上又迈出新步伐。

2011 年底，徐少军调任省防办专职副主任（副厅级），省水利厅党组研究决定李瑞清主持行政工作，2012 年 3 月聘任为设计院院长。新一届领导班子认真践行新时期治水思路，设计院抢抓湖北水利发展"黄金"机遇期，确立了"抓大谋远，实干兴院、开拓创新、竞进提质"的发展战略。完成了包括鄂北地区水资源配置工程在内的重大规划项目 32 项；完成了洪湖东分块工程、杜家台分蓄洪区蓄滞洪工程、荆江分蓄洪区近期重点工程、沮漳河综合整治工程、荆江大堤综合治理工程、14 个大型灌区可研修编等数十项前期勘测设计工作；完成和开展了大悟三塔寺水库、房县方家畈水库等 10 多个新建中型水库可研报告编制工作；完成了碾盘山、新集、四川俄日电站等一系列水电站预可研报告编制工作；保证了引江济汉、闸站改造、龙背湾电站、小漩电站等施工项目的供图和设代服务工作。全院实现货币收入 1.8 亿元。全面试行 OA 系统一体化平台。成立了引水规划办公室、信息化处，水工设计处分设为一处、二处。将外聘人员逐步向劳务派遣方式转变，推出干部职工培训教育新平台——"水苑讲坛"。与武汉大学水利水电学院签订产学研合作协议，并挂牌"武汉大学研究生实践教学基地"。实行"党委联系日"制度。新建了职工食堂，落实了带薪休假制度。

2013 年，完成了鄂北地区水资源配置工程规划、省中小河流域水能资源开发规划，完成了汉江碾盘山水电站工程可研、沮漳河近期防洪治理工程初步设计和 14 个灌区的总体可研设计等重点工程的设计工作。前期工作储备项目总投资达 610 亿元。鄂北地区水资源配置工程中采用了地理信息系统和高端 CAD 技术、三维协同设计（BIM）和虚拟现实结合技术；在湖北首次采用"路拌旋耕法""厂拌法"，破解了引江济汉膨胀土施工难题。

2014 年，设计院在事业单位分类改革中被明确为公益二类事业单位，公益职能明显加强。鄂北地区水资源配置工程项目建议书获国家发改委审批立项，可研报告通过水利部水利水电规划设计总院（简称"水规总院"）审查和国家发展改革委员会（简称"国家发改委"）批复，并中标鄂北地区水资源配置工程生产性试验项目 EPC 总承包。引江济汉工程正式通水通航；开展了付家河水库代建任务等。制定了《分院财务管理暂行办法》《科研经费管理办法》，对院招待、差旅费管理办法初步修订。为主要设计人员同时配备了台式及便携式计算机，设计院被授予省五一劳动奖状，通过了省最佳文明单位复审。

2015 年，设计院各项工作呈现出稳中有进、重点突破、协调发展的良好态势。开展"三严三实""三抓一促""守纪律讲规矩""履职尽责"等主题实践活动，扎实开展"四项专项整治"工作，使党风、政风和工作作风得到了切实的改进和加强。2 月，中央精神文明建设指导委员会授予设计院"全国文明单位"。承担了投资近百亿元的水利水电项目勘测设计任务，特别是承担的鄂北地区水资源配置工程，可研、初步设计进一步刷新了全国重大水利工程前期工作新纪录，省委副书记张昌尔、副省长任振鹤还专程到院慰问，对设计院为工程建设作出的贡献表示感谢。全年共签订合同 257 项，总额近 10 亿元。组建并加强了深化改革办公室、水生态中心、数字信息中心、工程项目管理公司、工程咨询中心

5 个部门建设；开展了"质量、环境和职业健康安全"管理体系认证工作；推进三维协同设计在鄂北工程、碾盘山项目中的运用；启动了全省水利系统首家博士后科研工作站挂牌建站工作。

2016 年设计院开展了湖北省"一江三河"水系连通工程、鄂北地区水资源配置工程（二期）、湖北省重大水系连通工程规划、湖北省江河湖库水系连通规划、梁子湖保护规划（湖北省重点湖泊保护规划）、鄂东江南四大湖群水网构建工程等 10 余项规划工作；南水北调中线汉江中下游水资源系统调控工程关键技术获湖北省科技进步一等奖，南水北调中线一期汉江中下游治理引江济汉工程获湖北省优秀工程设计一等奖；开展了碾盘山、东荆河近期重点整治工程，湖北省华阳河西隔堤加固工程，洪湖东分块、杜家台分蓄洪区安全建设工程和洞庭湖四口水系综合整治工程等近 30 个项目的前期勘测设计工作；院承担的鄂北地区水资源配置工程生产性试验项目等项目均完成了既定目标。采用无人机航拍技术应用于多个大型项目的水土保持设施验收技术评估工作和监测工作。进入梅雨季节以来，湖北省连续遭受 6 场强降雨袭击，平原湖区发生了严重的洪涝灾害，设计院累计派出专家300 余人次，出动防汛车辆 70 余台次，共计协助处置险情近 40 处，撰写防汛技术方案等50 余份。

2016 年设计院迎来了建院 60 周年华诞，这 60 年是艰苦创业、奋力突破的 60 年，是艰辛曲折、顽强拼搏的 60 年，设计院在思想建设、改革创新、生产业务、科技进步等方面取得了令人瞩目的成就。展望未来，我们将以更主动的责任担当，更饱满的工作热情和奉献精神，投入到湖北水利建设事业当中，为实现中华民族伟大复兴的中国梦作出水利人应有的贡献。

第二章 | 机构演变

第一节 机 构 设 置

一、单位体制

改革开放以来至 2014 年，设计院为湖北省水利厅直属自收自支事业单位，实行"事业单位，企业管理"体制。2013 年中共湖北省委办公厅、湖北省人民政府办公厅印发《关于事业单位分类的实施意见》（鄂办发〔2013〕30 号），对湖北省事业单位分类工作提出实施意见。按照文件精神，省水利厅以（鄂水利文〔2014〕65 号）报请将设计院由省水利厅直属自收自支事业单位调整为公益二类事业单位。2014 年 7 月，湖北省机构编制委员会办公室批复同意（鄂编办事改文〔2014〕36 号）设计院为公益二类事业单位，原 700 名事业编制（经费自筹）重新核定为事业编制 590 名。

二、岗位设置

2009 年 3 月设计院按省水利厅的要求开始启动岗位设置工作，2010 年 11 月省人力资源与社会保障厅以《关于湖北省水利厅所属事业单位岗位设置方案的批复》（鄂人社岗〔2010〕34 号）确定设计院岗位设置，岗位设置情况为：岗位总量 700 个，其中管理岗位 70 个、专业技术岗位 595 个、工勤岗位 35 个。管理岗位：五级岗位 2 个，六级岗位 11 个，七级岗位 13 个，八级岗位 17 个，九级岗位 27 个；专业技术岗位：高级岗位 208 个，中级岗位 179 个，初级岗位 208 个，高、中、初级岗位结构比例为 3.5∶3.0∶3.5。

2014 年重新核定事业编制后，至 2016 年未明确岗位设置。

三、院内设机构和所属二级单位

1997 年院内设管理职能部门、生产部门、公司共 21 个，其中管理职能部门 11 个、生产部门 8 个、二级单位 2 个。

管理职能部门：院办公室、生产经营办公室、政治处、工会、劳动人事与离退休干部管理科、财务器材科、基建科、保卫科、技术质量办公室、计算机室、印制室。

生产部门：地质大队、测量大队、实验室、规划设计室、防洪设计室、水工设计室、机电设计室、建筑设计室。

二级单位：院工程建设监理中心、院实业总公司。

1997 年 7 月，监理中心更名为湖北省水利水电工程建设监理中心。

1998 年 4 月，印制室合并到实业公司，成立印制分公司。

1999 年 4 月，成立湖北省水利水电岩土工程中心。

1999 年 10 月，财务器材科的设备、材料等采购、管理职能划归地质大队，更名为财务科。

2001 年，设置审计科，与财务科一套班子两块牌子，后合并财务审计科。

2003 年 8 月，成立湖北合丰置业有限公司（由设计院控股）。

2003 年 9 月，成立湖北省水利水电勘测设计院检测中心。

2003 年 11 月，成立湖北省水利水电勘测设计院珠海分院。

2003 年 12 月，整体收购湖北省水利水电物资设备公司（含湖北省电力排灌公司），并接收管理湖北省防汛物资储备中心。

2005 年 2 月，成立湖北省水利水电勘测设计院北京分院。

2007 年 4 月，成立湖北省水利水电勘测设计院成都分院。

2007 年 4 月，成立湖北省水利水电勘测设计院宏利达公司。湖北省水利水电勘测设计院宏利达公司股权结构中，院占 9.5%，工会代表职工方占 90.5%，2015 年 10 月完成股权转换，已成为院全资子公司。

2009 年 1 月，成立会计核算中心。

2009 年 3 月，由湖北省水利水电勘测设计院、湖北省水利水电科学研究院、省水利厅水电工程检测研究中心三家单位共同出资组建湖北正平水利水电工程质量检测有限公司。

2009 年 7 月，设计院加挂"湖北省防汛物资储备中心"的牌子。

2010 年 5 月，根据鄂水人函〔2010〕31 号文《关于湖北省水利水电勘测设计院实施机构改革方案的批复》，设计院实施机构改革方案，将各科室整合为 22 个，撤科（室）设处（分院、公司），其中管理职能部门 6 个、生产部门 13 个、二级企业 3 个。

管理职能部门：综合管理处、计划经营处、财务审计处、人力资源处、技术质量处、党群监察处。

生产部门：地质试验处、工程测绘处、规划设计处、防洪设计处、水工设计处、生态环境与建筑处、移民设计处、水保设计处、施工造价处、机电设计处、珠海分院、北京分院、成都分院。

二级企业：湖北腾升工程管理有限责任公司、湖北水院实业发展公司、湖北合丰置业有限公司。

2010 年 10 月，设计院更名为湖北省水利水电规划勘测设计院，珠海分院、北京分院、成都分院明确为相当副处级机构。

2012 年 4 月，水工设计处分为水工设计一处、水工设计二处。

2012 年 11 月，湖北省水利厅将鄂北地区水资源配置工程前期工作办公室设到本院。

2014 年 2 月，地质试验处分为工程地质处、试验检测处。

2015 年 11 月，湖北省人社厅、湖北省博士后管委会办公室以鄂博管办〔2015〕13 号批准本院设立博士后科研工作站。

2016 年 4 月，成立湖北省水利水电规划勘测设计院工程管理分院。

第二节 领 导 班 子

一、1997 年 2 月—2002 年 11 月

院长：陈斌

党委书记：隋俊卿（1999 年 5 月退休）古国亭（1999 年 6 月任职）

副院长：王永明（1997 年 5 月转正处调，2000 年 7 月退休）、郭桂兰（1999 年 4 月退休）、杨金春、徐平（1997 年 11 月聘任）、韩翔（1999 年 6 月聘任）、许明祥（1999 年 6 月聘任）

纪委书记：古国亭、程崇木（1999 年 6 月任职）

工会主席：古国亭（兼）、胡三荣（1999 年 7 月任职，2001 年 11 月退休）

总工程师：刘克传

总会计师：王书俭（1998 年 12 月聘任）

二、2002 年 12 月—2006 年 6 月

院长：杨金春

党委书记：古国亭

副院长：徐平、韩翔、许明祥、李瑞清（2003 年 3 月聘任）

纪委书记：程崇木

工会主席：李歧（2003 年 3 月任职）

总工程师：刘克传（2004 年 8 月退休）

总会计师：王书俭（2005 年 1 月正处级调研员，2006 年 4 月退休）、周华（2005 年 1 月聘任）

总经济师：曾庆堂（2005 年 1 月聘任）

三、2006 年 7 月—2011 年 12 月

院长：徐少军

党委书记：古国亭（2007 年 2 月退休）、徐平（2007 年 2 月任职）

副院长：韩翔、许明祥（2008 年 9 月调离）、李瑞清、宾洪祥（2009 年 1 月聘任）

纪委书记：程崇木

工会主席：李歧

总工程师：别大鹏（2007 年 6 月聘任）

总会计师：周华

总经济师：曾庆堂

四、2012 年 1 月至今

院长：李瑞清（2011 年 12 月，主持行政工作，2012 年 3 月任院长）

党委书记：徐平（2016 年 5 月退休）李瑞清（2016 年 11 月）

党委副书记：李歧（2016 年 11 月）

副院长：韩翔（2012 年 11 月退休）、宾洪祥、孙国荣（2013 年 4 月聘任）

纪委书记：程崇木（2016 年 3 月退休）、李歧（2016 年 6 月任职）

工会主席：李歧（2016 年 6 月离任）、许明祥（2016 年 12 月任职）

总工程师：别大鹏、许明祥（2012 年 7 月聘任，正处级）

总会计师：周华

总经济师：曾庆堂

第三章 | 职能管理

第一节 人力资源管理

一、管理机构

（1997—2010 年机构沿革无变化）

2010 年以前院人力资源主管部门为劳动人事与离退休干部管理科。2010 年设计院实施机构改革后，劳动人事与离退休干部管理科更名为人力资源处，仍负责人力资源、干部职工人事管理、离退休干部管理等工作。

二、人力资源管理

设计院人员的来源有以下几种途径：毕业生分配、招工、调配、录（聘）用干部、退伍复员军人安置、单位自聘、事业单位公开招聘、劳务派遣等。

自 2003 年 11 月起通过签订聘用合同自行聘用人员，在 2012 年 7 月后聘用人员合同期满后转为劳务派遣员工。

2004 年根据《国务院办公厅转发人事部关于在事业单位试行人员聘用制度意见的通知》（国办发〔2002〕35 号）和《省委办公厅、省政府办公厅关于加快实施全省事业单位人员聘用制度的通知》（鄂办发〔2003〕1 号）文件要求，开始公开招聘工作人员，除2013 年、2014 年两年因事业单位分类改革上级部门要求暂停公开招聘工作人员外，至2016 年每年均开展了公开招聘工作。

2012 年 6 月与武汉人才市场有限公司签订劳务派遣协议，从 2012 年 7 月起由武汉人才市场有限公司根据人才需求派遣劳务人员，合同期限为两年，合同到期根据考核情况确定是否续签合同。

三、高层次人才

1997—2016 年，院高层次人才罗列如下：

（1）享受国务院专项津贴人员：韩翔、许明祥、李瑞清。

（2）"水利部 5151 人才工程"部级人选：李瑞清、别大鹏。

（3）享受省政府专项津贴人员：徐平、孙鹏飞、李文峰。

（4）有突出贡献的中青年专家：孟晓亮、黄桂林、李海涛。

（5）新世纪高层次人才工程第二层次人选：徐平、姚晓敏。

（6）新世纪高层次人才工程第三层次人选：宾洪祥、曾庆堂、邸国辉、沈兴华、孟晓亮、黄桂林。

（7）湖北水利历届十大科技英才：陈汉宝　李文峰　韩翔、许明祥、邸国辉、李瑞清、孟晓亮。

（8）现有湖北省水利技术拔尖人才：李瑞清、万志刚、别大鹏、李文峰、雷新华。

（9）"水利部5151人才工程"厅级人选：徐平、孙鹏飞、韩翔、孟晓亮、黄桂林、李海涛、李瑞清、万志刚、别大鹏、李文峰、雷新华。

（10）全国水利技术能手：刘东、王洪亮。

四、人才交流

按照省委组织部、省科技厅文件要求，省水利厅选派徐平任利川市科技副市长，任期1995年6月至1997年11月。选派李瑞清任利川市科技副市长，任期2000年7月至2002年12月。

按照省委组织部、省人社厅，省水利厅要求，派出援藏、援疆技术人才4名。根据《关于认真做好我省第五批援疆干部选派工作的通知》（鄂组通〔2010〕81号）文件，选派刘贤才作为省第五批援疆技术人才，于2011年1月援疆，为期1年半。根据《关于做好我省第五批援藏干部人才选派工作的通知》（鄂组通〔2013〕48号）文件，选派何博作为湖北省第七批援藏专业技术人才，于2013年7月援藏，为期1年半。根据《关于我省第六批援疆干部人才选派工作的通知》（鄂组通〔2013〕106号）文件，选派刘东海作为湖北省第六批援疆专业技术人才，于2014年2月援疆，为期1年半。根据《关于做好我省第七批援藏专业技术人才中期轮换选派工作的通知》（鄂组通〔2014〕106号）文件，选派张著彬作为湖北省第七批援藏专业技术人才，于2015年3月援藏，为期1年半。根据《关于选派第五批"博士服务团"到基层服务锻炼的通知》（鄂组通〔2016〕12号）文件，选派邹朝望作为第五批"博士服务团"成员，到广水市水利局服务锻炼，期限为2016年3月至2017年1月。

五、干部选拔与任用

1996年，设计院首次对政治处、保卫科、总公司的中层干部采取公开竞聘办法，坚持客观、公正、实事求是的原则，严格按规定的程序操作。

1999年3月，在设计院内公开招聘设计院副院长1名。

2005年，制定了《院中层干部管理暂行规定》，指导和规范院中层干层选拔任用工作。

2009年9月，制定了《加强干部人事工作管理办法》。从机构、干部选拔及退出、人员进出、分配等方面作出了具体规定。

近几年，设计院实施干部交流、轮岗制度、任前公示制度、干部定期述职述廉制度等，规范人事工作，完善干部选拔任用方式方法，保证了干部选拔任用工作健康有序进行。

六、工资与保险福利

（一）工资

按《关于省水利厅直属事业单位机构编制的通知》（鄂机编办函〔1992〕104号）文批准，设计院为经费自筹的事业单位，一直以来执行着事业单位的工资制度，1993年工资制度改革后，开始按事业单位新的工资标准实行职务等级工资，每两年在年度考核均为合格及以上的人员晋升一级工资档次，并按政策分别于1997年7月、1999年7月、2001年1月、2001年10月、2003年7月提高工资标准。

2006 年国家实施新的工资制度改革，设计院按省人事厅《关于印发〈湖北省事业单位工作人员收入分配制度改革实施意见〉的通知》（鄂人〔2006〕18 号）文件精神实行工资制度改革，开始执行岗位绩效工资制度。新的工资由岗位工资、薪级工资、绩效工资、津贴补贴四个部分组成，岗位工资是基本工资的主体，岗位工资实行"一岗一薪，岗变薪变"。套改工资时，按当时所聘岗位执行相应岗位工资标准，各专业技术职务人员一律暂时执行其对应的最低岗位工资标准。行政人员从 2006 年起，凡当年年度考核结果为合格及以上的人员，均可从次年 1 月起增加一级薪级工资。绩效工资因没有配套的政策文件暂时没有实施。

2012 年 3 月，省人社厅下发《关于省直其他事业单位实施绩效工资有关问题暂行意见的通知》（鄂人社发〔2012〕26 号），开始实行绩效工资总量核定，绩效工资总量包含保留津贴补贴和可分配性绩效工资。设计院按相关的文件精神，对现有的津补贴进行清理，并以此为基础于 12 月上报本院绩效工资总量，经省人社厅审批，绩效工资总量为4640 万元，其中，分配性绩效工资 4056 万元，保留性绩效工资 584 万元，从 2010 年 1月 1 日起执行。

由于设计院为自收自支单位，没有财政拨款，一直根据项目管理办法实行效益分配，职能部门根据《湖北省水利水电规划勘测设计院职工津补贴（效益）发放办法》（鄂水设〔2012〕50 号，2015 年重新修订）执行。2015 年 7 月对原有津贴补贴进行规范，开始实行新的津贴补贴标准，提高了职工的工资收入。

根据有关文件，全院职工加入省直企业社会保险后于 2003 年 10 月开始由省直社保发放企业养老金，按事业单位离退休费的标准差额，部分由设计院发放，规范了离退休人员的待遇，按事业单位离退休标准执行。

（二）住房公积金

1993 年 10 月，设计院根据国家有关城镇住房制度改革政策和湖北省、武汉市的相关规定，正式缴纳职工住房公积金。

2012 年 7 月开始按档次调整住房公积金，按正高（处级）、副高（正科）、中级（副科、技师）、初级等四个档次调整职工的住房公积金标准，并在 2013 年、2014 年、2015年的 7 月连续提高标准。

（三）保险福利

2001 年 6 月，省政府办公厅转发《省建设厅等部门关于湖北省工程勘察设计单位体制改革实施意见的通知》（鄂政办发〔2001〕78 号），要求全省工程勘察设计单位从 2001年 10 月 1 日起，按照当地人民政府规定的社会保障统筹比例，分别以 2001 年 10 月的单位工资总额和职工个人的缴费工资为基数缴纳基本养老保险，建立基本养老保险个人账户。2001 年 10 月 1 日前的连续工龄视同缴费年限，不再补缴基本养老保险费。按文件要求，2001 年 10 月院职工基本养老保险和失业保险正式运行，符合转制前离退休条件的退休人员养老金自 2003 年 9 月起实现社会化发放。

2007 年，依据《工伤保险条例》（国务院〔2003〕第 375 号令）、《武汉市工伤保险实施办法》（武汉市政府令第 161 号）等法律法规，设计院依据职工发生事故伤害或者按照《中华人民共和国职业病防治法》规定被诊断、鉴定为职业病的工伤人员按照伤残等级享受相应待遇。

根据鄂组通〔2011〕29号，离休人员按参加工作时间的不同，分别享受每年增发1～3个月的基本离休费作为生活补贴，2011年离休干部开始享受每年增发生活补贴。

（四）人事档案管理

1997年以来，设计院先后出台《干部人事工作管理办法》《职能部门主要职责》《院聘、派遣、退休人员管理规定》《职工专业技术（技能）能力提升管理办法》等有关人事档案管理制度。

2008年初，根据省委组织部和省水利厅人劳处关于干部人事档案工作目标管理的总体部署和要求，设计院开展了干部人事档案目标整理工作。7月，根据鄂劳社发〔2007〕47号文件要求，设计院与湖北省养老保险局（称简"省养老局"）签订省直参保企业退休人员档案移交管理服务协议，此后退休的人员档案移交省养老局管理。11月，设计院申报干部人事档案工作一级目标管理达标验收获得通过，成为中组部干部人事档案目标管理一级单位。

2013年10月，按照《关于做好文件改版涉及干部人事档案有关工作的通知》（鄂水人函〔2012〕151号）要求，设计院启动干部人事档案改版升级工作。2014年7月，完成干部人事档案工作目标管理复核及改版升级达标验收，省委组织部发文批复院干部人事档案目标管理等级为中组部一级，干部人事档案改版升级工作为优秀等次。

2015年4月，设计院按鄂组通〔2014〕93号、鄂水利党发〔2015〕6号和鄂水利函〔2015〕149号文件要求，开展了干部职工人事档案专项审核，重点审核了"三龄两历一身份"，并已完成专项审核。

第二节 财 务 管 理

一、财务审计处沿革

财务审计处前身称财务器材科，1999年将财务器材科的设备、材料等采购、管理职能划归地质大队，更名为财务科；2001年院新设置审计科，与财务科两块牌子一套人马，负责院科、室（队）及二级单位的财务收支审计，后合并称财务审计科；2009年1月成立了会计核算中心，对院属二级法人单位的经济活动集中办理会计核算；2010年5月财务审计科改为财务审计处；2011年5月院会计核算中心监管职能并入院财务审计处，会计核算中心解散。在1997—2016年的20年里，随着设计院各项工作不断发展，经济效益不断提升，财务管理工作随之改革和发展，为生产经营和职工收益提供保障和支撑。

二、财务制度建设

1997年，对院各科、室（队）及二级单位的财务收支情况进行了审计，为规范其留用资金的使用，杜绝不正常开支，于次年制订了《关于院属各部门及二级单位留用资金使用、开支的暂行管理规定》。

1999年，设计院按照"一业为主，两头延伸"的生产方针，使监理中心、岩土中心等院属二级单位逐渐走向市场，创收能力不断增强，院财务核定各中心年收入或项目收入按比例上交管理费；2003年制定了《监理中心、岩土中心绩效奖励暂行管理办法》，对上交管理费作了进一步规范；2014年根据《关于加强公司财务管理工作的意见》（2011制定），与湖北腾升工程管理有限责任公司签订了"保底分红协议"，对以前年度应交管理费做出明确约定。

2001年，制订了《内部审计制度》，并逐步完善《二级单位财务管理办法》，次年起草制订了《关于进一步加强对院属二级单位财务管理与监督的补充规定》，定期对下属单位开展审计，检查制度执行情况。

2002年，参照省水利厅向院派驻会计人员的管理方式，起草制订了《院二级法人单位会计委派实施办法（试行）》，正式对下属二级单位实行会计委派；2005年进行了修订，同时还起草制订了《院二级法人单位财务督察员管理办法（试行）》，加强对各二级法人单位委派会计的组织、管理与指导。

2003年，起草制订了《关于实行集中采购的暂行管理规定》，对5000元以上及大宗物资的采购实行由监察、财务及使用单位组成的领导小组以公开竞标的形式集中采购。

2004年，在原《设计院差旅费开支规定》（1997年）基础上，起草制订了《院差旅费及日常费用开支管理规定（试行）》规定出差期间住宿及伙食补贴实行包干标准内节约归己，2012年重新予以修订；2015年，对照事业单位工作要求及中央"八项规定"，重新起草制订了《湖北省水利水电规划勘测设计院差旅费及日常开支管理规定（试行）》，并于当年7月1日颁布执行。

2006年，在对湖北水院实业发展公司上年财务收支情况及红坪山庄、金虹宾馆、金虹酒店开业涉及的大宗采购进行审计的基础上，出台了《关于对实业公司加强管理、加强监督的有关规定》，明确了对实业公司经济行为进行严格控制，所有财务开支一律报院财务审批后方可办理。收回财务审批权延续到了2008年年底，为下一步院加强对所属二级单位的监管积累了经验。

2008年，为提高二级单位会计核算质量、加强财务监管力度，起草并颁发了《院二级单位财会集中核算实施办法》；2011年，起草并颁发了《关于加强公司财务管理工作的意见》，文件规定：院会计核算中心监管职能并入院财务审计处，对各公司的财务管理采取制度约束、日常指导、事后监督的新模式。

2013年，在原《湖北省水利水电规划勘测设计院财务管理制度》（2012年修订）的基础上，颁布了《湖北省水利水电规划勘测设计院财务管理制度（补充规定）》及《日常招待管理办法》，对各部门经济活动进行刚性约束；同年，还颁布了《湖北省水利水电规划勘测设计院分院财务管理暂行办法》，专门强调"重大财务事项报告制度"，进一步加强对分院的监管力度，不断提高经济新常态下财务管理整体水平。

2015年，设计院全面启动湖北省鄂北地区水资源配置工程生产性试验项目EPC总承包，财务上配套颁发了"EPC总承包项目部财务收支管理办法（暂行）"和"EPC建设工程项目结算管理办法"，并一对一建立了专账专户、涉税体系、付（收）款流程等，还派员主持由设计院控股PCCP管厂的会计核算和财务管理工作。

三、增收节支成果

2010年，设计院评定为湖北省高新技术企业，根据《企业所得税法实施条例》，"国家需要重点扶持的高新技术企业，减按15％的税率征收企业所得税"和"高新技术企业的研究开发费用未形成无形资产计入当期损益的，在按照规定据实扣除的基础上，按照研究开发费用的 50％加计扣除"。这使设计院当年就享受到了相关的税收优惠。

2011 年，以国家从 9 月起个人所得税起征点每月提高到 3500 元的政策为契机，编制了职工薪酬个税节税方案，提出了节税的三种途径、两种思路，并最终促成院《关于按月预支效益工资的通知》文件出台，国家减税新政实行的当月便在设计院收到成效，大多数职工的个人所得税税负下降。

2012 年，进行了省水利厅驻京办房产无偿划转至设计院名下的过户工作，其间起草报送省水利厅、省财政厅相关文件，多次与北京当地房管局、税务机关交涉免税事宜，最终得到减免。

今后，财务审计处还将从以下几方面进一步提升财务管理，助力全院发展：

（1）树立服务的观念。财务人员要本着服务生产经营的管理理念，对全院的各项业务及其流程环节深入学习与研究，运用专业能力，把运营中的问题反映出来，为生产经营提供财务运作的合理化建议。

（2）重视基础工作。在会计基础、制度建设、预算及成本控制、资金管理、年度决算、内部审计等方面扎扎实实地把工作做到实处，注重细节，打好基础。

（3）搞好增收节支。财务人员要不断提高主人翁意识，通过强化精细化管理，深挖盈利增长点，确保各项增收指标稳步提高的同时，使消耗指标、可控费用和非生产性支出明显降低，努力构建节约型、效益型勘测设计单位。

（4）防范财务风险。要在做好基础工作的前提下，搞好财务分析，避免财务决策失误，财务人员要讲原则，敢管理，使企业经营和管理合法合规，确保单位人员和资金财产的安全，确保经营目标的实现。

四、技术手段

1999 年，随着计算机的广泛运用，财务管理的技术手段悄然发生变化，在手工记账、电算化并轨一年的基础上，2000 年开始全面实行会计电算化，并在湖北省水利系统拔得头筹。

为适应项目管理的要求，成本归集变"专业—工程项目—成本项目"为"工程项目—专业—成本项目"；会计核算严格执行"严、快、准、规范"；所有会计资料的提供必须是三级复核—提交人、复核人、财务主管；日常会计核算后一岗位必须对前一岗位进行复核。

第三节 行 政 管 理

设计院行政管理主管部门为综合管理处。1996 年由行政科（部分职能）和院办公室合并成新的院办公室。主要负责院行政规章、各类文件材料的起草、分发和登记；文书档案、公文信函、行政公章的管理；行政后勤、物业、安全保卫等工作的监督管理；行政办公设施设备的购买与配置，医疗费用的管理等。

1999—2001 年，设计院新建第 10 栋 24 层住宅楼，并根据福利房分配原则调整安排300 余户职工住房。

2000—2009 年，先后对院内 5 栋职工楼进行平改坡改造；办理 450 余住户一户一表用电改造；办理 500 余户职工住房两证；汽车队迁入十栋一楼 B、C 座，人员扩编至 18 人，拆除原食堂及工会活动室，原址修建停车场；改造办公楼卫生间；2006 年组织举办了设计院建院 50 周年庆典活动。

2010 年设计院实施机构改革方案，对职能管理部门实行大部制，将原院办公室、车队、基建和保卫科（部分职能）合并形成综合管理处。

2011—2015 年，院内安装监控系统；重建院职工食堂；对办公楼办公室进行整修，更换办公桌椅；对院区环境改造，增设停车位及绿化修整，院内主要道路路面刷黑等。2015 年启动珞狮路 290 号勘测设计实验业务用房的建设。

第四节　后　勤　服　务

设计院行政管理中涉及物业、印制、食堂、宾馆等管理事务由湖北水院实业发展公司（简称"实业公司"）负责。实业公司是设计院下属的独立法人二级实体单位，成立于 1996 年 4 月，是由设计院原劳动服务公司、隆华装饰等部门组建而成，拥有职工 30 余人。

1997 年 7 月院食堂"桂花园"开张营业，由实业公司统一管理。

1998 年 4 月院印制室合并到实业公司，成立印制分公司，印制分公司主要承接设计院的报告、图册、图纸、印刷等工作；在 98' 抗洪期间配合院里印制图册 3000 余册，报告 2 万余本，晒图 20 余万张。

1999 年水苑宾馆开张营业，由实业公司统一管理，同年院地质大队修理车间合并到实业公司，实业公司职工总人数超过 100 人。

2001 年实业公司原有业务中的工程施工部分及 20 余名职工并入院属湖北省水利水电岩土工程中心。实业公司物业部对院办公及居民用水、用电进行改造扩容；更换用水管道；配合院办公室进行房顶平改坡改造；取消院内电线杆，电线埋入地下；请专人进行全院绿化维护工作，联合中南街环卫所，管理院内环境卫生。

2003 年 1 月金虹物业管理分公司正式挂牌成立，设计院安全保卫日常事务移交物业分公司。2003 年实业公司面临发展的瓶颈，公司领导克服困难，顶住压力，制定清退方案，辞退临时工及家属工 91 人。同时公司也进行了工资改革，对现有公司各部门定人定岗，实行岗位工资制度，破除以年工资为基础的传统工资模式，制定了相应的工资系数，形成新的工资制度。

2004 年 7 月设计院投资的神农架红坪山庄正式开门营业，交由实业公司经营管理，对院内安排职工度假疗养，同时对外经营。至此公司拥有宾馆、酒店、印制、物业、红坪山庄等经营实体，配合设计院"一业为主，多业并举"经营方针，实业公司有了长足的发展，公司为拓宽经营门路，成立了对外承接业务的市场部。

2005 年负责院办公大楼装修，改善办公环境；实业公司喜获"湖北省青年文明号"称号。

2006 年为设计院建院 50 周年，为营造一个良好的工作生活环境，物业分公司组织人员对院区花坛、办公楼及居民楼外墙进行修补、整治，在大门草坪上修建了鹅卵石小路，安装雕花护栏以及大理石凳等美化绿化工作，院内环境有了明显改善。

2007年11月实业公司负责筹备组建省水利厅食堂，12月试运营，开始对省水利厅机关食堂为期两年的服务管理工作。

2009年1月湖北省水利水电岩土工程中心与实业公司合并，由实业公司统一管理。

2010年6月实业公司成立商务部，为院里各类会议提供服务和院里相关物资的集中采购，为保证设计院安全生产的需要成立安保部；同年公司工会荣获水利系统"文明职工小家"的光荣称号。

2012年8月利用印制分公司的装订车间和废旧车库改造建成院职工食堂正式开业，由实业公司统一管理，就餐人数达到了每天600余人次，解决了全院职工的就餐问题。

2013年3月，为了规范院内停车，物业分公司在院大门口装了车位限行桩，同时也增装了公告公示栏，进下提升院大门形象。

2014年，物业为了配合武汉市创建卫生文明城市，多次对堆放在楼道内的占道杂物进行集中清理，确保了楼梯走道干净整洁，消防通道的安全畅通，有效地防控了火灾等安全隐患；10月，印制分公司承接了"湖北水利一号工程"鄂北地区水资源配置工程报告印制的任务，并将这个项目的报告作为技术突破点，进行了技术上的创新，增加了新的印制设备，使印制的报告技术和产品质量上了新台阶，高标准、高质量地完成了该报告的印制工作；11月，公司组织职工参加的《水利系统社会主义核心价值观网上答题》活动，喜获水利系统社会主义核心价值观网上答题活动一等奖；还代表水利厅参加了全省"奇志杯"女班组长岗位综合能力技能大赛，取得了团体第三名和个人优秀奖的好成绩。

2015年3月，物业分公司配合院里"全国文明单位"的创建，对全院道路硬化刷黑，改变了全院的整体面貌；4月，物业分公司在全院新增摄像头23个，新增办公大楼一楼大厅电动玻璃门及院大门口人行通道岗亭设施，公司工程部完成了院3栋、6栋屋面防水和院部分办公室的装修，完成了荆州98'抗洪抢险人民英雄纪念碑工程项目。

2016年7月，公司自筹资金对红坪山庄进行维修改造，使红坪山庄面貌得到更新；8月，物业公司加强安全消防宣传，协助院综合处成功举行消防演习，并更换灭火器200多个，制作消防安全标志30余块，有效地预防了火灾隐患的发生；12月，公司首次尝试社会化服务，解散安保部值班员，引进了武汉铸威安保公司，将全院的安全保卫工作提高了一个层次。

实业公司在20年发展历程中，人员大量精简，当前拥有正式职工52人，业务量却大大增加，除了原有的物业、印制、食堂、宾馆等服务内容，还增加了红坪山庄的经营、管理、维护和院内办公用房的装饰装修，参与珞狮路280号综合大楼的建设等，公司正逐步走向成熟化、正规化。20年来，多次获得荣誉称号，省水利厅先进基层党组织、省水利系统先进女职工集体、湖北省"青年文明号"武汉市场信用示范企业、全国农林水系统"模范职工小家"、全国农林水利系统"劳动关系和谐企业"、湖北省守合同重信用企业、年度特种行业先进单位等。

第四章 | 党群建设

第一节 党 建 工 作

1997年9月党的十五大召开，全院迅速掀起学习十五大精神热潮，鼓足干劲抓生产，把十五大精神贯彻落实到工作中；1998年长江流域发生特大洪水，院党委积极组织广大技术干部深入"抗洪第一线"，结合纪念建党77周年暨改革开放20周年庆祝活动，突出完成灾后重建工作，重点完成了32处险工险段的整险加固设计任务。

1999年10月，设计院召开第二次党代会，选举产生了院新一届党的委员会和纪律检查委员会。同年加入了水利部政治思想工作研究会，当年选送的政研论文有5篇分获全国水利勘测设计政研会优秀论文一、二、三等奖。

2000年设计院在"三讲"教育活动中，总结坚持民主集中制原则的经验，探索"三三制"工作思路（即党政关系上坚持"三分三合"，领导成员间提倡"三多三少"，议事决策时做到"三宽三严"），在全省水利系统贯彻民主集中制研讨会上进行了交流，并在全国水利水电勘测设计职工政研会第四次年会上专门作了推荐。结合"三讲"教育开展党员轮训，出台了《设计院党委理论学习中心组学习制度》《设计院党委关于争创"学习好、团结好、纪律好、作风好、政绩好"领导班子的实施办法》。

2001年设计院组织开展纪念建党80周年系列活动，开展党建知识竞赛、"党旗下的故事"有奖征文活动等，激发全院党员干部学习"三个代表"，践行"三个代表"的自觉性。组织学习江泽民同志"七一"讲话和党的十五届六中全会精神。《湖北水利党建动态》两次登载反映设计院学习情况的文章。

2002—2003年，在学习贯彻党的十六大精神活动中，院党委制定出台了《设计院党政领导班子议事规则》；开展了党的十六大精神和新党章知识测试活动、党员轮训活动，全院95％以上的党员参加了轮训学习。院党委把学习教育与"大战六十天"生产活动紧密结合起来，通过院报快讯、院报网络版、专刊等多种形式加强教育引导。中层干部结合学习和工作实际撰写的体会文章汇编成《院报》专辑，收入文章50余篇，6万多字。2003年，院党委针对设计院年轻同志快速增加的实际情况，敏锐提出加快培养年轻干部的构想，精心设计策划问卷调查方案，对全院35岁以下的年青同志进行大调查，共发放问卷200余份，全院35岁以下年轻干部，80％接受了问卷调查，对年轻人的工作情况、思想状况进行了一次彻底的大摸底。以院党委名义出台的《设计院加快培养年轻干部的决定》，从政治进步、业务发展、行为激励等方面对年轻干部的迅速成长提出意见，为设计院年轻同志快速成长搭建了舞台，创造了良好的氛围。2003年，全院发展党员23人，是前3年发展新党员的总和。2003年，还建立了党员（包括入党积极分子）电子档案，全院 272 名党员，77 名申请入党同志的基本情况全部入了微机，首次实现了党员情况计算机管理。2003 年，院党委连续第二次被厅党组授予"五好"党委班子先进单位。

2004 年，党建工作的重点是开展党员先进性教育，院党委组织党员参加武昌区委在施洋烈士墓前举行的新党员宣誓活动，举办了邓小平诞辰 100 周年图片展，全院多个支部分别组织赴韶山、井冈山等地参观学习；设计院如何做好党务工作的经验，在全省水利系统党务工作会议作交流发言；党建工作还两次受邀参加了中南街党建联席会议进行学习交流；新成立珠海分院党支部，全院 8 个支部进行了改选，15 个支部支委重新分工。政研工作进一步取得发展，7 篇政研论文分别被水利部、水规总院的政工期刊和省委宣传部创办的《学习月刊》刊用。

2005 年，保持党员先进性教育活动在设计院展开，院报网络版在活动期间将全院近 3 年出台的关于加强内部管理的 32 个文件整理上网；院党委根据各单位部门在学习教育中需要解决的重点问题，细化细分工作内容，提出不同要求，其经验在省水利厅阶段性总结会上被省委督导组点名表扬。

2006 年学习教育围绕学习《江泽民文选》、开展"八荣八耻"教育展开；增设了北京分院党支部，全院党支部数量达到 16 个；党员发展工作首次提出"把骨干发展成党员，把党员培养成骨干"的"双向培养"工作原则，成为我院党建工作三个靓丽品牌之一，一直坚持执行到现在。

2007 年，党建工作围绕贯彻执行中共中央《关于加强党员经常性教育的意见》等 4 个保持共产党员先进性长效机制文件的落实而开展。集中传达学习胡锦涛总书记"6.25"重要讲话精神，省第九次党代会会议精神等。2007 年下半年党的十七大召开，设计院学习宣传贯彻党的十七大精神，院党委委员、副院长韩翔结合学习探讨我院人力资源建设的文章，专门安排在党委委员间传阅，引起了大家的共鸣。2008 年，随着科学发展观理论的提出，根据上级统一部署，院党委专门成立了深入学习实践科学发展观活动领导小组和办公室，开展解放思想大讨论，组织"支援抗震救灾、保持党的先进性"专题组织生活会和专题民主生活会，深入进行党性分析。党委书记徐平关于实现政府执行力在设计院的"三个落实"的经验，在省水利厅党组扩大会议上作了发言。

2009 年，院党委专门制定了《院党委中心组和党支部（科室）学习制度》，并以中心组学习为龙头，把对全院学习教育的要求分为三个层次落实。2010 年，结合优质服务年活动，院党委下发《"创先争优"活动实施方案》，召开"创先争优"座谈会，举办"创先争优、优质服务"主题演讲，组织各支部科室填写了创先争优公开承诺书，广泛开展各类争创活动，院党委被省委省直机关工委授予"省先进基层党组织"荣誉称号。2010 年还被授予"2010 年度全国水利水电勘测设计系统优秀政研会"荣誉称号。

2011 年，院党委开展深入党的十七届五中、六中全会和胡锦涛三个重要讲话精神的学习贯彻，狠抓两个"一号"文件、中央、全省水利工作会议精神的贯彻落实。围绕建党 90 周年，邀请省委党史办领导讲授党课，举办书画摄影展、唱红歌比赛，组织全院 11 个党支部，300 余名党员、入党积极分子开展"重走长征路""再上井冈山"等主题党日活动。建立了设计院党委会、院务会、职代会三会联动的党务、政务公开机制。被推荐为省直机关先进基层党组织，全省水利系统党建工作先进单位。

2012 年，院党委结合开展"喜迎十八大、争创新业绩"主题实践活动，组织党员职工参加"回顾辉煌历程，喜迎党的十八大"读书竞赛活动；以"三抓一促""党的基层组织建设年""重大项目建设年"活动为抓手，制定了"三联三诺"、支部工作考核细则，开创性地推出"党委联系日"制度，安排院党委委员每个星期的星期一晚上轮流值班，专门听取职工的建议和诉求，这一举措受到职工群众和上级党委的一致好评。

2013 年，党建工作以学习贯彻党的十八大和十八届三中全会精神为主线，组织开展了"学习十八大，争创新业绩""党的群众路线教育实践"、政风行风评议三个主题活动；以改进工作作风为重点，广泛听取了意见，召开了党委专题民主生活会和党支部组织生活会，深入查找了工作中的薄弱环节并认真整改，完善了党政领导班子议事规则和"三重一大"事项集体决策程序，落实了作风建设系列规定，加强了廉政建设；以好干部"五条标准"为对照，开展了"建成支点、走在前列，争做好干部"活动。

2014 年，设计院党委进一步强化政治核心作用，认真贯彻党的十八届三中、四中全会精神，认真对照教育实践活动专题民主生活会整改清单，抓好落实。按水利厅要求组织全院 252 名党员进社区服务群众。我院被厅党组表彰为党建工作先进单位。

2015 年，党委深入开展"三严三实""三抓一促""守纪律讲规矩""履职尽责"等主题实践活动，扎实开展"四项专项整治"工作。院党委决定在鄂北管厂组织设立临时党支部，开创设计院"支部建在项目上"的先河，有效保证了院党委的工作部署得到贯彻执行。

2016 年，设计院紧紧围绕党的十八届五中、六中全会和习近平总书记系列重要讲话精神，以落实全面从严治党要求为主线，贯彻省委《关于落实全面从严治党要求进一步加强省直机关党的建设的意见》（简称《意见》），实现学习《意见》全覆盖。扎实开展"两学一做"学习教育活动，先后组织召开党委会、动员会、推进会，将学习教育作为重大政治任务，以高度的政治责任、良好的精神状态和扎实的工作作风抓好抓实。继续深化"三抓一促"活动成果，制定设计院《党建工作项目清单》，召开党员代表大会，圆满完成设计院党委、纪委换届选举工作，顺利完成 400 余名党员排查，完成党费补缴工作，推动设计院党建工作上台阶。

20 年来，"把骨干发展成党员，把党员培养成骨干"的双向培养原则，连续 4 年扎实开展"党委联系日"活动，把支部建在项目上，已经成为设计院党委工作的三个靓丽品牌。院党委连续多年被省水利厅党组授予"五好"党委班子先进单位。

第二节　纪　检　与　监　察

一、机构设置

设计院于 1985 年成立纪律检查委员会，各党支部增设了纪检员。1999 年 11 月设计院召开了第二次党代会，选举产生程崇木为纪委书记的新一届纪律检查委员会；2016 年 6 月，李歧任纪委书记。

二、党风廉政建设和惩防腐败体系建设

设计院高度重视党风廉政建设，每年年初，按照"五个一同"的要求，逐一分解责

任，明确责任主体。组织院、处、室、班组四级，层层签订院党风廉政建设责任书，强化"一岗双责"；每半年组织院中层以上干部开展廉洁自律自查工作，年底组织对各党支部、中层以上党员干部个人落实党风廉政建设责任制工作、个人廉洁自律情况进行检查考核；每年对新提拔的中层干部进行集体廉政谈话，对中层干部的选拔和工作人员录用的过程进行监督。开展明察暗访督促检查工作，并将检查情况在院显示屏上进行通报。

抓惩防腐败体系建设。2000 年 3 月，设计院荣获全省水利系统纪检监察工作先进集体。2011 年省水利厅直属单位在设计院召开了腐败风险预警防控体系建设现场会，设计院腾开公司介绍了公司抓腐败风险预警防控的经验。设计院在惩防腐败体系建设 2008—2012 年工作总结基础上，制定了《惩治和预防腐败体系 2013—2017 年工作规划实施细则》。针对全院每个不同的岗位，制定了《设计院廉政风险预警防控手册》，手册细化到每个部门，每个岗位。

开展了以"治庸提能、治懒提效、治散提神、治软提劲"为主要内容的治庸问责工作，以解决"四风"问题为主要内容的党的群众路线教育实践活动。2012 年 1 月，设计院荣获全省水利系统纪检监察工作先进集体。2013 年开展设计院政风行风民主评议专项活动，2015 年开展加强履职尽责督促检查，就贯彻落实中央"八项规定""省委六条意见""厅二十条办法""院十条规定"的执行情况进行了专项监督检查。开展了"四项专项整治"和会员卡清退活动，对中层以上领导干部持有会员卡情况进行了专项清理，处级、科级干部都向组织做出了零持有报告。开展了津贴补贴清理自查，取消和规范了部分津补贴的发放。开展了中介领域突出问题专项治理工作，对市场中介组织现状情况进行了调查摸底和自查。2016 年，坚持把惩治和预防腐败体系建设纳入到重要议事日程，明确以"一把手"负总责，分管领导各负其责的工作格局。认真做好党的组织关系排查、党费收缴清理工作。收集领导干部党风廉政基本信息，处级以上干部按要求填写廉政基本信息表；落实领导干部个人重大事项报告制度。

三、制度建设

1999 年 8 月，设计院纪委、监察科编印《党纪政纪条规守则》。

2003 年 2 月，设计院纪委、监察科编印《党纪法规政策选编》。

2003 年 12 月，制定《设计院党政领导班子议事规则》。

2011 年 12 月，制定《设计院腐败风险预警防控工作实施方案及文件汇编》。

2013 年 2 月，制定《设计院改进工作作风、实干兴院的十条规定》。

2013 年 10 月，制定《设计院"三重一大"集体决策制度》。

2016 年 4 月，制定《设计院党风廉政建设主体责任和监督责任清单》。

通过建立健全廉政建设制度，用制度规范行为，用制度管权、管事、管人，有效预防和减少腐败现象的发生。

第三节　文明创建和宣传工作

一、文明创建

1996 年 10 月，党的十四届六中全会召开，会议通过《关于加强社会主义精神文明建设若干重要问题的决议》，设计院文明创建工作由此提速。1997 年 1 月，院首个《加强我院精神文明建设的意见和措施》出台。从申创武昌区文明单位起步，2015 年 2 月荣获"全国文明单位"，到 2016 年 4 月通过全国文明单位复核，设计院 20 年文明创建工作一步一个台阶不断取得新的成绩。

1997 年，成立设计院文明办和领导小组，制定了申创计划和活动细则；向省水利厅、省直文明办汇报情况；到街道、区了了解熟悉政策；走访周边文明单位，学习他们的先进经验和做法。以申创文明单位活动为载体，结合纪念建党 76 周年暨庆祝香港回归，组织征文、座谈、讲座等系列活动，营造浓厚的爱国、爱党、爱社会主义的氛围。1997 年底，设计院获得武昌区文明单位称号，武昌区副区长吴天祥亲自来院授牌。1998 年，全院干部职工踊跃投身 98' 抗洪及灾后重建工作，职工勇于奉献、积极进取的精神面貌获得各方普遍赞誉。1999 年院进一步狠抓文明创建活动，举办庆祝建国 50 周年、喜迎澳门回归祖国书画摄影展、"相约九九"文艺演出等，制定《湖北省水利水电勘测设计院两个文明建设三年发展规划》，并获得湖北省水利厅文明单位称号。2002 年元旦前，设计院进一步获水利部文明单位授牌，成为院文明创建工作新的里程碑。

2002 年，《公民道德建设实施纲要》颁发，院党委及时印发《关于开展学习贯彻〈公民道德建设实施纲要〉活动的通知》，组织开展了"四个一"学习教育活动，组织主题为"德在我心中"的征文活动，并与兄弟单位进行交流，深受各单位好评。

2003 年，设计院出台《职工文明公约》，把文明创建工作进一步引向深入。被省文明办评为湖北省文明行业示范点，被省委省政府授予湖北省创文明行业先进单位称号。并被水利厅确认为全省水利系统文明单位。珠海分院和实业公司分别被湖北省委省政府、共青团省委评为创建文明行业工作先进单位和省级青年文明号。

2004 年，设计院与紫阳社区签定共建协议，参加"清洁武汉，美化家园活动"；因文明创建工作成绩突出，水利厅组织其他在汉二级单位专门到设计院学习调研。通过水利部精神文明建设指导委员会的复审，被确认为全国水利系统文明单位。

2005 年，设计院被省水利厅确认为全省水利系统文明单位，珠海分院和实业公司分别被湖北省委省政府、共青团省委评为创建文明行业工作先进单位和省级青年文明号。2006 年全院开展"八荣八耻"社会主义荣辱观教育，文明创建工作进一步向前推进。

2007 年，设计院文明创工作进一步拓展，珠海分院申报并获评湖北省创建文明行业工作先进单位，院精神文明创建事迹在《长江文艺》进行宣传。

2008 年，受中国水利勘测设计政研会委托，设计院参与起草"全国水利水电勘测设计行业职业道德规范"。5 月 12 日汶川大地震，院党委在地震发生的第二天率先组织动员全院职工向灾区捐款，组织力量支援抗震救灾工作。水保总站被评为湖北省青年文明号，规划室被评为省直机关青年文明号称号。

2009 年，组织开展新中国成立 60 周年全院性的学习教育活动、"见证湖北水利 60 年"的征文演讲活动等。设计院第一本自己的文学刊物《写意江河》创刊。联合湖北电视台教育频道录制《高扬科学发展大旗 服务现代水利大业》专题片，并在省电视台和全省水利精神文明建设会上播放。2010 年顺利通过"省级文明单位"复审。

2012 年，设计院文明创建开始向更高的目标迈进，重新修订《湖北省水利水电规划勘测设计院文明创建单位实施办法》，全年荣获湖北五一劳动奖状、红旗单位、省直机关"先进基层党组织"、省级青年文明号、省五四红旗团委、全省水利新闻宣传工作"优胜集体"等省厅级 20 余项表彰。

2013 年，设计院负责勘测设计的鄂北地区水资源配置工程项目，从启动编制到获部省联合批复仅一年，创造了全国同类工程新纪录，设计院获水利厅通报嘉奖，6 位职工记三等功，14 位职工受嘉奖。文明创建步入新里程，获全国模范职工之家称号，被省政府授予省最佳文明单位。

2014 年，组织职工参加水利部社会主义核心价值观答题，获一等奖。被授予省五一劳动奖状，通过了省最佳文明单位复审。

2015 年，设计院文明创建工作进一步取得重大成果，被表彰为全国文明单位。选送技术骨干对口援疆援藏。与社区结对共建，开展了认领微心愿等活动。

2016 年，以培育和践行社会主义核心价值观为主线，不断巩固"全国文明单位"建设内涵。制定了《关于明确设计院精神文明建设工作责任分工的通知》，把精神文明建设工作量化分解。4 月，顺利通过全国文明单位复审。

20 年来，1997 年创建武昌区文明单位，2002 年荣获水利部文明单位；2003 年被省文明办评为湖北省文明行业示范点，被省委省政府授予湖北省创文明行业先进单位称号；2009 年荣获湖北省文明单位；2013 年荣获湖北省最佳文明单位；2015 年荣获全国文明单位；2016 年通过全国文明单位复核，创建工作实行网上申报复核，开启设计院文明创建工作新里程。

二、宣传工作

1997 年之前的设计院宣传工作，一般由党政工团部门根据各自工作情况，采取编写工作简报的形式向院内各科室印发和向上级单位报送。1996 年，设计院创办《院报》，《院报》成为设计院对内对外最主要宣传媒介。

1998 年特大洪水期间，设计院一大批技术干部日夜奋战在一线，作出了特殊贡献。设计院组织召开隆重热烈的表彰大会，编辑出版 98'抗洪宣传专刊，短时间内评选上报先进集体 10 余个、先进个人 80 余人，整理各种事迹材料近百份共计 10 余万字，大力进行宣传。1998 年下半年，由于灾后重建任务繁重，专门策划邀请湖北日报、湖北电视台、湖北卫视台、楚天广播电台等多家新闻单位，进行集中宣传报道，形成极大的宣传鼓动效应，成为建院以来宣传工作的最大亮点。

1999 年，设计院首次利用二楼走廊，结合庆祝建国 50 周年，策划制作了反映建院以来两个文明建设成就的大型图片展，展出 2 张大展板，10 张小画幅，28 块标准板，展出图片 300 余张，二楼走廊从此成为设计院最为重要的宣传阵地和窗口。2001 年，设计院计算机局域网建立，为增加宣传工作的时效性和突出时代特点，《院报》在计算机局域网建立开通了《院报·网络版》。

2002 年设计院推出《院报快讯》，把它建成汇报设计院工作、树设计院形象、展示院职工风采的最大最方便快捷的对外窗口和宣传阵地。

2003 年，院引江济汉项目、汉江中下游现代水利示范工程项目的深入推进，宣传工作紧扣院生产中心，大力开展治水新理念方面的宣传引导，在院报网站建立"创意空间"

"扫描解析"栏目;将反映治水新理念的专题片《城河风采》放上院报局域网,号召全院学习观看;出《数字黄河》专集等 4 期,登载各类文章 104 篇,约 17 万字。

2004 年,《院报快讯》对设计院珠海、白河等工程情况进行连续报道,并及时向省水利厅报送,厅长段安华两次对报道作出批示,对设计院工作给予极大肯定。设计院积极向湖北水利网投稿,16 篇稿件被采用,居全省水利系统单位前列,网络宣传为设计院改革发展创造良好舆论氛围。《中国水利报》首次在设计院设立通联站。

2005 年,《院报快讯》出到 100 期。

2006 年,以建院 50 周年为契机,邀请中国报和湖北日报记者来院采写稿件,编写宣传稿《半个世纪的跨越》在《中国水利报》刊发专版文章,在《湖北水利》杂志上策划院庆宣传专版,都收到良好的宣传效果。

2007 年,设计院对宣传平台进行全新整合,出台《设计院网站管理暂行办法》,《院报快讯》纸质版停办,建立在局域网基础上的《院报》网络版与院外网合并,宣传平台统一归并到院外网。在设计院办公大楼一楼大厅举办"水院人物"宣传专栏,介绍各专业有突出贡献的技术骨干,以 4 人为一组进行展示,先后推介 40 多位优秀人物。

2008 年,结合改革开放 30 周年,暨纪念 98' 抗洪胜利 10 周年,利用宣传专刊分"堤防建设""走出去战略"等多个专题在院内展出。

2009 年,设计院制定出台了设计院历史上首个《湖北省水利水电规划勘测设计院宣传工作管理办法》。

2010 年,设计院宣传工作具有三大亮点:一是深入生产经营一线加强宣传;二是围绕湖北省抗洪抢险和灾后重建工作加强宣传;三是充分利用院内载体加强宣传。全年共发布更新各类稿件近 400 篇。

2012 年,设计院编写各类宣传稿件近 600 篇,水利报选用 2 篇,厅网刊发 92 篇,同时完成院网站改版,新编印出版院简介,《院宣传工作管理办法》进行了重新修订。

2013 年,采写的《脚踏实地 以质取胜》等 3 篇报道被中国水利报刊发。

2014 年,以《创新设计 成就"黄金水道"》为题对引江济汉工程的报道被中国水利报专版刊发。

2015 年,在中国水利报刊发《三年拼搏描绘鄂北工程蓝图》专版文章,策划了"大干 100 天"等 4 个专题,被省水利厅授予"全省水利新闻宣传成绩突出单位""全省水利系统宣传工作优胜集体"等荣誉称号。

2016 年,院网站全新改版、建立微网站,围绕建院 60 周年开展宣传。制作了院庆宣传片《水利荆楚》,编纂《湖北省水利水电规划勘测设计院院志(1997—2016 年)》,在中国水利报刊发专版文章《始终不忘初心 继续砥砺前行》,编制了院庆画册《碧水》、院庆专刊《写意江河》,制作了宣传展板等一系列活动。

第四节 工 会

设计院工会以"服从大局、服务中心、促进发展"为宗旨,以坚持全心全意为职工服务为工作重点,坚持"建家就是建队伍、建家就是建企业"的指导方针,走出一条"整顿建家—深入建家—提高水平建家—创新发展建家"的发展道路,推动了设计院工会整体工作水平不断提高。1998 年 5 月"职工之家"正式揭牌,1998 年 6 月获得湖北省水利工会"合格职工之家"称号,2000 年跨入湖北省"模范职工之家"行列,2007 年获得中国农林水行业"模范职工之家",2010 年工程测绘处工会获得中华全国总工会"全国模范职工小家"、实业公司工会获得全国水利系统"模范职工小家"称号,2013 年获得中华全国总工会授予的"模范职工之家"称号。

一、发挥职工代表大会职能作用,加强民主管理,维护职工权益

1999 年 4 月 20 日设计院召开第四届职工代表大会,表决通过了《医疗制度实施办法》《劳动人事管理规定》《财务工作报告》《职工从业管理规定》《职代会实施细则》。

2003 年 11 月 20 日召开第五届职工代表大会,通过了《湖北省水利水电勘测设计院医疗制度实施办法》《湖北省水利水电勘测设计院集体合同》。

2008 年 4 月 28 日召开六届一次职工代表大会,对《湖北省水利水电勘测设计院集体合同(修改草案)》《关于转让院所持湖北合丰置业有限公司股权的议案》《关于修改〈湖北水院励志济困互助协会章程〉的报告》《关于为全院职工购买意外伤害保险的报告》进行表决;听取了《第五届职代会五次会议代表提案落实情况的报告》及《设计院〈集体合同〉执行情况的报告》。

2010 年 1 月 5 日召开六届第二次职工代表大会,表决通过了《湖北省水利水电勘测设计院职工代表大会工作标准(草案)》《湖北省水利水电勘测设计院劳动安全卫生专项集体合同》《湖北省水利水电勘测设计院办公楼迁建新工地的报告》,听取了《设计院六届一次职代会提案落实情况的报告》。

2013 年 1 月 7 日召开第七届一次职代会暨第六届一次会员代表大会,表决通过了《湖北省水利水电规划勘测设计院集体合同》《湖北省水利水电规划勘测设计院女职工特殊利益专项集体合同》审议了《关于院办公大楼改造装修的报告》《关于拟参加职工医保的报告》《第六届职代会二次会议代表提案落实情况的报告》。

2015 年 1 月 25 日召开"设计院 2015 年工作会议暨七届二次职工代表大会、六届二次工会会员代表大会",听取并讨论了院 2015 年《抓大谋远　竞进提质》工作报告、院工会工作报告、七届一次职代会和六届一次工会会员代表大会提案落实情况的报告,审议了《院 2015~2017 年精神文明建设规划》《院项目管理办法(试行)(2014 版)》《院效益工资发放办法》。

历年职代会共收集职工各类提案 200 余件,提交党委会、院务会研究,立案 41 件,其中 4 件提案获得 2005 年度、2008 年度、2010 年度厅直单位职代会优秀提案一、二、三等奖及鼓励奖。

二、落实集体合同

2008 年、2013 年重新签订了《湖北省水利水电规划勘测设计院集体合同》《女职工特殊利益专项集体合同》。《集体合同》明确了见习期职工的工资收入档次,规定了职工工资增长与院效益增长的比例等;《女职工特殊利益专项集体合同》保护了女职工在结婚、怀孕、生育、哺乳及身患特种疾病、进行妇科检查等情况下的特殊利益。2005 年至今坚持为女职工购买防癌疾病保险，并帮助 5 位癌症患者获得保险理赔。

三、围绕院中心工作，推动和谐发展

加强工会自身建设，增强工会活力。以创建"全国模范职工之家"为载体，进一步加强院工会和基层工会的制度、硬件、责任体系和日常管理建设。根据设计院发展和会员人数增加幅度有效调整基层工会管理结构。

大力开展和实施了"职工建功立业工程""职工素质提升工程""争创'十优百佳'、争当岗位能手"等系列创先争优活动，"安康杯"劳动知识竞赛、安全生产知识与《劳动合同法》学习、"爱岗敬业、服务社会"读书征文等系列创先争优活动，以提升职工队伍的政治思想素质、职业道德素质、科学文化素质和业务技能素质。

加强企业文化建设，丰富职工文体生活。以重大节假日、纪念日为契机，组织丰富多彩的职工文化活动。组织推出了《三八专刊》《五一专刊》工会简报 13 期，刊载了 270 篇 180 名职工在生产、生活方面的文学类文章。举办院内或参与水利厅职工书法绘画摄影展 8 次，300 多名职工作品参加展览，近百幅作品获院内外一、二、三等奖。近 800 余职工参加了院春节联欢会、建院 50 周年和建国 60 周年及建党 90 周年文艺演出、红歌演唱、排舞大赛。2006 年获得省水利厅文协"全省水利系统群众文艺体育活动先进单位"，2008 年获得全国水利系统职工文化工作先进集体荣誉。

全面落实《全民健身计划纲要》，推进职工体育健身活动。成立了职工羽毛球、篮球、足球、摄影等体育项目协会，开展球类、排舞、拔河等院内群众性体育活动，安装了室外健身器材；组织了对外友谊赛。1998 年、1999 年举办了中国象棋、围棋赛；2000 年举办首届职工台球赛；2001 年举办乒乓球团体赛；2002 年举办第八套广播体操比赛、职工羽毛球比赛；2004 年、2005 年、2006 年举办了男子、女子职工篮球赛；2010 年举办职工羽毛球团体赛，举办庆祝建国 60 周年健身排舞比赛；2012 年参加省直机关第三届干部职工运动会羽毛球竞赛，荣获混合团体第七名；2013 年举办第九套广播体操比赛，参加省水利厅主办的第三届"大禹杯"羽毛球团体赛，获得团体赛第二名；2014 年、2015 年分别在武汉市沙湖及园博园组织全院职工进行"健康徒步走，绿色环保行"活动；2016 年荣获省水利厅第七届"水利青年杯"篮球赛亚军；成立摄影协会并组织举办了建院 60 周年职工摄影展；参加省水利厅庆祝中国共产党诞辰 95 周年"学建议、谈收获、兴水利、谋发展"演讲比赛优秀组织奖。

坚持开展"送温暖"活动。对困难职工建档率、"送温暖"和"金秋助学"等活动覆盖率均达 100％。2005 年 6 月由院工会牵头成立了"设计院励志济困互助协会"，直至 2016 年，筹集资金 200 多万元，慰问省级以上劳动模范、院先进工作者 30 余人次，登门慰问困难职工 300 人次、困难家庭 150 户，赴医院探望因工负伤、因病住院的职工 800 多名。组织职工带薪到红坪山庄疗养 700 余人次，每年为组织职工体检。为 20 多名学生发放助学金、18 位癌症病患者发放大病救助款共计 10 余万元。

回顾 20 年历程，院工会坚持维护职工权益，创造和谐劳动关系；围绕发展大局，开展创先争优活动、送温暖活动，不断提升职工的幸福指数；同时不断加强自身建设，探索开展工会工作的新方法，抓好工会各项制度建设，管好用好工会经费，规范院工会各项工作的开展，让职工感受到工会温暖可信、安全可靠，促进设计院和谐发展。

第五节 共 青 团

设计院团委在院党委、厅团委的领导下，围绕设计院中心工作，履行"组织青年、引导青年、服务青年，维护青年合法权益"职能，开展各项工作。

合理配置干部，加强组织领导。多年来按照青年职工分布情况和利于工作开展原则，团支部设置由院团委委员担任支部书记，使团建工作形成纵向"有人管"，横向"管得了"的纵横交叉的网络型组织体系。历届院团委委员主要来自管理部门和各个业务部门的关键岗位，开展工作时能站在设计院改革发展大局和团组织长远发展的高度，把党的要求和青年的愿望结合起来。

注重专业引导，充实青年生活。院团委围绕院中心工作，鼓励青年职工加强业务学习，提高专业技能，在设计院改革发展中建功立业。院团委开展了优秀共青团员、青年岗位能手和十佳青年评比表彰，开展了知识竞赛、读书演讲、文体交流、扶困助贫等富有活力、体现特色的各类活动，在青年职工中营造和谐向上的良好氛围。

深化思想凝聚，加强思想教育。围绕社会主义核心价值观和"献身、负责、求实"的水利精神，多次组织青年参观革命历史展览和瞻仰革命先烈，多次召开青年职工座谈会，了解思想动态，有针对性的引导青年树立正确的成才观和职业发展观。

设计院团委20年来不断取得新的成绩，被授予省五四红旗团委、省直机关五四红旗团委、省水利厅先进团组织、省级青年文明号等荣誉称号；所属团支部多次被团省委、省直机关团工委、省水利厅团委表彰。

第二篇

生产管理

第一章 ｜ 生产管理与经营

第一节　生产运作模式

1993年设计院进一步深化改革，开始实行技术经济责任承包制，为加强对外和项目计划管理经营工作，成立了计划经营办公室（简称"院经营办"），2010年更名为计划经营处，2014年更名为生产经营处，对内负责院生产计划，对外负责市场经营和拓展。

1997—2000年，院生产管理以专业科室管理为主，实行科室一把手负责，院经营办统筹协调的管理模式。生产任务由院经营办统一下达给生产科室，效益工资由院经营办核算总额给生产科室，再由各生产科室内部分配到职工。

2001年，设计院正式出台《项目管理办法》，在设计部门实行项目经理负责制，2003年，在勘测部门实行项目经理负责制。项目经理由院任命，院经营办将生产任务下达给项目经理，效益工资由经营办核算总额给项目部，再由项目经理根据工作量分配到职工。2009年设计院对该办法进行了修订，并颁布了《项目管理办法（2009年修订）》。

2012年，设计院生产管理变为处室管理和项目管理相结合的双重管理模式，修订印发了《项目管理办法（试行）（2012版）》，2014年院对项目管理进行了修编。明确了院生产经营处、处室负责人和项目经理的职责和权利。

2014年9月，为了推进管理革新，提高工作效率，设计院建立了综合信息管理系统，以合同管理为业务龙头，项目过程管理为主线，通过信息技术实现对项目的计划、进度、成本、质量、变更、采购和成果的有效管理。

第二节　经营与发展

设计院经营方针为抓大谋远、开拓创新，立足湖北水利水电勘测设计市场，以北京、珠海、成都分院为窗口，辐射全国乃至海外市场。坚持发展多种经营，大力拓展工程总承包及项目管理业务。

1996年，设计院尚处于市场经营的起步阶段，主要有甲级工程勘察证书、测绘资质证书、工程咨询甲级资格证、甲级水利水电勘测设计行业工程设计证书、甲级工程总承包资格证书和乙级建筑行业工程设计证书等。20年来，随着水利水电行业市场的规范和工程建设审批制度的完善，为适应发展的需要，先后申请多项资质，截至2016年设计院拥有国家颁发的各类资质12项（表2-1-1），其中甲级资质10项，成为中国水利水电勘测设计行业AAA信用等级单位。主要从事各种河流及区域规划、水利水电工程、防洪工程、机电排灌、河流湖泊生态修复、工业与民用建筑、公路、桥梁、涵洞、港口、码头、仓库、供水排水、地下工程、基础工程、输变电工程、污水处理工程等规划、勘测、设计、试验、总承包以及工程建设监理、技术咨询等业务。

表 2-1-1　　　　　　　　　　　设计院资质情况一览表

资质证书名称	资质行业等级	业 务 范 围	备 注
工程勘察资质证书	工程勘察综合类甲级	可承担各类建设工程项目的岩土工程、水文地质勘察、工程测量业务（海洋工程勘察除外），其规模不受限制（岩土工程勘察丙级项目除外）	证书编号 B142005915
工程设计资质证书	水利行业甲级 电力行业专业甲级	可从事资质证书许可范围内相应的建设工程总承包业务以及项目管理和相关的技术与管理服务	证书编号 A142005915
工程设计资质证书	建筑行业（建筑工程）乙级	相应范围的乙级专项工程设计业务。可从事资质证书许可范围内相应的建设工程总承包业务以及项目管理和相关的技术于管理服务	证书编号 A242005912
测绘资质证书	甲级	工程测量：控制测量、地形测量、规划测量、建筑工程测量、变形形变与精密测量、市政工程测量、水利工程测量、线路与桥隧测量、工程测量监理等	证书编号 甲测资字 4200032
工程咨询单位资格证	水利工程、水电、农业、生态建设和环境工程甲级	水利工程、水电、农业、生态建设和环境工程规划咨询、编制项目建议书、编制项目可行性研究报告、项目申请报告、资金申请报告、评估咨询、工程设计	证书编号 工咨甲 12120060047
水文、水资源调查评价资质证书	水文、水资源调查评价资质证书甲级	水文水资源监测，水文调查、水文测量、水能勘测。水文分析与计算。水资源调查评价：地表水水资源调查评价，地下水水资源调查评价，水质评价	2006 年申办
水土保持方案编制资格证书	甲级	承担各级立项的生产建设项目水土保持方案的编制工作	证书编号 水保方案（鄂）字 第 0018 号
生产建设项目水土保持检测单位水平评价	乙级	县级以上地方人民政府水行政主管部门审批水土保持方案的生产建设项目的水土保持监测工作	2015 年申办
建设项目水资源论证资质	甲级	农林牧渔、采矿、水利水电、电力热力、纺织皮革、造纸、石化化工、冶金、建材木材、食品药品、机械制造、建筑	证书编号 水论证 420115120
地质灾害治理工程甲级勘察证书	勘察单位甲级	可承揽大、中、小型地质灾害治理工程的勘查业务	证书编号 国土资地灾勘资字 第 2005217002 号
地质灾害危险性评估甲级证书	评估单位甲级	可承揽大、中、小型地质灾害治理工程的危险性评估业务	证书编号 国土资地灾评资字 第 2005117009 号
地质灾害治理工程设计甲级证书	设计单位甲级	可承揽大、中、小型地质灾害治理工程的设计任务	证书编号 国土资地灾设资字 第 2015317003 号

　　1997 年之前，设计院承揽的项目主要以水电站和闸站、灌区等水利水电工程为主，98'大洪水以后，又承揽了省内大量堤防、蓄滞洪区防洪工程项目。2003 年通过投标获得珠海市乾务赤坎大联围堤防加固工程项目，并在珠海成立珠海分院，在拓展市场方面迈出了重要一步。2005 年成立了北京分院，2007 年成立了成都分院。2010 年 7 月 20 日，设计院与中国轻工业武汉设计工程有限责任公司签订了《马里 6000TCD 糖厂工农业建设项目的工程——甘蔗种植基地项目》合同，设计院市场经营开始走出国门。2014 年，先后承揽了付家河水库工程代建项目和鄂北地区水资源配置工程生产性试验项目 EPC 总承包业务，开始了混合经营的模式。

　　1996 年，设计院签订合同额约 5000 万元，2015 年设计院签订合同额近 10 亿元，合同额年均增长率为 16.89%。1996 年全院实现货币收入 1500 多万元，2008 年设计院货币收入首次破亿，2014 年设计院收款总额 2 亿余元，年收款额增长率为 15.56%，2015 年计入设计施工总承包额后设计院全年货币收入 6 亿余元。

　　2016 年，设计院项目管理分院正式成立，分院以 EPC 为主要业务，兼顾代建和 PMC 等建设管理和咨询业务。设计院 EPC 承包模式是以设计为龙头，充分发挥自身的优势，借鉴其他行业或高水平 EPC 公司的先进经营，根据水利行业发展的实际情况，探索具有设计院自身特点的先进的设计施工模式、资金投入模式、施工进度控制手段以及工程质量控制方法，带动设计院向着更为广阔的空间发展。

第二章 | 市场拓展

第一节 腾 升 公 司

一、发展历程

腾升公司前身为湖北省水利水电工程建设监理中心。1997年7月2日，经省水利厅批复同意，设计院成立了湖北省水利水电工程建设监理中心（以下简称"监理中心"），为院属独立法人单位，法人代表为杨金春，并完成了工商注册，办理银行开户，开始实行独立核算、自负盈亏。

1998年9月，设计院重组监理中心领导班子，实行公司总经理负责，院领导分管的管理模式。沈兴华通过竞聘上岗任监理中心法人代表、总经理。2006年根据国家脱钩改制政策要求，设计院对监理中心进行了股份制改造。2007年1月，监理中心改制更名为湖北腾升工程管理有限责任公司（以下简称"腾升公司"），设计院占腾升公司总股本80%，为第一大股东。设计院对腾升公司管理调整为院领导分管，总经理负责，并派遣执行董事的管理形式。2009年3月，沈兴华调任设计院副总工，由副总经理雷安华主持腾升公司工作。2009年11月，贺敏任腾升公司法人代表、总经理。为了加强设计院对腾升公司的管理，2012年4月，成立董事会，由院党委书记徐平任董事长，院总经济师曾庆堂、贺敏任董事。2015年3月，根据国家政策要求，董事会解散，恢复执行董事管理方式，由田永红任执行董事，院总经济师曾庆堂作为院领导分管腾升公司。

腾升公司成立以来，随着业务的发展，管理逐步规范，至2016年形成工程部、综合经营部、信息资源部及招标代理部等4各部门，制定各种规章制度42个，涵盖人事、岗位职责、财务、车辆、经营、工程等公司管理的方方面面。

二、业务拓展

1997年4月，原监理中心取得水利部颁发的水利水电工程施工监理甲级资质，成为水利部首批甲级监理单位之一。1998年长江流域发生大洪水，汛后国家投巨资建设长江堤防，并在水利建设项目全面推行工程监理制。监理中心抓住机遇，承担了湖北省半数之多的堤防建设监理任务。随后监理中心提出"立足本省水利水电工程建设，创造条件，走出水门、走出省门、走出国门"的经营思路，积极开拓省外、海外水利建设市场。2004年9月，中标援建佛得角泡衣涝水坝项目施工监理；2004年10月，中标珠海市海堤加固达标工程建设工程监理；2004年11月，中标安徽省淮北大堤加固工程移民项目监理；初步实现了"走出省门、走出国门"的目标。

为持续开拓省外市场，2000年，原监理中心成立了控股公司——深圳市路达胜水利工程技术咨询有限公司，承接了深圳市东部供水水源工程、深圳西沥水库综合管理楼等工程施工监理。同时为拓展省内其他行业的监理业务，监理中心还成立了控股的湖北省科研工程监理有限责任公司，主营房屋建筑、市政公用工程的监理业务，先后承接了水苑大厦、水苑宾馆改造工程、武汉邮科东路道路及排水工程等项目监理，实现了"走出水门"的目标。

随着国家全面推行建设工程"四制"，原监理中心开展招标代理业务，钟祥市白土地庙泵站作为省水利系统第一个实行招标代理的项目，开评标由监理中心成功组织完成，为全省水利系统开展招投标活动首开纪录。

近年来腾升公司先后承接了地质灾害治理，土地平整道路、桥梁、房屋建筑等涉及国土、市政、住建行业的监理和招标代理等项目，还在新疆承接了艾比湖流域水污染防治河道综合治理项目两个施工监理，以及承担了乌兹别克斯坦 Amuzang I、Amuzang II 泵站的施工代建工作。

随着腾升公司发展，注册资金从 1998 年 20 万元增资到 2016 年 813 万元。腾升公司及其控制的科严公司先后获得了多类资质资格（表 2-2-1）。

表 2-2-1　　　　　　　　　　主要资质资格情况表

序号	资质类型	等级	取得时间/（年.月）	发证机关	资质类别	公司名称
1	水利工程施工监理资质	甲级	1997.4	中华人民共和国水利部	监理	腾升公司
2	工程招标代理机构资质	甲级	2001.4	中华人民共和国住房与城乡建设部	招标代理	
3	地质灾害治理工程监理单位	甲级	2007.2	中华人民共和国国土资源部	监理	
4	政府采购代理机构资格	甲级	2007.11	中华人民共和国财政部	招标代理	
5	中央投资项目招标代理机构资格	乙级	2013.8	中华人民共和国国家发展和改革委员会	招标代理	
6	水利工程建设环境保护监理资质	不分等级	2008.10	中华人民共和国水利部	监理	
7	水土保持工程施工监理乙级资质	乙级	2014.12	中华人民共和国水利部	监理	
8	市政公用工程监理乙级资质	乙级	2013.11	湖北省住房与城乡建设厅	监理	
9	房屋建筑工程监理乙级资质	乙级	2013.11	湖北省住房与城乡建设厅	监理	

在开拓市场的同时，职工收入也得到了稳步增长。腾升公司在设计院属 20 多名固定职工的情况下，利用社会人力资源，公司收入从 1998 年几十万元，到 1999 年 200 余万元，后逐年稳步增长，2008 年接近 1000 万元，2012 年达 2000 余万元，2015 年接近 4000 万元。

三、专业发展

2007 年受水利部建设与管理司委托，腾升公司参与编制了《水利建设工程验收管理规定》《水利水电工程施工质量检验与评定规程》《水利工程建设监理招标示范文本》《水利工程建设监理合同示范文本》。

受省水利厅建设处委托，腾升公司编制了《湖北省重点水利建设项目机电设备采购招标评标办法（暂行）》（2007 年），参与编制了《湖北省水利工程代建制操作实务指南》《湖北省水利施工招标文件示范文本》《湖北省水利施工监理招标文件示范文本》《湖北省水利建设项目代建制实施细则》。参与修订了《湖北省重点水利建设项目招标评标办法》（2010年）、《湖北省重点水利水电工程施工招标投标评分标准》《湖北省重点水利水电工程监理招标投标评分标准》（2015 年）和《湖北省水利建设项目代建制管理办法》（2016 年）。

腾升公司职工有近 20 篇论文及经验总结发表在水利部、长江委、省水利刊物上。

四、获奖及荣誉

为表彰腾升公司在 1998 年洪水灾后重建中作出的突出贡献，省政府授予腾升公司"全省长江堤防建设先进集体"称号，市政府授予防汛堤防建设先进单位、堤防建设先进集体及武汉市龙王庙险段综合整治工程立功单位等荣誉称号；2005 年荣获中国水利企业协会颁发的全国优秀水利企业称号；2006 年获全国水利建设与管理先进集体光荣称号；2012 年度被中国采购与招标网授予诚信招标典范企业称号；公司获得各类奖励荣誉达 16项。《中国水利报》于 2003 年 2 月 18 日专版以《驰骋江堤写风流》为题，对腾升公司进行了全面报道。《中国水利》杂志 2012 年第 23 期也向全国读者推介了腾升公司"品牌自升腾"的发展过程和杰出的工作业绩。

截至 2016 年，腾升公司负责监理的项目有 14 项获奖：武汉市龙王庙险段综合整治工程先后被评为湖北省水利优质工程、湖北省建设工程楚天杯奖（省优质工程）、2005 年中国水利工程优质（大禹）奖、2005 年中国建筑工程鲁班奖（湖北省水利项目荣获的第一个鲁班奖）；长江堤防加固钢板桩示范项目、湖北省洪湖监利长江干堤整治加固工程（非隐蔽工程）分别于 2006 年、2009 年荣获中国水利工程协会颁发的中国水利工程优质（大禹）奖；长江武汉河段汉阳江滩综合整治工程（下段）荣获中国市政工程协会颁发的2007 年度全国"市政金杯示范工程"。

第二节 珠 海 分 院

一、发展历程

2003 年 10 月，通过公开招投标，设计院获得了珠海市西区海堤乾务赤坎大联围加固达标工程的勘测设计工作。按照招标文件的要求，中标单位需在工程所在地设立项目部。2003 年 12 月，经院党委研究决定成立珠海分院，组建了分院的领导班子，任命宾洪祥为分院院长，由副院长李瑞清分管珠海分院。除主要负责人外，分院技术人员团队由设计院各处室抽调人员组建。办公和生活场地借用珠海大镜山水库的办公楼，条件十分艰苦。

2007 年，经院党委研究同意，在珠海市香洲区人民东路 668 号水木清华园为珠海分院购置了办公及生活场所。2008 年 8 月，分院迁址到水木清华园办公，同时基本固定了分院职工队伍。2009 年 7 月，分院成立新一届领导班子，熊卫红任院长。

至 2016 年，珠海分院在珠海市香洲区水木清华园拥有约 800m² 的办公场地和完备的办公设施。设有三个设计部、一个综合部，其中一个设计部在武汉办公。职工 18 人，其中正高职高级工程师 2 名，高级工程师 5 名，工程师 7 名，有 2 人取得了注册土木工程师资格，主要有规划、水工、施工、金结等专业的技术人员。分院项目涉及的其他专业工作由总院相应处室固定人员配合完成，保证分院项目的有效运转和人力资源的高效利用。

二、市场拓展

珠海分院成立之初，总院派出数十名各专业的骨干和技术人员，组建珠海分院的首批创业团队。2004 年 3 月，分院完成乾务赤坎大联围加固达标工程可研阶段成果，2004 年 5 月，分院完成的第一批施工图开始施工建设。自 2005 年起，乾务赤坎大联围分 12 个应急项目的设计成果及 2006 年承接的中珠联围珠海段海堤加固达标工程的设计陆续报广东省水利厅审查批复并开始建设，约有 130km 海堤、近百座穿堤水（涵）闸陆续建成。在工程的勘测设计及施工建设过程中，珠海分院积累了宝贵的珠三角地区海堤、涵闸工程的勘测设计经验。

随着在珠海水利勘测设计市场站稳脚跟，珠海分院逐步向周边拓展市场。2005 年 7 月至 2006 年 6 月，分院在佛山市顺德区承接水闸、泵站工程的设计项目，2008 年 3 月至 2009 年 10 月，在广州市南沙区承接海堤加固达标工程设计项目，2010 年承接福建省厦门市集杏海堤开口改造工程水闸部分的设计项目。

珠海分院承接的项目类型由最初的海堤、水闸、泵站和供水工程的勘测设计逐步向多元化发展。从 2007 年起，分院承接了水库安全鉴定、水土保持方案编制、河道整治、防洪影响评价、施工图审查、规范制度化文件编制；2015 年起，承接珠海市水利发展"十三五"规划、三防预案、防强台风预案等项目。分院项目业主所属部门由水利部门扩展到交通、城建、房地产、项目开发企业等多部门和行业，同时分院职工的工作能力和业务水平得到多专业的锻炼提升。

2012 年以来，珠海分院陆续承接了珠海市金湾区木头涌水库引水及加固工程、三灶中心河强排工程、珠海市斗门区白蕉联围排涝整治工程、斗门区乾务联围海堤加固达标工程、富山产业新城生态水系综合规划等若干大中型项目的勘测设计工作，合同额达 4000 多万元。分院的项目承揽基本来源于市场竞争，需要苦练内功，以创新求发展，站稳珠海市场、抢抓华南地区周边市场，实现分院的跨越式发展。

三、获奖及荣誉

珠海分院获得国家、省部级多项荣誉称号，被授予湖北省创建文明行业工作先进单位、湖北省学习型组织先进单位、湖北省五一劳动奖状及 2008 年全国总工会颁发的全国五一劳动奖状。

承接完成的赤坎莲洲应急项目获得广东省城乡水利防灾减灾工程建设精品工程；十字沥水闸、南水沥堤段应急项目分别获 2011 年度、2012 年度广东省优质工程奖；南水沥应急项目同时获得 2014 年度湖北省优秀工程设计二等奖。

第三节 北 京 分 院

2005 年 2 月设计院与北京燕波工程管理公司（简称"燕波公司"）合作，依托燕波公司的办公场所与办公设施，并吸纳燕波公司派出人员组建北京分院。为加强市场开拓，第一任分院院长由燕波公司派出人员担任，设计院任命杨胜保为副院长兼支部书记，王述明任副院长。

2010年9月燕波公司退出合作，设计院全面管理北京分院生产经营工作，王述明任院长；2013年7月杨胜保任院长。北京分院现有员工38人，各类专业技术人员31人，其中教授级高级工程师3人，高级工程师12人，工程师10人。

北京分院主要从事生态清洁小流域综合治理、农村安全饮水及污水处理、农业节水灌溉、农村雨洪利用、生态河道修复、洪水影响评价、水土保持涉水事项水资源论证等民生水利建设工程。北京分院成立10余年来，承接工程设计和专题研究项目330余项，主要包括平谷区、门头沟区京津风沙源小流域及生态清洁小流域综合治理工程，北京市农村饮水生态文明建设行动计划暨"十三五"农村改水计划，大兴区、海淀区农村安全饮水工程，平谷区、门头沟区农村安全饮水升级改造工程及饮水健康行动项目，平谷区、大兴区、朝阳区农村污水综合治理工程；平谷区、门头沟区、大兴区、海淀区农业节水灌溉项目，北京市城市绿地灌溉"清水零消耗"项目，平谷区、顺义区农村雨洪利用工程，石景山区北辛安棚户区项目规划水影响评价项目，顺义区平各庄村土地一级开发项目涉水事项水资源论证等，其中承接的最大水利工程为海淀区上庄新闸。

北京市城市绿地灌溉"清水零消耗"项目荣获北京市水利学会科学技术进步一等奖。

第四节　成　都　分　院

2007年4月，成都分院成立，院长宾洪祥。初始租住成都市某居民小区办公，2009年购置成都市高新区天长路59号2栋两套单元房办公。

2009年任命刘贤才为成都分院院长。

2008年5月，成都分院承接了四川省理塘县君坝河、那曲河、呷洼河流域水利水电规划及环境评价设计工作；2009年承接了国电陕西渭南南江河双河口水电站；2010年承接了四川省马尔康县年克水电站技施工作，电站已于2014年9月发电。

2011年9月，经过不懈努力，成都分院成功中标四川华电俄日河流域俄日水电站，电站装机69MW。俄日电站成功中标为分院以后的发展奠定了良好的基础。

2012年，成都分院承担了国电甘肃省白龙江代古寺水电站工程建设技术咨询工作。

2009—2015年，成都分院先后参与了四川华电绰斯甲蒲西水电站、中广核甘孜州鲜水河流域关门梁水电站、朱巴水电站、白思达公司甘孜州玛依河流域扎古、尼格等水电站投标工作。参与了岷江干流成都河段金马河第三级、阿坝州白河红原邛溪镇和安曲镇河段堤防、简阳市2014年新出险小型病险水库等水利工程投标。

2015年1月，北京分院与中交第二航务工程勘察设计院有限公司组成联合体参与了厦门翔安机场项目投标。

第五节　其　　　他

一、正平公司

2009年3月，设计院与省水利水电科学研究院、省水利厅水电工程检测研究中心三家单位，整合试验检测资源，共同出资组建湖北正平水利水电工程质量检测有限公司（简称"正平公司"）。同年8月，水利部建管网站公示，正平公司取得了水利部五个专业类别的甲级检测资质。

正平公司服务于省内大中型重点水利工程建设，相继承担了三里坪水电站、龙背湾水电站、兴隆水利枢纽、南水北调引江济汉工程、荆江大堤综合治理工程、荆南四河除险加固工程、鄂北水资源配置工程、湖北省水利厅年度质量飞检等试验检测任务，成为省重点水利工程试验检测的主力军；对中小项目试验检测业务实行"全员经营、项目结算、技术统一管理"的办法，充分发挥员工能动性，相继承接了水电站、水库、泵站、涵闸、灌区、安全饮水、调水工程、中小河流治理、土地整治等等试验检测任务。公司每年完成省内水利工程各项试验检测任务100多项，占据了省内水利试验检测行业绝大部分市场份额。

正平公司还承接了外省一批重点工程的试验检测业务，并成为水利部全国水利工程质量稽查检测单位；承接西藏旁多水利枢纽工程、南水北调中线（河南鲁山段）、云南滇池补水工程、黑龙江松花江治理、海南红岭灌区等试验检测业务；中标杭州千岛湖第二水源工程金属结构检测、湖南涔天河水利枢纽金属结构检测、珠海航天工业城围堤安全监测等项目。

正平公司近年先后通过了质量管理体系（ISO9001：2008）、环境管理体系（ISO14001：2004）、职业健康安全管理体系（ISO18001：2007）认证并获得相关认证证书。目前拥有正高职高级工程师7人，高级工程师以上职称17人，工程师以上职称31人，各类持证检测员52名，各类试验检测设备570台（件/套），固定资产原值920万元，试验检测场地2600m²，恒温恒湿控制面积30m²。荣获2013—2014年度中国水利工程优质（大禹）奖（武汉市东西湖区白马泾泵站工程）。公司年产值从2010年的600多万元增长到2016年的近2000万元。

二、岩土中心

湖北省水利水电岩土工程中心（简称"岩土中心"）成立于1999年4月，主要承担水利水电工程施工、建筑工程设计与施工、地质勘察及基础防渗处理，并在基础防渗处理中开发、研究、推广新材料、新设备、新工艺。在1998年的灾后重建工作中，岩土中心开发研制的KCY-15型开槽机属国内首创，改进的PW-15型开槽铺塑机QC小组获湖北省QC小组成果二等奖；在洪湖长江干堤燕窝险段推广应用基础防渗垂直铺膜新工艺。2001年将设计院实业发展公司水利工程部、装潢部、总承包项目部合并到岩土中心，使岩土中心由原来的11人迅速增加到78人，并申报注册水利、基础处理专业二级企业施工资质，年产值逐年增加，先后完成洪湖长江干堤基础防渗处理工程、岳阳建设垸塑性混凝土防渗墙、荆州长江干堤整险加固工程、武汉市长江干堤整险加固工程等几十项水利水电工程。2009年1月，岩土中心合并到实业公司，由实业公司统一管理。

三、宏利达公司

宏利达公司于2007年3月开始筹备，4月完成工商登记等有关法定手续。在当时的股权结构中，院占9.5%，工会代表职工方占90.5%。当时的投资主要是购买珠海水木清华园的8套住宅共831m²和4个地下车库车位，2008年10月拿到房产证，同年6月珠海分院进驻长期使用。

宏利达公司除投资房产外，还开展了水利项目咨询、设计。同时办理了部分院办公设备租赁业务。

宏利达公司第一任董事长徐少军、总经理李歧；第二任董事长李歧、总经理曹树可；第三任法人、总经理曹树可。

宏利达公司于 2015 年 10 月完成股权转换，已成为院全资子公司。

四、合丰公司

湖北合丰置业有限公司是设计院控股的混合所有制企业，成立于 2003 年 8 月，总经理林军。主营业务为房地产开发、物业租赁管理、防汛抗旱物资储备管理、股权投资管理及咨询服务。合丰公司注册资金人民币 1000 万元。截至 2015 年 12 月底，合丰公司资产总额为 7460 万元，净资产为 6062 万元。合丰公司自成立以来累计向设计院分配投资回报 2893 万元，上缴国家税收约 2000 万元，取得了良好的投资收益和社会效益。合丰公司作为设计院所有制改革的一个试点窗口和辅助性经营行业，为设计院制度创新和市场化改革发展积累了实践经验，是设计院多元化混业经营的平台。

第三章 | 质量管理

设计院勘测设计质量管理经历了三个发展阶段：

（1）1997—2000 年，全面质量管理（TQC）阶段。

（2）2001—2015 年，ISO9001 质量管理体系阶段。

（3）2015—2016 年，在质量管理体系基础上增加 ISO14001 环境管理体系、ISO18001 职业健康安全管理体系，通称三标管理体系（QES）阶段。

第一节　质 量 管 理 体 系

全面质量管理（TQC）以产品质量为中心，变事后检验为生产过程中的质量控制。检查方主要是企业内部人员，检查方法是考核和评价（方针目标讲评，QC 小组成果发布等）。生产过程建立了技术责任制，实行院、室（队）、组（分队）三级管理，明确了工程项目负责人，制订了设计、校核、审查、核定技术岗位责任制。这一时期院成立了多个 QC 小组，组织技术攻关取得不少成果。截至 2005 年，院先后有 12 个 QC 小组成果获得建设部、省勘察设计协会、省建设厅颁发的二等、三等、优秀奖项。

1999 年 6 月，院长陈斌在全院中层干部会上宣布启动 ISO9001 质量管理体系认证工作，1999 年 7 月设计院与北京川流咨询公司（隶属水利部水规总院科技处）签订了贯标认证咨询合同，同时成立了贯标认证领导小组，任命副院长韩翔为管理者代表。1999 年 8 月成立贯标办公室，隶属科技室。2000 年 6 月 8 日设计院发布质量管理体系文件。

设计院的质量方针是：科技创新、规范管理、追求精品、优质服务。

设计院的质量目标是：产品合格、信守合同、顾客满意。

在 ISO9001 质量管理体系认证工作过程中，设计院进行了体系文件编制，大规模的文件宣贯。第一次内审审查了 33 个项目，开具近百项不符合项目，27 个不合格项；请北京川流管理咨询有限责任公司专家进行模拟外审，开具 50 个不合格项；正式外审认证前，院停产一个星期全面整顿。2000 年 12 月 12—15 日，北京中设质量认证中心正式对设计院进行 ISO9001 质量管理体系认证，开具 4 个不合格项。2000 年 12 月 31 日，认证机构开会，设计院通过 ISO9001 标准质量体系认证，获得认证证书。

2000 年之后，设计院质量体系文件经历了 1994 版、2000 版、2008 版换版，2003 年认证机构更换为北京中水源禹国环认证中心（水利行业认证机构），每年进行一次内部质量审核和管理评审，每年接受认证中心的监督审核，每 3 年进行认证中心外审换证复评，以保证设计院质量管理体系适宜、有效、持续运行。

通过 ISO9001 质量管理体系运行，设计院产品和服务质量不断持续改进，每年都有 2 个以上工程设计项目获得省、部级"四优"或者咨询奖等奖项，未发生任何重大质量事故。设计院是全国首批工程勘察设计行业诚信单位。2012 年，设计院制定了《勘测设计产品设计、校核、审查、核定岗位失职责任追究办法》，修订了于 2004 年开始执行的《院质量事故处罚办法》，2014 年出台了《加强工程项目策划工作的意见》。

院管理评审除了评审质量管理体系运行的充分性和有效性、内部质量管理体系审核中发现的问题和采取的措施外，每年都根据实际情况作出 1~2 项纠正或预防措施的决定：

2010 年管理评审重点研究内、外审核中开具不合格项及观察项的处罚办法。

2011 年管理评审原则通过《勘测设计产品设计、校核、审查、核定责任追究管理办法（试行）》。

2012 年管理评审通过《院质量事故处罚办法》等 6 个规定修订稿。

2013 年管理评审提出了搞好产品送审前的设计评审等 3 项决定。出台《关于建立设计评审工作机制的通知》等 2 个文件，规范产品在送审前的内部评审控制过程，确保产品质量。

2014 年管理评审讨论了《关于加强项目策划工作的意见》。

2015 年管理评审决定加大设计院现有质量管理制度的执行力度，大力推进三维设计工作。

2016 年管理评审通过了《设计院勘测设计质量管理规定》（试行）。

第二节　三标体系建设

2015 年质量管理体系外审之后开始进行三标体系认证准备工作，与北京中水源禹国环认证中心签订了三标体系认证及体系文件编制合同。2015 年 11 月 19 日发布三标体系文件，并任命总工程师别大鹏为管理者代表。

2016 年 2 月学习宣贯三标体系文件，同时对中层以上干部及内审员进行了培训，28 人获得 ES 内审员证。

2016 年 3 月制定管理目标及管理方案。20 个部门均制定了环境安全目标指标及管理方案，在此基础上，制定了院目标指标及管理方案。技术质量处发布环境因素清单、危险源清单、法律法规清单，院长与各部门主要负责人签订了安全生产责任状。

2016 年 3 月 30 日至 4 月 1 日三标体系进行内审，4 月 27—28 日，北京中水源禹国环认证中心对设计院环境和职业健康安全体系进行了初审。

2016 年 5 月 18 日，李瑞清院长主持召开管理评审会议，与会代表审议了总工程师别大鹏的院质量、环境和职业健康安全体系运行报告。会议通过了《设计院勘测设计质量管理规定》（试行），这标志着设计院质量制度建设再迈新台阶。

2016 年 5 月 24—26 日，北京中水源禹国环认证中心专家组对设计院三标体系进行了认证审核，审核结果同意质量体系保持认证证书，同意推荐环境安全体系获取认证证书。

2016 年 6 月 28 日，设计院收到质量体系保持认证证书的批准文件和环境安全体系认证证书。

第四章 | 技术创新与档案管理

第一节 技术档案管理

设计院技术档案随着完成的生产项目不断增加，现已拥有庞大繁杂的技术资料积累。为形成一套分类合理、整理规范、管理科学、服务高效的档案工作体系，设计院在1998—1999年进行了大规模技术资料清理，整治库房环境，增添设施设备，于2001年由省档案局批准，达到了国家二级档案标准。技术档案主管部门为院技术质量处，现有档案管理职工8人，其中高级职称2人（兼）、中级职称4人、初级职称2人，实行"先培训、后上岗、持证上岗"的制度。

为使技术档案管理工作科学化、现代化，设计院购置了档案管理MIS系统软件，全部库藏科技档案实现微机检索，并在设计院局域网建立了技术档案检索查询系统，建立了登记、检索、编目、存贮、借阅、统计，库房管理等自动化管理系统，完成了图档数据库的录入工作。截至2016年，共积累了技术档案17356卷，技术资料11201卷，文书档案547卷，会计档案2890卷，现拥有10间库房，6层密集型档案柜2节/68列。

加强技术档案的制度化管理。档案室对已有的档案制度进行了修订、完善，现已建立归档制度、保管制度、借阅制度、安全保密制度、统计制度等各类规章制度10余项，规范了每个工作人员在档案工作中的行为，做到了有章可循，按制度办事。

技术档案编研工作是档案开发利用工作的重要组成部分，为使技术档案能转化为现实生产力，2010年以来技术质量处组织编辑了《湖北省水利勘测设计院论文集》《部分水电枢纽工程、堤防、泵站工程参数指标汇编》《湖北省已建或在建电站工程特性指标汇编》《湖北省大中型大泵站工程特性指标汇编》等，与《人民长江》杂志编辑部联合出版了《湖北水利水电勘测规划设计研究论文》专辑。在档案检索方面编制了《总案卷目录》《工程代号名称目录》《声像档案目录》《设备档案目录》《基础数据统计表》《借阅登记簿》《库房温湿度登记簿》《全宗介绍》《呈报材料》《档案制度汇编》等一系列文件材料。

为提高档案管理人员的业务水平，设计院先后派出10多人次参加了省档案局举办的文书、科技档案立卷归档及整理培训班、电子档案与电子档案管理规范培训班、档案人员上岗培训班，水利部举办的档案现代化管理培训班、CAD电子档案光盘存储培训班等培训学习，也为设计院技术档案现代化管理创造了必要的条件。

第二节 技术创新与专利

一、技术创新

设计院历来重视技术创新工作，不仅院领导亲自抓，广大技术人员在工程勘测设计中，结合实际大胆创新、勇于突破，取得了多项全国领先设计。

（一）加强基础设施建设，打好物质基础

设计院每年用于工程勘测设计设备投资 200 多万元，已拥有大中型钻机、探地雷达和勘探试验设备、测量机器人、无人机、各类全站仪、高精度数字水准仪、数字摄影测量工作站、GPS 全球定位系统等测量仪器，并随着生产需要不断更新，同时购置专业设计软件及计算机设备等。

（二）加强人才培养，夯实人才基础

设计院成立了科技教育委员会，由院领导分管科技和教育工作，技术质量处负责全院科技、教育、学术交流、技术培训等工作。每年用于科技奖励费用 20 多万元；职工教育、学术交流费用近 40 万元。先后与奥地利等国公司进行技术交流，并派院技术骨干到台湾地区、日本、欧洲等地学习考察；针对河流湖泊水生态修复与保护技术问题，请大学和科研单位专家到院里举办系列讲座；研究长距离调水问题派水工、规划、施工、建筑等专业技术人员到陕西、新疆、辽宁等地学习取经。

（三）加强技术管理，提高技术创新水平

引进科技档案检索查询系统方便技术人员迅速快捷查阅院内技术档案、情报资料；引进水利水电标准规范全文检索数据库和湖北省科技文献信息共享服务平台，在全国、省内方便查阅标准规范和技术资料。

创新是设计院发展的动力，是设计院核心竞争力。20 年来设计院在湖北水电站建设中首创了百米级碾压混凝土薄拱坝、堆石面板坝坝顶溢洪道、气垫式调压室、楼式变电站等等。近年来在湖北省一批大中型水利工程中攻坚克难，保证了工程顺利建设。南水北调引江济汉工程设计解决了砂基段、软基段、膨胀土段渠道施工等诸多难点问题。特别是在拾桥河枢纽这一关键控制性工程设计方案中，巧妙采用外水尽量不入引江济汉干渠和枢纽功能多元化的理念，采取平面、立交相结合的布置方式，通过水闸和倒虹吸的综合运用，形成一座"水上立交桥"，实现通航、防洪、灌溉等综合功能，被赞誉为引调水工程枢纽功能设计的典范。设计院引进非开挖管道原位修复技术中的"翻衬法"，首次提出采用翻衬法加固病险水库坝下涵管的设计思路，实践证明这一病险水库坝下涵管加固技术，是对传统挖槽修复管线的一次技术革命。鄂北地区水资源配置工程针对项目中的重点难点问题，提出了 48 项科研课题，组织院专业人员并联合科研单位进行专题攻关，解决了设计中一系列技术难点，编制的《项目建议书》《可行性研究报告》（简称"可研报告"）满足阶段性深度要求，从而顺利通过了水利部水利水电规划总院（简称"水规总院"）组织的专家评审，为实现工程"两年完成前期，三年建成"的目标赢得了时间。荆江大堤综合整治工程测量采用了多级控制网，建立了厘米级区域似大地水准面模型，实现了 GNSS RTK 三维测绘；利用集成 POS 的 ADS80 推扫式航空摄影测量系统，高程精度比常规航空摄影测量方法明显提高。荆江大堤综合整治工程测量获湖北省优秀工程勘察奖一等奖，标志着设计院测绘技术水平已跻身湖北省前列。

二、专利成果

设计院 2000 年以前很少有专利申请，只有清污机设备拥有发明专利。随着设计院体制改革，尤其是申报高新技术企业，必备条件之一是每 3 年不少于 5 项专利，引起院里重视和关注。经过对专利申报情况了解和项目准备，从 2010 年开始组织申报，2010 年成功申报了 8 项专利，2011 年完成了 2 项专利，2012 年完成了 6 项专利，2013 年完成了 4 项专利，2014 年完成了 4 项专利，2015 年完成了 5 项专利，2016 年上半年完成了 4 项专利，共计 33 项专利，其中向国家版权局申报软件类专利 18 项，向国家知识产权局申报实用新型专利 11 项，向国家知识产权局申报发明专利 4 项。今后由于国家对专利申报要求越来越高，对成果的生产转化也提出要求，设计院应作出相应安排。

第三节 科研项目管理

设计院在科研方面作了以下几个方面工作：

（1）针对生产项目难点、关键点，确定科研项目组织技术攻关，这类项目均融合在生产项目中进行，若符合条件申报技术奖项。

（2）向省水利厅申报科研项目，批准后实施，按时结题。

（3）参与协会或学会组织的专著编写。

（4）主持或参编规程规范。

1997 年以来，结合生产项目组织技术攻关，解决技术难题或创新，获得近百项科研成果奖项，其中部省级科技进步奖 14 项，全国优秀工程勘察设计银奖、铜奖、优秀奖 7 项，部级水利科学技术奖 3 项，省优秀工程设计奖 8 项，省优秀工程勘察和测量奖 8 项，省政府发展研究奖 1 项，汉江杯水利水电优质工程奖 7 项，省工程咨询成果一等、二等、三等、优秀奖 51 项。

2006 年设计院参与了湖北省水力发电工程学会组织的《湖北水电 50 年》编撰工作，为编纂委员会成员单位；2011—2015 年设计院参加了湖北省水力发电工程学会组织的"湖北水电丛书"之《湖北水电资源》《湖北大坝》《湖北水电移民》《湖北水电环境保护》等分册的编撰工作。

2010 年之后设计院组织科研项目向省水利厅、鄂北地区水资源配置工程建设于管理局、水利部申报，截至 2016 年，申报成功的项目有 17 项，已结题的项目有省水利厅项目《溃坝风险关键技术研究》《河湖连通生态水网构建技术在武昌大东湖项目中的示范推广》《湖泊清淤水体稳定技术研究》以及结合鄂北地区水资源配置工程开展的鄂北地区水资源配置工程建设管理局项目《PCCP 混凝土原材料选择及配合比试验报告》《膨胀土临时边坡优化试验研究》《PCCP 接口转角密封试验报告》《PCCP 管道水压试验报告》《阴极保护试验报告》共 8 项。2016 年结题的有 5 项，2017 年以后结题的有 4 项，其中有申请水利部水科学与水工程重点实验室开放研究基金项目《溃坝洪水分析关键技术进一步研究》。

设计院曾参加了多项规程规范的编写。近 20 年来参编《小型水电站建设项目建议书编制规程》（SL 356—2006）、主编《泵站设计规范》（GB 50265—2010）、参编《灌溉排水工程项目可行性研究报告编制规程》（SL 560—2012）、参编《堤防工程设计规范》（GB 50286—2013）、参编《水利工程水利计算规范》（SL 104—2015）。

第四节　协会与学会活动

设计院先后参加国内与省内协会与学会组织 50 多个，其中设计院是中国水利学会的重要会员单位之一，担任了湖北省水利学会的秘书长单位；是中国水利水电勘测设计协会的理事单位之一，担任了湖北省水利水电勘测设计协会理事长单位。2016 年，担任湖北省水利水电企业协会会长单位。参加的各类学会、协会、信息网等组织总体分为以下几种类型：

（1）与资质有关的行业协会、水利及相关专业的学会。如湖北省测绘行业协会、中国勘察设计协会、湖北省勘察设计协会、中国水利水电勘测设计协会、中国工程咨询协会、湖北省工程咨询协会、湖北省水利学会、湖北省水力发电工程学会、湖北省测绘学会、湖北省地质学会等。

（2）部省级学会下属各专业委员会（简称"专委会"）。如中国水利学会（勘测专委会、面板坝专委会、施工专委会、泵及泵站专委会）、中国水力发电学会（碾压混凝土筑坝专委会、水工水力学专委会）、湖北省水利学会（水利规划专委会、泥沙专委会、水电专委会）等。

（3）部省级水利及相关专业的各类情报网、信息网。

参加各类学会、协会、网员单位是设计院在水利行业的地位、生存、发展的需要，也是与国内、省内同行业沟通的平台，是设计院交流技术、了解信息，扩大影响、提高知名度的重要途径。设计院每年按时足额缴纳会费，每年参加各类学会、协会、网员单位活动有 10 多次。同时收到数十种有关科技刊物，为院业务处提供资料服务。设计院建立了与国内、省内各有关协会、学会、情报网及大专院校、水利勘测设计单位技术交流的信息网，通过科技信息资料的搜集和学术交流，使工程技术人员及时了解国内外水利水电工程的新技术、新工艺、新材料，提高自身的专业水平，促进设计院科技进步和科技信息的发展。

第五章 | 信 息 化 建 设

第一节 信息化基础建设

1986年，水利部分配设计院3台IBM微型计算机和几台针式打印机，院成立计算机室集中管理，会使用计算机的人很少，画图用图板，工程计算使用手工计算或PC1500机，效率低，很不方便。1996年，设计院利用世行贷款，购买了100多台HP486计算机，从此拉开了CAD绘图的序幕。

1997年6月，设计院内部局域网建成，共计197个信息点，采用星形拓扑，线路为10M三类铜芯双绞线，接入层为HUB，核心层是思科交换机，网络服务器安装Novell系统，随着院局域网的正式运行，设计院进入了网络时代。

2000—2004年，设计院陆续引进奥西激光工程一体机、惠普大幅面彩色喷墨绘图仪和康泰克大幅面彩色扫描仪，完善了设计资料输入和设计成果输出这两个关键点的建设。

2002年，设计院通过光纤线路接入湖北省水利厅，并通过省水利厅接入互联网，同年9月注册了hubwd.com域名。

2004年8月，设计院租借中国电信10M光纤线路接入互联网，建立了院网站，成为设计院对外宣传的窗口。

2010—2011年，对网络中心机房进行了升级，将不间断电源系统升级至10kVA，为综合管理信息系统配备了专用服务器和网络存储，组成双机冗余系统，保障了数据安全。

2013年，设计院决定为中级职称及以上设计人员配备便携式笔记本电脑，极大地方便了设计人员工作，提高了工作效率。

经过多年发展建设，设计院局域网已升级至千兆主干、百兆到桌面，通过80M光纤线路接入互联网，各办公区域间采用光纤连接，拥有各类网络交换机30余台、10台网络服务器、2套网络存储，防火墙、流量监控等网络安全设备齐全，建成了信息点达到700个的大型网络。

截至2016年，设计院拥有计算机500余台、便携式笔记本电脑300余台，基本达到人手一台计算机，中级以上职称均配备了便携式笔记本电脑，每个办公室配A3幅面打印机，中层以上人员配A4幅面打印机，各部门配A3幅面一体机，各生产部门配A3幅面彩色激光打印机，并拥有大型工程机激光一体机、大幅面彩色喷墨绘图仪、大幅面彩色扫描仪等输入输出设备，为生产管理工作提供了有力支撑。

第二节　计算机技术应用

设计院高度重视信息技术在实际生产管理中的应用，注重以信息化带动技术和管理现代化，随着计算机运用先后引进了 MAPGIS、开目 CAD、凯图 CAD、Autodesk、水利水电工程计算程序集、PKPM、理正软件、ANSYS、MIKE BASIN、MIKE 21、BENT-LEY Hammer 等设计、计算、分析软件以及人事管理、财务管理、档案管理、综合信息系统等专业管理软件，逐步建立并完善了计算机网络，强力推进 BIM 技术研究，力争在设计技术革新的浪潮中争取主动，有效提高生产管理水平和效率。

1996 年，为提高设计效率，经设计院技术委员会讨论，决定引进开目、开图绘图软件，正式在设计中应用 CAD 辅助设计。

1998 年，设计院出台文件，鼓励应用 CAD 辅助设计软件，大范围推广 CAD 辅助设计技术，迅速甩掉了图板，全面实现了计算机制图。

2000 年，引进 CADAMIS 图档管理系统，开始推行图纸档案数字化管理。

2003 年，为保证设计软件的兼容性、开放性以及专业工具的开发应用，设计院引进 AutoCAD 软件，并于 2004 年进行了多期 AutoCAD 软件培训，开始将设计软件统一至 Autodesk 平台。

2007 年，引进赛门铁克 SCS 安全软件，要求在每台计算机上安装，实现网络安全防护统一管理。

2011 年，建成综合信息管理系统并投入使用，逐步实现生产管理工作的全流程管理，并于 2014 年进行了系统升级，2016 年信息管理系统手机 APP 投入使用。标志着设计院迈入了标准化、规范化、精细化的科学管理新阶段。

2011 年，设计院开展三维协同设计试点，组织水工专业在花坪河水电站设计中进行了 BIM 技术探索，取得了较大成果，参加首届湖北省勘测设计协会 BIM 大赛，并获得基础设施类三等奖。

2016 年，设计院 BIM 项目正式实施，数字与信息化中心组织了测绘、地质、水工、机电、施工、建筑、信息等专业，组成攻关小组，以碾盘山水电枢纽为导航项目进行 BIM 研究，很快取得了一定成果，并开始在部分专业进行应用，下一步将完善模型参数化，深化协同机制，进行三维出图研究，逐步建立并完善相关 BIM 标准。

第三篇

生产业绩

第一章 | 河流及区域规划

第一节 综 述

洪涝旱灾严重且频繁发生是湖北省的基本灾情和基本省情，治水历来是湖北第一件大事。新中国成立的半个多世纪，湖北省投入了巨大的人力、物力、财力，致力于建立防洪、治涝、灌溉三大工程体系，形成了众多而复杂的水利基础设施，为有效抵御洪涝旱灾发挥了巨大作用。水利规划是水利工程建设的重要前期基础，制定科学、合理、符合省情的规划是水利工程建设的先决条件。湖北省水利规划工作经历了大致四个历史发展时期：①1950—1968年，山丘区以中小河流防洪、灌溉为主，编制了以建设水库为主的前期规划以及灌区规划；平原区开展河道改造整治规划。②1968—1978年，江汉平原治理涝灾，编制了以建设水闸、泵站为主的前期规划。③1978—1998年，开展大规模中小河流水电开发规划和全国统一开展的基础性水利规划。④1998年至今，按照科学发展观和人与自然和谐相处的治水新理念，编制水资源综合利用、水生态保护为主题的各类专项规划。

在规划思路不断创新发展的过程中，设计院总结历史治水经验，努力实现从传统水利向现代水利、可持续发展水利理念的转变，逐步形成了将中央精神与湖北省情相结合的规划思路。1997—2016年设计院已编制和在编的水利水电规划约133项，是1954—1996年设计院编制水利规划数量的1.9倍，其中1997—2006年编制41项，2007—2016年编制92项，水利规划越来越受到各级政府的高度重视。

（1）在国民经济和社会发展规划指导下，编制湖北省水利中长期发展规划，如《湖北省水利发展"十一五"规划》及专项规划、《湖北省水利发展"十二五"规划》及专项规划、《湖北省水利发展"十三五"规划》及专项规划等。

（2）在水利部统一部署下，编制重要的基础性规划，如《水资源综合规划》《抗旱规划》《山洪灾害防治规划》《水土保持生态建设规划》《水力资源复查》《农村水力资源调查评价》《水中长期供求规划》《水资源保护规划》和《治涝规划》等。

（3）为了配合长江委《长江流域综合规划》《汉江干流综合规划》等的修编，编制湖北省供水、灌溉、治涝、岸线利用、城市饮用水安全保障等专项规划以及十几项重要支流综合规划。

（4）以南水北调中线调水为主线，开展多项规划与专题研究，如《汉江中下游南水北调城市水资源规划》《汉江中下游干流供水区水资源供需分析》《汉江中下游水资源配置规划》等，完成了引江济汉、兴隆等四项治理工程建设，推进了碾盘山、新集等水利水电枢纽工程的前期工作。

（5）根据水利部安排专项编制《汉江流域中下游水利现代化建设试点规划纲要》《汉江流域水利现代化规划》。

（6）重要流域和区域综合规划，如《四湖流域综合规划》《洞庭湖区水利综合规划》《府澴河流域综合规划》《汉北河流域综合规划》《沮漳河流域综合规划》《洪湖水利综合治理规划》《梁子湖水利综合治理规划》《童家湖水利综合治理规划》和《大冶湖水利综合规划》等，为推进全省重点流域、重要湖泊的综合治理打下了坚实的基础。

（7）重要专业规划，如《重要城市防洪规划》《重要支流防洪规划》《水土保持生态建设规划》《城市饮用水源地安全保障规划》《节水灌溉规划》《农田水利建设规划》《水电开发规划》（沿渡河等 10 条河流）、《梁子湖保护规划》《湖北省水利规划体系建设规划》《湖北省水资源配置规划》和《湖北省用水总量控制指标体系研究》等。

（8）重要专项规划，如《大型及重要中型病险水库加固规划》《大型泵站更新改造规划》《大型灌区续建配套与节水改造规划》《粮食增产 100 亿斤水利专项规划》《武汉市城市圈生态水系和水资源保护规划》《中小河流治理和病险水库除险加固、山洪地质灾害防治、易灾地区生态环境综合治理专项规划》《鄂北地区水资源配置工程规划》《汉江中下游河道采砂规划》《湖北省加快实施最严格水资源管理制度试点方案》《长江经济带沿江取水口排污口和应急水源布局规划》《湖北省江河湖库水系综合整治实施方案（2016—2020年）》《一江三河水系连通工程规划》和《武汉市水生态文明建设规划》等。

党的十八大以后，水利规划贯彻"节水优先、空间均衡、系统治理、两手发力"的思路，坚持创新、协调、绿色、开放、共享五大发展理念；以改革创新的精神，积极探索和践行新时期水利规划的新思路，谋划好协调发展这篇大文章。水利规划作为水利事业发展的顶层设计，要充分体现出依法行政、依法治水，着力推进水利改革与发展的时代要求；突出规划的前瞻性、战略性、基础性作用，着力提高规划的科学性、针对性、指导性、可操作性，符合实际，贴近民情，为水资源永续利用和保护，为水利事业发展提供支撑和保障。

第二节　代表性规划

一、湖北省水利发展五年规划

湖北省水利发展五年规划历年来均由设计院主持编制。省水利厅高度重视规划编制工作，每次均成立领导小组，由厅主要领导亲自挂帅，相关处室领导为编制组成员，以设计院为主成立专班编制报告。在"十一五"规划之前的五年发展规划主要是以项目计划为主，重点筛选确定五年拟建设的水利工程。从"十一五"时期开始，五年发展规划由项目计划转向规划编制，项目的确定也根据国家大政方针和政策导向，并结合湖北省水利建设存在的实际问题综合考虑确定。在五年规划的编制过程中，规划编制组围绕国家有关政策，按照水利部、省相关要求和厅规划编制领导小组意见，开展广泛调研和深入讨论，邀请专家学者建言献策，经过与上级领导部门及地方政府多次沟通协调确定工程项目，最后经过多次修改完善才形成最终成果上报省政府和水利部。规划的编制构架有大致的模式，但至"十三五"规划报告构架仍在调整变动。近年来五年发展规划主要成果如下：

（一）湖北省水利发展"十一五"规划

"十一五"时期是湖北省水利发展由计划编制转为规划编制的第一个五年，规划报告按照"一点、两线、三区"的总体布局，提出了构筑安全可靠的防洪减灾、水资源供给、水生态保护三大保障体系。"十一五"水利发展规划初步拟定了531个项目，其中工程类项目476个，规划总投资648.15亿元，实际完成水利总投资规模达567.17亿元，占"十一五"规划总投资的87.5%，投资规模较"十五"期间的210亿元相比较有大幅增加。"十一五"时期主要完成了上百里洲江堤加固工程、武汉市连江支堤加固工程、黄冈市连江支堤加固工程、荆江河势控制年度应急工程、唐白河防洪综合治理一期工程、富水防洪综合治理一期工程、荆江分洪区安全建设应急工程等建设任务；完成汉江支流南河干流控制性枢纽工程——三里坪枢纽的建设；完成了田关、樊口、新滩口等60处大型排涝泵站的更新改造；全面完成列入规划内的656座大中型和重点小（1）型病险水库的除险加固任务。41条中小河流进行了治理。部分实施了汉江中下游堤防除险加固工程、荆南四河堤防加固工程、洪湖分蓄洪区安全建设工程、杜家台分蓄洪区续建配套工程、华阳河分蓄洪区西隔堤整险加固工程等建设任务。

（二）湖北省水利发展"十二五"规划

"十二五"时期，是湖北省水利建设快速发展的五年。随着2011年中央一号文件颁布及中央水利工作会议的召开，把水利地位提高到了"不仅关系到防洪安全、供水安全、粮食安全，而且关系到经济安全、生态安全、国家安全"新的高度。其中2011年7月8—9日，中共中央、国务院召开的中央水利工作会议也是新中国建立以来第一次以中央名义召开的水利工作会议。规划编制项目组结合国家政策及湖北省水利工作实际，围绕"一带两圈"的宏观框架，配套实施以武汉1+8城市圈、鄂西生态文化旅游圈和长江经济带整体联动的"一带两圈、两轮驱动"区域发展战略，规划报告提出了继续强化长江、汉江综合治理，保障以长江经济带为主轴的区域社会经济可持续发展、着重抓好全省大中型灌区的续建配套与节水改造和33个粮食主产县的农田水利基本建设、对全省重点河湖水生态系统进行综合治理，着力改善水生态环境、统筹解决区域民生水利问题、落实最严格水资源管理制度的总体布局。规划初步拟定了2321个项目，其中工程类项目2280个，规划总投资达1558.5亿元，较"十一五"期间有大幅提升。"十二五"期间，主要完成了荆江大堤、荆南四河堤防加固；汉江、清江等17条重要支流重点河段治理工程得到快速推进；规划的454条（段）中小河流重点河段、8个中小河流治理重点县治理工程全部实施；鄂北地区水资源配置工程全面开工建设。在民生水利建设方面，累计完成1380.5万农村居民和331.8万农村学校师生的饮水安全问题；完成了44座大中型、4634座小型病险水库除险加固任务；建成白马泾大型排水泵站，基本完成李家嘴、大碑湾等25处大型灌排泵站的更新改造；全面推进了106处大中型病险水闸除险加固；实施了漳河、引丹、天门引汉等32个大型灌区以及东风闸、吴岭水库等34个中型灌区配套改造建设等项目；实施了万福河、秭归县城饮用水水源地、夷陵区官庄水库等12处重点水源地保护工程；启动了咸宁、鄂州、武汉、襄阳、潜江5个国家级水生态文明城市建设试点；实施了武汉大东湖生态水网构建、汉阳六湖连通、黄石磁湖等水生态环境治理与修复工程。在水利管理与改革方面，最严格水资源管理制度基本建立，将"三条红线"控制指标分解到县（市、区），基本建立了省、市、县三级用水总量控制指标体系；湖泊保护与治理工作进入新阶段，组建了省湖泊局和有关市（州）湖泊保护专管机构，颁布了《湖北省湖泊保护条例》；水利改革取得积极进展，重点开展了水行政许可审批项目清理工作，实行水行政许可审批工作"一站式服务"；探索水利工程建设管理代建制、总承包制和水利工程招标投标电子化等。

（三）湖北省水利发展十三五规划

"十三五"时期既是我国全面建成小康社会的决胜阶段，也是全面深化改革取得决定性成果的关键五年。习近平总书记在 2014 年提出了"节水优先、空间均衡、系统治理、两手发力"等系列治水思想，党中央、国务院提出了加快"四化同步发展"、大力推进生态文明建设、"关于打赢脱贫攻坚战的决定"等一系列方针政策和"创新、协调、绿色、开放、共享"的发展理念，为十三五规划的编制指明了方向。"十三五"提出"全面加强节水型社会建设、着力增强防洪抗旱减灾能力、加快实施节水供水重大水利工程、进一步夯实农村水利基础、大力推进水生态文明建设、加快推进水能资源开发、全面推进水利精准扶贫、加强水利管理能力建设、深化水利重点领域改革、全面强化依法治水"共 10 大建设任务，初步拟定了 1471 个项目，其中工程类项目 1461 个，规划总投资 2146.35 亿元。其中长江中下游河势控制和河道整治工程、长江流域重要蓄滞洪区建设、湖北碾盘山水利水电枢纽和鄂北地区水资源配置工程等 4 大项 13 个子项目列入了国家"172 项"节水供水重大水利工程项目，项目总投资 520.21 亿元。

二、湖北省水资源综合规划

水资源是基础性的自然资源和战略性的经济资源，是生态与环境的控制性要素，是经济社会可持续发展的基本保证。2002 年水利部和原国家发展计划委员会（简称"计委"）以水规计〔2002〕83 号文下发了《关于开展全国水资源综合规划编制工作的通知》，要求在全国范围内开展水资源综合规划的编制工作。2002 年 3 月又联合下发了《全国水资源综合规划任务书》。根据任务书的要求，水利部组织编制并于同年 8 月下发了《全国水资源综合规划技术大纲》。

经省政府同意，2002 年 8 月 18 日，湖北省水资源综合规划领导小组成立。领导小组组长为省人民政府副秘书长，副组长为原省计委主任和省水利厅厅长，领导小组成员有原省计委、省水利厅、省经贸委、省国土资源厅、省建设厅、省农业厅、省环保局、省林业局、省气象局有关领导，领导小组办公室设在省水利厅。在省水利厅的组织和领导下，确定设计院为湖北省水资源综合规划工作总牵头和技术总负责单位，省水文局、省水科所和地方水利部门配合、参与共同完成。

2003 年 5 月，湖北省编制完成了《湖北省水资源综合规划工作大纲》和《湖北省水资源综合规划技术细则》，并通过了长江委的审查。根据全国统一安排，整个规划工作分为三个阶段：第一阶段主要进行水资源及其开发利用调查评价工作，第二阶段进行水资源合理配置，第三阶段为规划实施效果评价和成果上报阶段。

2003 年 9 月，在全省 17 个市（州）详细调查的基础上，提出了全省水资源开发利用初步成果。后经多次与长江委、淮委、水规总院协调，于 2004 年 6 月基本完成第一阶段工作。2004 年 8 月至 2006 年年底，先后完成了需水预测、供水预测、节约用水规划、水资源保护规划以及水资源优化配置等工作，经与长江委、淮委、水规总院协调，完成了第二、三阶段工作，并于 2007 年 3 月编制完成《湖北省水资源综合规划报告》（征求意见稿）。

《湖北省水资源综合规划报告》以 2000 年为现状基准年，2010 年为近期水平年，2020 年为中期水平年，2030 年为远期水平年。按照全国水资源分区，我省共分长江和淮河区 2 个一级区，其中长江流域共划分 6 个二级区，即乌江、宜宾至宜昌、洞庭湖水系、汉水、宜昌至湖口、湖口以下干流；淮河流域划分出 1 个二级区，即淮河上游区。另外还划分了 14 个三级区和 41 个四级区。

根据湖北省水资源调查评价成果（1956—2000 年系列），湖北省地表水资源量为 1006.2 亿 m³，其中长江流域地表水资源量为 1000.7 亿 m³，淮河流域 5.5 亿 m³。2000 年全省供水总量为 276.7 亿 m³，以蓄、引、提水工程供水为主。用水总量为 276.7 亿 m³，其中农业、工业和生活用水量分别为 159.9 亿 m³、85.7 亿 m³ 和 31.0 亿 m³。根据国民经济有关发展规划，预测全省不同规划水平年不同保证率的需水量，见表 3-1-1。在需水预测基础上，根据各个区域的供水工程条件和相关规划，提出了不同规划水平年的供水预测方案，经水资源供需分析，提出了全省不同水平年的水资源配置方案、县级以上城市的供水保障方案，以及干旱年份、特殊情况下的水资源应急对策预案。为保障供水，规划水平年全省需新建水库 69 座，其中大型 2 座，中型 34 座，小型 33 座，增加兴利库容 7.6 亿 m³；规划塘堰 12415 口；规划农业灌溉和城市引水工程总流量 386m³/s，新建农业提水泵站 29 处，设计提水流量 130m³/s，以及针对城市供水、火核电企业的供水工程等。

表 3-1-1　　　　　　　　　湖北省不同水平年总需水量汇总表

保证率	生活、生产、生态总需水量/万 m³		
水平年	2010 水平年	2020 水平年	2030 水平年
多年平均	4125436	4286370	4333805
50%	4040924	4191417	4225014
75%	4542464	4711001	4742541
95%	5680751	5795712	5745885

节约用水方面，对工业、农业和城镇生活的节水潜力进行了分析，提出了规划水平年的节水目标和具体措施，重点是对全省大中型灌区开展续建配套与节水改造，新增高效节水灌溉面积；对工业用水大户和城市供水管网开展节水改造。

水资源保护方面，根据水资源保护目标、水功能区纳污能力等确定湖北省排污总量控制方案为 2020 年 COD、氨氮入河控制量分别为 375527t/a、32305t/a；2030 年 COD、氨氮入河控制量分别为 342336t/a、27282t/a。

2010 年，国务院向各省、自治区、直辖市人民政府和国家发展改革委、国土资源部、环境保护部、住建部、水利部、农业部、林业局、气象局印发了《关于全国水资源综合规划（2010—2030 年）的批复》（国函〔2010〕118 号）。文件要求，通过实施《关于全国水资源综合规划（2010—2030 年）》，到 2020 年，全国用水总量力争控制在 6700 亿 m³ 以内；万元工业增加值用水量比 2008 年降低 50% 左右；农田灌溉水有效利用系数提高到

0.55；城市供水水源地水质基本达标，主要江河湖库水功能区水质达标率提高到 80%。到 2030 年，全国用水总量力争控制在 7000 亿 m³ 以内；万元工业增加值用水量比 2020 年降低 40%左右；农田灌溉水有效利用系数提高到 0.6；江河湖库水功能区水质基本达标。

三、湖北省水力资源复查

新中国成立后，湖北省进行了多次规模不同的水力资源普查工作。1956 年原水电总局对湖北省各主要河流水力理论蕴藏量进行了摸底计算；1958 年湖北省进行了中小河流的水力资源量计算；1980 年全国开展了水力资源普查，湖北省历时 3 年完成了全省水力资源普查成果。1980 年水力资源普查成果为湖北省大力发展水电建设起了积极的推动作用。此后的 20 年间湖北省水电建设出现了历史性飞越，依据普查成果优选项目，深入进行规划研究，建成了一大批水电项目。但随着社会主义市场经济体制的建立以及水电建设技术水平的提高，原水力资源普查成果已不能客观地反映水力资源可开发状况。为了进一步查清我国的水力资源，全面、客观地反映 20 年来的变化，并利用当时先进的计算机和网络技术，引入国际通用的经济可开发量的概念，建立一套完善的又符合我国国情的水力资源评价体系，编制先进的全国水力资源数据库，为社会主义经济建设服务，国家计委决定开展全国水力资源复查工作。

2000 年 12 月国家计委下发了《国家计委办公厅关于开展全国水力资源复查的通知》（计办基础〔2000〕1033 号），明确提出了全国水力资源复查任务。2001 年 3 月在成都都江堰市召开全国水力资源复查第一次工作会议。2001 年 4 月，湖北省正式了启动复查工作。2001 年 10 月下发了复查工作大纲和复查技术标准。2003 年 4 月，按全国水力资源复查工作办公室审查验收会议的精神，湖北省水利水电勘测设计院编制完成了《中华人民共和国水力资源复查成果 第十四卷 湖北省》。复查成果已录入全国水力资源数据库。

2003 年水力资源复查依据《全国水力资源复查工作大纲》和《全国水力资源复查技术标准》等文件进行。复查范围为：单河理论蕴藏量 10MW 及以上的河流；理论蕴藏量 10MW 及以上的河流上单站装机容量 0.5MW 及以上的水电站；其他河流上的水电站不在该次复查之列。资料统计截止时间为 2001 年 12 月 31 日。据复查，全省理论蕴藏量达 10MW 及以上的河流共 166 条，其主要复查成果如下：理论蕴藏量 17204.5MW，1507.11 亿 kW·h；技术可开发量 35540.5MW，1386.31 亿 kW·h；经济可开发量 35355.9MW，1380.45 亿 kW·h。

该成果获湖北省 2005 年度优秀工程咨询成果一等奖和 2009 年度中国电力科学技术一等奖。

四、湖北省鄂北地区水资源配置工程规划

鄂北地区地处南襄隘道，南北气流不易停留，是湖北省有名的"旱包子"，旱灾发生频繁。新中国成立以来，干旱发生频次有增加的趋势，从 1950—2012 年的 63 年中发生特大干旱、大旱 16 次，平均 2.5 年 1 次。小旱经常发生，甚至 1 年多次，尤其是 2010 年以来，鄂北地区干旱连年发生，发生严重及严重以上干旱多达 5 次。由于长期缺水，给当地经济社会发展、人民群众生活、生态环境带来了一系列不利影响。

省委、省政府高度重视鄂北地区的水资源短缺问题，为保障鄂北地区城乡供水安全和粮食安全，促进湖北区域经济均衡发展、协调发展、可持续发展，提出："要着眼长远，加强规划研究，通过工程措施，从根本上解决鄂北地区干旱问题。"为此，设计院于 2012

年 7 月启动了《湖北省鄂北地区水资源配置工程规划》的编制工作。

鄂北地区水资源配置工程是构建我省"三横两纵"的水资源配置格局的重要组成部分，旨在从根本上解决鄂北地区的水资源短缺问题。其开发任务为以城乡生活、工业供水和唐东地区农业供水为主，通过退还被城市挤占的农业灌溉和生态用水量，改善该地区的农业灌溉和生态环境用水条件。

工程研究范围包括唐西地区、唐东地区、随州府澴河北区、大悟澴水区、丹江口水库及汉江中下游干流供水区，供水范围（鄂北受水区）为唐东地区、随州府澴河北区及大悟澴水区，行政区划涉及襄阳市的襄州区、枣阳市，随州市的随县、曾都区及广水市，孝感市大悟县，行政区域土地面积 1.02 万 km^2。

通过水资源供需平衡分析，在充分考虑当地水资源开源节流措施后，规划水平年（2030 年）鄂北受水区多年平均缺水量 7.72 亿 m^3，需从区外引水。外引水源分析了长江干流、汉江干流和汉江支流唐白河，推荐从汉江干流引水。汉江干流取水点又比较了丹江口水库及汉江中下游，推荐通过清泉沟隧洞从丹江口水库引水。

在国务院批复的《南水北调中线工程规划》中，2030 水平年为汉江中下游配置水量165 亿 m^3，为清泉沟配置水量 11.07 亿 m^3（其中引丹灌区 6.28 亿 m^3，唐东地区 4.79 亿 m^3），本次规划需要的引水量在国家分配给湖北省的总水量中进行调配，不影响南水北调中线工程。

在利用清泉沟已分配水量和汉江中下游调整水量进行水资源配置时，充分利用引丹灌区已建渠系设计流量大、充蓄调节能力强的有利条件，将唐西引丹灌区与本次工程受水区作为整体进行联合调度。利用区内已建水库的调节作用，"忙时供水，闲时充库"，将外引水与当地水相结合，对水库群进行联合调度，以提高水资源调配能力。经水资源配置计算，规划水平年多年平均从清泉沟引水 13.98 亿 m^3，其中唐西地区 6.28 亿 m^3，鄂北水资源配置工程受水区多年平均引水量 7.70 亿 m^3，除《南水北调中线工程规划》中分配给清泉沟的 11.07 亿 m^3 水量外，剩余 2.91 亿 m^3 通过置换汉江中下游干流供水区水源进行调剂，不影响南水北调中线一期工程调水。

《湖北省鄂北地区水资源配置工程规划》研究了清泉沟自流输水、清泉沟提水、主线清泉沟及支线王甫州提水等 3 个总体布局方案，推荐清泉沟自流输水方案。初拟利用当地充蓄调节水库 19 处（含在线调节水库 1 处，即封江口水库），补偿调节水库 13 处。

工程初拟以清泉沟输水隧洞分水塔为起点，线路自西北向东南穿越鄂北岗地，终点为大悟县城王家冲水库。输水工程渠首设计流量 36.0 m^3/s，途径襄阳市的老河口市、襄州区、枣阳市，随州市的随县、曾都区、广水市以及孝感市大悟县等地，线路全长 261.34km。

按 2013 年第一季度价格水平，匡算工程静态总投资 163 亿元。工程建成后，将解决鄂北地区 480 万人、470 万亩耕地生活和工农业用水需求，从根本上解决鄂北地区水资源短缺问题，经济社会效益显著。

2013 年 8 月，水利部、湖北省人民政府以"水规计〔2013〕349 号"文批复了《湖北省鄂北地区水资源配置工程规划》。同时，该项目还获得了 2014 年度湖北省优秀工程咨询成果一等奖和全国优秀工程咨询成果三等奖。

五、湖北省汉江流域水利现代化规划

湖北省汉江流域在湖北地域辽阔，人口众多，历史文化悠久。举世瞩目的南水北调中线调水工程开工建设，为汉江流域经济社会发展带来了历史性的战略机遇，也为流域水利现代化建设提供了条件。2011年水利部以水规计〔2011〕270号文印发了《关于加快推进水利现代化试点工作的通知》，决定在流域、省级区域和城市三个层面开展全国水利现代化试点工作，选择湖北省汉江流域作为全国唯一的流域试点。

为确保按时完成试点任务，2011年6月湖北省水利厅向省人民政府报送《关于加快推进我省汉江流域水利现代化试点工作的报告》，同时委托我院开展规划编制工作。同年7月，设计院编制完成规划工作大纲，并通过省水利厅审查。10月，湖北省人民政府成立湖北省汉江流域水利现代化试点工作领导小组（鄂北办发〔2011〕106号），总体负责试点工作的组织指导，统筹协调解决试点中的重要事项。设计院编制完成规划讨论稿，分送省有关委、厅、局和流域各市区政府征求意见，并召开了由特邀专家、水利厅各部门、流域各市区水利局参加的征求意见暨研讨会，广泛听取意见，经修改后，形成报送水利部的专家咨询稿。12月在北京召开了专家咨询会，根据专家咨询意见修订后完成规划送审稿。2012年3月，通过了由水规总院在北京组织的审查，同年8月《湖北省汉江流域水利现代化规划》获水利部和湖北省人民政府联合批复（水规计〔2012〕343号），标志着湖北省汉江流域水利现代化建设正式步入实施阶段。

规划范围为湖北省境内的汉江流域，包括丹江口水库库区、上游的堵河流域、上游丹西诸河、丹江口水库以下至与长江交汇口的汉江中下游流域。湖北境内汉江流域面积6.29万km²，供水区面积6.57万km²。规划现状基准年为2010年，近期水平年为2015年，规划水平年为2020年。

汉江流域水利现代化基本内涵：以汉江流域自然条件和经济社会发展特点为基础，以现代治水理念和现代治水理论为指导，以现代科学技术为手段，全面推进水利现代化建设。

规划目标：力争到2020年水平年，形成比较完善的流域防洪除涝减灾体系，基本建立水资源合理配置、高效利用和综合调度体系，探索和逐步建立流域管理与区域管理相结合的水管理体制，实现最严格的水资源管理，显著改善水生态环境状况，全面提升水利信息化和科技创新能力，全面提高水利服务社会能力和水平，建设"平安汉江、生态汉江、和谐汉江"，形成布局科学、功能完善、工程配套、管理精细、水旱无忧、灌排自如、配置合理、节约高效的水利发展新格局，使汉江流域展现"河畅水清、山川秀美、碧水长流"的绚丽画卷，走出一条具有流域特色的水利现代化发展道路。

规划总体布局：建立起防洪除涝减灾体系、水资源合理配置和高效利用体系、水资源与水生态保护体系、水利信息化体系、流域综合管理五大体系。

（1）防洪除涝减灾。建立防洪工程体系与防洪非工程措施相结合的现代防洪除涝减灾体系。尽快完成丹江口水库大坝加高，实施杜家台分蓄洪工程建设，实施干流、主要支流堤防建设与重点中小河流河道整治，基本具备防御山洪灾害的能力，加强洪水预警预报、防汛指挥调度等系统建设和管理提高防御特大洪水的能力。

（2）水资源合理配置与高效利用。通过实施四项治理工程、干流梯级开发、水库整险

加固、涵闸配套改造、灌区节水改造、新建水源等工程措施，进一步增强汉江流域水资源配置能力，建立起可靠的供水安全保障，有效缓解汉江流域水资源的供需矛盾；全面建设节水型社会。

（3）水资源与水生态保护。全面实施水污染防治，实现排污总量有效控制。实施重点河流水系整治与生态修复，有效保护湖泊，建立一批湿地保护区，实现自然景观与人文景观的融合。全面治理水土流失，控制血吸虫病传播，营造汉江流域山清水秀，环境优美，生物多样性丰富的流域生态系统。

（4）水利信息化。构建汉江水利信息化体系，以水利信息化促进汉江流域水利现代化。

（5）流域综合管理。探索流域管理与区域管理相结合的管理模式，建立科学合理的水资源统一调度制度。

规划总投资 938.4 亿元，扣除其他非水利部门投资外，需要由水利部门投入的资金为 740.3 亿元。

为评价水利现代化的实现程度，规划拟定了评价指标，采用定性与定量相结合的方式，其中定性指标有 6 个方面；定量评价有 14 个指标。定量评价湖北省汉江流域水利现代化现状值为 68.3%，规划实施完成后，流域水利现代化实现程度为 94.5%，可基本实现流域水利现代化。

六、四湖流域综合规划

四湖流域是指长江中游一级支流内荆河流域，地处长江、汉水之间，因境内有长湖、三湖、白鹭湖和洪湖四大淡水湖泊而得名（现仅保留长湖、洪湖两个湖泊）。流域总面积 11547.5km²，其中内垸面积 10375km²，洲滩民垸面积 1172.5km²，行政区划包括荆州、荆门、潜江三市，是江汉平原的重要组成部分，也是湖北省重要的农业商品生产基地之一。四湖流域地势低洼，河湖密布，垸田广布，是江汉平原有名的"水袋子"，每逢汛期江河水涨，外江水位高于内垸地面 5～8m，极易造成外洪内涝；区内地下水位较高，通常离地面仅 0.5m，极有利于钉螺孳生；汛期排水时，外江常处于高水位，自排机会少，提排是治涝的主要手段；内垸湖渠水位不稳定，数旬不降雨，特别是盛夏数日不降雨，沟渠干涸，形成旱灾，必须引江河湖水灌溉。为了解决四湖流域发展中存在的内部河湖防洪标准不高、除涝能力不足、生水态环境恶化、血吸虫病疫情回升、管理体制不顺等一系列突出问题，2007 年 2 月，省水利厅以鄂水利计函〔2007〕36 号文委托设计院组织开展四湖流域综合规划编制工作，并明确规划工作由省水利水电勘测设计院牵头，省水利水电科学研究所、省水文水资源局及相关地市有关部门密切配合。2007 年 10 月设计院编制完成了《四湖流域综合规划》，同年 11 月获得省发改委批复（鄂发改农经〔2007〕1339 号）。

规划提出防洪、除涝目标：到 2020 年，长湖设计防洪标准达到 50 年一遇；洪湖在不向围堤外分洪的条件下安全防御 1996 年型洪水，总干渠在沿程二级泵站不超过 10 年一遇排水流量的条件下安全防御 1996 年型洪水。二级站控制排区和相对独立的一级站排区，达到 10 年一遇三日暴雨 5 天排至作物耐淹深度标准，排区蓄涝率至少 2 万～3 万 m³/km²；大区域排水站考虑两次暴雨间隔时间排除调蓄容积，调蓄容积达到净来水量的 50%～60%，其排涝标准达到 10 年一遇三日暴雨 10 天排完标准。到 2030 年，进一步完善四湖流域防洪除涝体系，全面实现水利现代化。

规划提出灌溉、供水目标：到2020年，全面开展灌区的续建配套与节水改造，大力推广节水灌溉制度；保障城镇规划水平年的供水安全，确保农村居民全面实现安全饮水。到2030年，全面完成灌区的续建配套与节水改造，各干支渠的渠系水利用系数均达到规范规定的要求，灌区各片灌溉设计保证率均达到80％～85％；保障城镇供水安全，基本消除城乡供水差别。

规划提出水环境及水生态保护目标：2020年前，区域内所有水功能区达到功能目标，污染物排放量按照限排方案全部得到控制。实现合理开发利用地下水，明显改善地下水生态环境。基本解决与水相关的湿地退化、湖泊萎缩、水体富营养化等生态环境问题。2030年前，达到区域内水环境水生态呈良性循环，自然环境优美，人水和谐。

规划提出水土保持目标：2020年前，开展以小流域为单元的综合治理，重点治理区水土流失综合治理程度达到80％。2030年前，使重点治理区和重点预防保护区水土流失集中分布区域的治理程度达到100％，全面完成规划防治任务。

此外，在水利血防、航运及渔业、水管理等方面规划也提出了相应的目标任务。

（1）防洪排涝规划。四湖上区防洪排涝规划主要包括续建加固长湖湖堤和太湖港南堤，推进借粮湖和彭塚湖分蓄洪区建设，加固太湖港北堤、西荆河堤和拾桥河堤，完善田北内垸排水工程；中下区通过多套方案比较，提出了干渠疏挖＋洪湖退垸＋白鹭湖调蓄＋高潭口二站的规划方案，其中白鹭湖先暂时考虑单退，远期全部退田还湖（另外，考虑到方案实施的难易，提出了新建老新二站代替白鹭湖调蓄的备选方案）。在解决局部排涝能力不足方面，主要是在高潭口排区兴建高潭口二站解决该排区排涝能力不足；在螺山排区通过调整农业结构，并将其开辟成调蓄区，提高其排涝标准。

（2）水资源保护及水生态修复规划。在调查流域点源和面源污染现状、进行污染物预测和水体纳污能力预测的基础上，针对各规划水平年污染物总量控制方案提出了"近期重点治理城镇生活污水及高污染排污企业、远期治理乡镇生活污水及农业面源污染"的水污染治理措施。结合流域水环境和水生态现状，提出了"三点一线"水生态修复规划布局：以总干渠补水方案为主线，以荆州城区水系、白鹭湖、洪湖生态修复为重点，近期以长湖为主要补水水源，在非汛期通过合理调度，向总干渠泄放生态用水，以动治静，以动释污；以外围客水为生态补充水源，通过长江新堤闸、沮漳河万城闸择机应急引水，远期以南水北调引江济汉工程为生态补充水源。

（3）灌溉及供水规划。四湖流域现已建成大型灌区10处，中小型灌区11处，总设计灌溉面积33.62万hm²（504.34万亩），有效灌溉面积31.58万hm²（473.7万亩）。规划报告对灌区规模、需水量预测以及供需平衡进行了分析，提出了灌区续建配套和节水改造，以及新建何王庙泵站、续建西门渊泵站和楠木庙泵站增容等规划措施。

在供水规划中，针对城乡供水现状和存在问题，提出在规划水平年扩建现有水厂规模的同时，为建立荆州城市应急备用水源，新建第二水源太湖港水库引水工程。

（4）四湖流域水资源调配规划。针对四湖西干渠和总干渠等渠道污染严重、三峡工程建成运用后河床下切影响沿江涵闸灌溉引水条件、四湖上区长湖流域径流深相对较小难以为四湖中区提供较丰富的补充水源以及四湖中区主隔堤以上缺乏较大调蓄容积、雨洪资源难以利用等问题，规划从水力调配的角度研究提出近期水平年 2010 年，考虑从沮漳河万城闸引水，并当兴隆电站有发电弃水时适当从汉江新城引水等两项引清调度措施，推荐将长湖 11 月至次年 3 月的越冬水位调整至 31.0m，通过习家口闸向总干渠下泄 8m³/s 以上，基本满足总干渠水环境及直灌片的灌溉要求；远期水平年 2020 年：上述 2010 年前三项规划措施继续沿用，分别从习家口闸和规划的雷家垱闸向总干渠和西干渠下泄 5m³/s 和 3m³/s 以上，并利用引江济汉工程港南闸分水闸向荆州市护城河补水 10m³/s（作为东荆河补水的另一口门建设），基本满足总干渠和西干渠的水环境及其直灌片的灌溉要求。

（5）水利血防规划。四湖流域的疫情是全省乃至全国的重点，也是防治工作的难点，素有"全国血防看两湖，两湖血防看四湖"之称。按照水利结合灭螺的原则，重点结合河流（湖泊）治理、灌区改造和农村安全饮水等水利工程进行灭螺。

（6）其他。规划报告对水土保持、航运及渔业与水利的协调、管理体制等方面也提出了相应规划方案。

规划项目总投资 85.73 亿元，其中防洪除涝工程 29.96 亿元，水资源保护及生态修复 9.74 亿元，灌溉供水工程 44.42 亿元，其他 1.61 亿元。

第二章 | 防洪

第一节 综 述

　　湖北省位于长江中游，洞庭湖之北，浩荡长江自西向东横贯全境，长江中下游最大支流汉江，由西北流向东南，在"九省通衢"的武汉汇入长江。省境河流纵横交错，除长江、汉江之外，5km 以上的河流有 4228 条，平原水网地区湖泊星罗棋布，素称"千湖之省"。湖北属亚热带季风气候区，降水充沛，雨热同季，降水、径流时空分布极不均匀，汛期暴雨多，强度大且集中。江河洪水均由暴雨产生，洪水的时空分布基本与暴雨时空分布一致。

　　从宏观上看，湖北省洪涝灾害类型主要有：山丘区因暴雨引起的山洪及诱发的泥石流和滑坡致灾；因中小河流洪水上涨造成堤防溃决和建筑物破坏，淹没大片土地和民垸致灾；暴雨连绵不断造成湖库塘渠充满，同时外江持续高水位，外排能力有限，引起大范围内涝。尤以 1998 年洪灾、2016 年涝灾为 1997 年以来洪涝灾害之最。1998 年长江发生继 1954 年以来全流域性大洪水，宜昌站监测 7—8 月先后出现 8 次洪峰，湖北省共有 66 个县市受灾，紧急转移 242 万人，长江、汉江沿线洲滩民垸自然漫溃或扒口行洪 163 个，直接经济损失 324.5 亿元。2016 年 6 月进入梅雨期后，湖北省先后遭受 6 场大面积强降雨袭击，多地暴雨强度超历史，主要中小河流有 10 条超警戒水位，其中倒水、举水、汉北河、滠水、府河、府澴河、大富水等 7 条河流洪峰水位超历史最高。省内主要湖泊的洪湖、梁子湖、斧头湖、长湖均突破保证水位。暴雨造成 99 个县市受涝，漫溃和扒口分洪民垸 215 个，转移人口 25.8 万人，直接经济损失 346.7 亿元。洪涝灾害造成的巨大损失，说明湖北省防洪涝工程体系还存在一些问题，防御能力仍然不足，主要存在以下几个方面问题：

　　（1）长江干堤历史险段新发险情现象依然存在。1998 年大水过后，湖北长江干流堤防得到全面加固，但在汛期长时间持续高水位情况下，历史险段新发险情现象依然存在，2016 年长江干流堤防共发生各类险情 68 处。

　　（2）蓄滞洪区建设滞后。基础设施特别是安全建设相当薄弱，制约了蓄滞洪区的正常运用，尤其是作为长江中下游防洪工程体系重要组成部分的荆江地区蓄滞洪区、洪湖蓄滞洪区、杜家台蓄滞洪区、华阳河蓄滞洪区，目前尚不能满足安全运用的建设要求。

　　（3）重要支流和中小河流现有堤防防洪标准偏低。一是重要支流险情严重。险情严重的府环河、汉北河、富水、巴水、浠水、举水等支流堤段均未经整治，汛期险情频发。二是中小河流防洪标准偏低，洪涝灾害频繁，2016 年发生超警戒水位以上洪水的中小河流约 300 多条，已治理河段基本能抵御发生的几轮洪水，而未经整治过的河流险情频发，多条河流受到不同程度的冲毁，发生脱坡、局部垮塌甚至河堤漫溃等险情。

（4）沿江和主要河流上的市县级城市，防洪工程体系不完备，防洪标准偏低，城市外洪内涝严重。部分地区排水通道不畅，且外排能力不足形成"看海"景象。

（5）新出现小型病险水库安全度汛仍存短板。湖北省已经完成除险加固的小型水库病险情和安全隐患基本解除，防灾减灾能力明显提高，但湖北省最新注册登记的小型水库中，还有新出现的1303座小型病险水库未实施除险加固，普遍存在防洪能力不足、坝体坝基渗水、坝坡未护砌、溢洪道未完建和输水管渗水等病险情，且大部分水库位于偏僻山区，极易遭受局部强降雨袭击，威胁下游人民群众生命财产安全。

（6）平原湖区排水工程问题突出，湖泊综合治理后滞。平原湖区排水渠系淤塞严重，渠堤堤身单薄矮小，过水断面狭窄，阻水严重；闸站排水工程尚未进行系统除险加固，普遍存在机电设备老化、闸门启闭机等金属结构锈蚀严重、水工建筑物碳化等病险问题。湖泊调蓄能力不足，据统计，2012年湖泊水面面积合计2706.85km²，总容积52.7亿m³，与新中国成立前相比，面积萎缩了68.3%，容积减少了59.6%。

（7）防洪非工程措施建设不足。湖北省水雨情监测设施网点布局和功能不够完善，建设标准偏低，设施设备老化，信息自动分析处理程度偏低。各行业部门之间应急管理条块分割，信息设备设施共享程度低，部门之间没有建立联动工作机制。应急物资、设备储备不足，不能满足应急抢险救援需要。

根据《长江流域防洪规划》《汉江干流综合规划》，长江中下游防洪治理方针是"蓄泄兼筹，以泄为主"，坚持"江湖两利"和"左右岸兼顾、上中下协调"的原则，采取合理地加高加固堤防，整治河道，安排与建设平原滞蓄洪区，结合兴利，逐步修建干支流水库，逐步达到以三峡水库为骨干、堤防为基础，干支流水库、蓄滞洪区、河道整治相配合，平垸行洪、退田还湖、水土保持等措施及防洪非工程措施，全面提高长江中下游防洪能力。汉江中下游防洪治理方针是"上蓄下疏，蓄泄结合，适当扩大中下游泄量"，逐步建立以汉江中下游堤防为基础，丹江口水库为骨干，支流水库拦蓄和杜家台蓄滞洪、东荆河分流配合，中游民垸分蓄洪、河道整治相配套，结合防洪非工程措施组成的综合防洪体系。

在国家和水利部治水新思路指导下，湖北省坚持人与自然和谐共处的理念，根据江河洪水特点和经济社会发展的要求，以统筹规划、远近结合、突出重点、分步实施、分级负责、共同负担的治理思路，统筹安排防洪工程建设项目。设计院根据湖北省水利厅安排，承担了大量的防洪工程建设项目前期和设计工作。

设计院自建院以来，为湖北省防洪工程体系建设付出了艰巨的努力和辛勤的劳动，为更好地开展防洪工程前期设计，1986年成立了防洪设计室，开全国水利勘测设计单位之先河，2010年成立防洪设计处。防洪设计处与其他专业处共同承担了湖北省江河堤防、滞蓄洪区、城市防洪、河道整治及河道采砂等建设项目的规划、可研、初设前期设计以及施工设计。自1997年以来，设计院在江河堤防方面专项编制了主要支流防洪工程建设规划，主要完成了咸宁长江干堤整险加固工程、荆江大堤综合整治工程、洪湖监利长江干堤整治加固工程、武汉市江堤整险工程、汉江干堤整险加固工程、汉江遥堤加固工程以及府澴河、举水等重要支流堤防整治工程，珠海分院还完成了珠海市西区海堤乾务赤坎大联围加固达标工程等外省工程。滞蓄洪区建设方面主要完成了洪湖蓄滞洪东分块蓄洪工程、杜家台蓄滞洪工程、荆江蓄滞洪区安全建设。城市防洪工程建设方面主要完成了荆州城市防洪规划修编（2015年）、恩施市城市防洪工程、利用日本国际协力银行贷款的湖北省城市防洪工程（5个地级市、2个省直管市、9个县级市县）。河道综合治理方面主要完成了鄂州市长港河道整治及生态修复工程、俯环河治理工程。完成采砂规划主要有汉江中下游干流及东荆河河道采砂规划（2010—2015年）、荆南四河采砂规划（2015—2019年），并配合规划编制了各采点年度采砂可行性论证报告。根据国家发展改革委和水利部的要求，防洪设计处开展了建设项目防洪评价专题工作，2004年11月完成了第一个防洪评价项目《220kV盛家岭变至500kV潜江变送电线路工程跨东荆河段防洪评价报告》，截至2016年已完成350余项防洪评价专题报告，涉及公铁交通、航运、港口、水利、输气输油管线、电力工程、城市建设等多个领域和行业。2013—2015年设计院参与了全国重点地区洪水风险图编制，通过投标取得了荆江蓄滞洪区、汉江遥堤、汉南至白庙保护区的年度洪水风险图编制以及年度洪水风险图管理与应用系统建设、3个年度洪水风险图成果汇总等多个项目。

湖北省水系复杂，洪涝灾害频繁，各种水问题矛盾交织，防洪治理难度大、任务重。如何协调好人与自然关系，从可持续发展的角度处理洪水矛盾，在适时适度控制洪水的同时，还要主动适应洪水，给洪水以出路，是防洪工程布局与策略需妥善解决的重大问题，也挑战着从事防洪规划设计人的智慧。设计院60年防洪治理理念的发展与传承，在老一辈水利人经验积淀和新一代水利人创新开拓的过程中与时俱进，砥砺前行。

第二节　堤防整险加固工程

一、咸宁长江干堤整险加固工程

（一）概况

咸宁市长江干堤分为三部分：第一部分为四邑公堤咸宁段（不包含四邑公堤武汉市段），为2级堤防，距武汉市约70km，实测长度40.217km，桩号254＋341～294＋785，有穿堤建筑物4座。第二部分为嘉鱼长江干堤段，为3级堤防，全长32.78km，桩号295＋900～328＋680，有穿堤建筑物11座。第三部分为赤壁长江干堤，为3级堤防，实测长度32.791km，其中长江干堤20.92km（包括黄盖湖段1.5km），桩号333＋960～353＋290；连江支堤11.871km，分别称为柳山堤、五湖堤、毕家堤、鸭儿湖堤。实测长度分别为4.75km、2.43km、3.45km、1.241km，有穿堤涵闸17座。咸宁干堤整险加固工程涉及的堤防实测全长105.788km，穿堤建筑物共计32座。

新中国成立后，咸宁市长江干堤曾多次进行过加固整险处理工作，但由于堤基先天不足，堤身标准不够，穿堤涵闸设计标准低、老化严重，河岸迎流顶冲等原因，在1998年汛期，三段堤防共发生管涌、清浑水漏洞、散浸、脱坡、裂缝、浪坎、崩岸塌方、跌窝、涵闸出等险情1000多处。重大险情和险段有四邑公堤下水沟段九十丈和王家月堤段管涌、九湾卢风浪险情；嘉鱼干堤邱家湾管涌群、蚁害、崩岸险情，上下桃红堤内严重散浸脱坡、堤外崩岸险情，红庙堤顶裂缝、崩岸、严重散浸和浪坎险情，护城堤凉亭崩岸、管涌和严重散浸等险情；赤壁干堤老堵口管涌群、脱坡险情，八把刀管涌群，黄盖湖大堤浑水漏洞，以及沿江涵闸多处险情等。

设计院于 1998 年 11 月编制完成了咸宁长江干堤整险加固工程的可行性研究报告。2001 年 3 月编制完成咸宁长江干堤整险加固工程的初步设计报告。2002 年 9 月对咸宁长江干堤作了补充项目初步设计报告，对堤身加固标准作了较大的更改，增加了 3 处护岸工程项目。

2007 年完成了该工程的技施设计工作，2008 年 10 月完成了该工程的竣工验收。

（二）主要设计

设计仍维持原有堤线、堤身和涵闸位置，保持现有工程布置不变。堤身原则上以堤身迎水侧加培为主，结合堤线弯曲状况也可以在背水侧培土取直。

咸宁长江干堤堤顶路面总体布置方案是堤顶路面全长 105.788km。混凝土路面全长 91.737km，其中 6m 宽混凝土路面全长 49.617km。赤壁支堤和黄盖湖堤全部为泥结石堤顶路面，泥结石路面长度 13.546km，路面宽度 6m。

堤身标准断面设计，从可研阶段到技施设计阶段堤身标准断面经过了多次变化。2000 年 6 月 8 日原国家计委计农经（2000）571 号文批准了初步设计阶段堤身标准断面；2002 年 9 月设计院根据施工的实际情况对咸宁长江干堤作了补充项目初步设计报告，对堤身加固标准作了较大的变化，报告于 2002 年 11 月获长江委长规计〔2003〕171 号文件的批复。最终的堤身标准断面是各段堤顶超高 2.0m，堤顶面宽 10～6m，内外坡比 1：3。

内外平台及填塘设计，四邑公堤通过地质勘探和较差堤段的渗流计算分析后，除按要求设计内外平台外，增加内填塘工程措施。采取机械吹填外滩沙土、表面机械运输耕作土（0.5m 厚）的施工方式。嘉鱼干堤邱家湾堤段初步设计阶段采用堤后水平压重，局部堤段结合减压井措施，技施设计阶段考虑到隐蔽工程在本地段已经实施了垂直防渗工程，取消了局部减压井措施，仅实施了堤后水平压重措施。其他嘉鱼干堤段、赤壁干堤段均进行了内外平台加宽加固、填塘处理，八把刀险段设减压井 60 口。

穿堤建筑物加固设计，四邑公堤桩号 255＋130 处沙湖闸加固，重建闸室，将原闸室改造为一节涵管，在原闸室前重新修建一个新闸室，更换钢闸门和启闭设施，在原洞身内衬 25cm 厚钢筋混凝土，延长新闸室前的混凝土铺盖，对堤内外渠道浆砌石护砌进行加长和加固；四邑公堤桩号 259＋800 处立新闸加固，重建闸室，将原闸室改造为一节涵管，延长新闸室前的混凝土铺盖，更换钢闸门和启闭设施，将洞身向堤内加长 3 节共 30m，对堤内外渠道浆砌石护砌进行加长和加固；四邑公堤上新建余码头排水闸，新闸为穿堤式拱涵结构，由闸室、拱涵和上下游连接段三部分组成，闸室及拱涵为 3 孔，每孔净宽 6.0m，总净宽 18m，设计排涝流量为 245m³/s。

2000—2001 年，嘉鱼干堤涵闸加固设计，嘉鱼干堤桩号 298＋600 处永逸闸加固，堤内外渠道边坡采用浆砌块石护砌，堤外新建消力池，闸室接长，公路桥加宽，启闭机室重建，更换启闭机，堤内外连接段重建；嘉鱼干堤桩号 307＋595 处三乐闸加固，堤外渠道采用浆砌石护砌，启闭机室重建，更换启闭机，穿堤箱涵内接长 30m，增设堤内消力池，对堤内渠道进行护砌；嘉鱼干堤桩号 324＋125 处陆溪灌溉闸加固，启闭机室重建，更换启闭机，穿堤箱涵内接长 20m，堤内新建消力池；嘉鱼干堤桩号 306＋900 处石矶头交通闸、桩号 310＋930 处临江山交通闸，将两座交通闸用混凝土封堵，再回填土方，恢复堤形；嘉鱼干堤桩号 297＋700 处永丰闸重建，拆除原闸，从外江到内渠依次布置堤外渠道、堤外消力池、闸室和启闭机台、交通桥，穿堤箱涵，堤内连接段、拦污栅，更换启闭机，堤内渠道和堤身恢复回填土方。

二、荆江大堤综合整治工程

（一）概况

荆江大堤历史悠久，"肇于晋、拓于宋、成于明、固于今"，位于长江中游荆江河段荆江北岸，西起荆州区枣林岗（桩号 810＋350 处），东迄监利城南（桩号 628＋000 处）接监利长江干堤，全长 182.35km，为国家确保 Ⅰ 级堤防。荆江大堤于 1975 年列入国家基建计划，一期加固工程（1975—1983 年）完成投资 1.18 亿元，二期加固工程（1984—2007 年），完成投资 8.52 亿元。2014 年，水利部以水总〔2014〕306 号文批复了设计院编制的《荆江大堤综合整治工程初步设计报告》，批复的主要建设内容有：新建防渗墙 86.15km，堤身灌浆 121.05km；沙市城区堤顶防浪墙整治 9.65km；迎水侧堤身压浸平台总长 52.713km；堤身内、外平台修整总长 97.467km；临水侧迎流顶冲堤段护坡长度为 29.945km；背水侧盖重总长度为 31.65km、减压井 560 眼、排渗沟 4.304km、排水沟 10.954km；填塘固基 263 处，顺堤总长度为 34.02km。4 座穿堤涵闸清淤、接长，5 座穿堤建筑物金属结构、电气设备改造。按 2014 年第二季度价格水平计算，工程总投资 184329 万元，总工期为 3 年。工程于 2013 年 11 月开工，于 2016 年年底基本完成。

荆江大堤综合整治工程以防渗处理为重点，如何科学、准确、经济地确定堤身、堤基防渗处理范围及合理地选择防渗处理措施为工程设计难点，其中姚（窑）圻垴段堤基防渗墙工程为我国堤防中最深的防渗墙，施工难度大。

（二）主要设计

设计洪水位：水面线沿用二期加固工程成果。主要控制站水位：沙市 45.00m（冻吴），莲花塘 34.40m。荆江大堤堤段的设计洪水位为 47.6～37.20m（冻吴），换算为 1985 高程基准为 45.45～35.16m。

设计堤顶高程：按设计洪水位加超高确定，堤顶超高值为 2m。

堤顶宽度：按各堤段挡水情况及堤身、堤基条件确定，堤顶宽度为 8～12m。常年挡水段堤顶宽度为 12m；一般年份不挡水堤段（即外有民堤）堤顶宽度为 10m；堆金台至枣林岗为丘陵，堤基较好，堤身不高，堤顶宽度为 8m。

堤身坡比：设计采用 1：3～1：5。一期加固中，堤身按外坡 1：3，内坡 1：3～1：5（堤顶以下 3m 内为 1：3，3m 以下凡发生险情堤段为 1：5，未发生险情段为 1：3）；二期加固中，如断面外帮，边坡采用 1：3，内坡不变；断面内帮，边坡采用 1：4，外坡不变，1999 年，对内坡为 1：3～1：5 的部分堤段按 1：4 的坡度进行了整形。

内外平台：监利段内平台宽度为 30m，外平台为 50m；其余堤段内平台宽度为 50m，外平台为 30m。

堤身垂直防渗处理：设置垂直防渗墙 58.60km，其中堤身结合堤基一并采取防渗墙处理的堤段长 33.55km，仅堤身设置防渗墙堤段长 25.05km。堤身成墙深度小于 15m 的乡村堤段采用水泥土防渗墙；城区堤段及墙深大于 15m 的堤段采用塑性混凝土防渗墙。

水泥土防渗墙采用深层搅拌法成墙，墙体渗透系数 $k=i \times 10^{-6}$ cm/s $(1 \leqslant i < 10)$，90D 龄期的抗压强度值不小于 0.5MPa；塑性混凝土防渗墙采用抓斗法成墙，墙体渗透系数 $k \leqslant 1 \times 10^{-6}$ cm/s，单轴抗压强度 $R_{28} \geqslant 2$MPa，允许坡降 $J_{允} > 60$。墙底伸入相对弱透水层 1.5m。水泥土防渗墙的最小成墙厚度为 30cm，塑性混凝土防渗墙厚度为 30cm。

堤基垂直防渗处理：堤基防渗处理堤段除去堤身结合堤基防渗墙处理堤段 33.55km 外，还在堤基布设防渗墙堤段长 27.55km。其中姚圻垴段（桩号 637+300～635+300）采用 2km 全封闭塑性混凝土防渗墙，为我国堤防工程最深的防渗墙，底部伸入基岩不小于 0.5m，当墙深小于 75m 时，防渗墙厚度为 60cm；当墙深大于 75m 时，为 80cm。

堤身垂高控制：采用在堤后设置压浸平台的方法控制堤身垂高，压浸平台总长 52.71km，垂高按 8.0m 控制：凡填土高度在 0.80m 以下的，考虑到土方加培应有一定的层厚以保证施工效果，以及减少对现有平台植被的损毁，不设压浸平台；凡堤身设置了垂直防渗墙的堤段，考虑到浸润线在下游坡面出逸点已经降低，无论堤身垂高是否大于 8.0m，不设置压浸平台；填土高度在 0.80m 以上的，即在现有内平台上距设计堤顶 8.0m 高度处设置 10.0m 宽的压浸平台。

顶冲段堤身临水侧护坡：护坡总长 29.95km，采用 M7.5 浆砌石护坡厚 40cm，护坡下均设厚 10cm 厚碎石垫层，护坡坡脚设置 80cm×80cm 浆砌石脚槽，护坡坡顶采用 40cm×60cm 的封顶石封顶。

堤身内外平台修整：内外平台修整共计 97.47km，对现有平台原则上按照原规定的宽度进行填平补齐；在有鱼池或渊塘平台外侧设平台末端块石护坡，避免风浪淘刷。

沙市堤顶防浪墙：防浪墙整治 9.65km，利用原墙底板，修建高为 0.70m 的 U 形混凝土槽，槽内可填土，兼作花坛。

背水侧盖重：堤后盖重 31.65km，采用透水性大于原堤基覆盖层的土料填至设计高程。

填塘固基：堤外填塘 16 处，堤内填塘处理共有 247 处（含鱼池、取土坑），填至地面高程。

荆江大堤沿线需整治共有 5 座涵闸，建筑物级别为 1 级，综合整治工程中对涵闸金结电气设备进行更换，对进出水渠道清淤、硬化处理。

三、武汉市江堤整险加固工程

（一）概况

武汉市堤防防洪体系形成封闭的保护圈，分城区和郊区两部分。城区分为汉口、武昌、汉阳三个独立的防洪保护圈；汉口防洪保护圈不包括谌家矶部分，为沿江堤、沿河堤、张公堤包围的范围，自然面积约为 133.8km²，武昌防洪保护圈为长江干堤及自然高地组成，包括武昌区、青山区、洪山区及江夏区部分，自然面积约为 820km²，汉阳防洪保护区为长江干堤、汉江干堤及自然高地组成，包括汉阳区及蔡甸区部分，自然面积约为 413.5km²。郊区堤防防洪保护圈有 7 个，四邑公堤保护范围、长江汉南堤段至军山堤段至汉江右岸汉阳闸—谢八家堤段保护范围、东西湖区、谌家矶堤保护范围、长江武湖大堤保护范围、堵龙堤保护范围、柴泊湖堤保护范围。武汉市堤总长 346.605km，按地域分城区堤长 194.452km，郊区堤长 152.153km；按类别分长江干堤长 208.47km，汉江干堤长 112.135km，保护圈隔堤长 26.0km。

98'大洪水后，设计院会同武汉市城市防洪勘测设计院、武汉市水利规划设计研究院共同编制了《武汉市江堤整险加固工程可行性研究报告》，水利部水利水电规划设计总院于 1999 年 8 月对可研报告进行审查，2000 年 2 月该报告通过了原国家计委中咨公司的评估，2001 年得到原国家计委批复。2001 年 8 月 3 个设计单位共同完成项目初步设计报告，2002 年 1 月经原省计委、省水利厅审查，长江水利委员会复审工程实施，2006 年完成竣工验收。

（二）主要设计

防洪标准以防御 1954 年型洪水和相应防洪规划方案确定。

汉口、武昌、汉阳三个城区防洪保护圈堤防为一级堤防；四邑公堤（武汉市域）、五里堤、武金堤、左岭堤、纱帽堤段、军山堤、竹林湖堤、汉江张湾堤、东西湖汉江左堤、谌家矶堤为二级堤防；郊区武湖堤、堵龙堤、柴泊湖堤为三级堤防。所有穿堤建筑物的设计洪水为干堤设计水位上加 0.5m。堤身需加固的堤段总长约 285.344km。

堤顶高程：一级堤防堤顶高程按设计洪水位加超高 2.0m 确定，二级、三级堤防堤顶高程按设计洪水位加超高 1.5m 确定。

堤顶宽度：一级堤防堤顶宽度 8.0～12.0m，二级堤防堤顶宽度 8.0～10.0m，三级堤防堤顶宽度 6.0～8.0m。

堤坡：堤内外边坡一般为 1∶3。已做好块石护坡且堤身稳定的维持现状。

平台与垂高：外平台宽 50.0m，内平台宽 30.0m，平台与堤顶面垂高小于 6.0m。

护坡：干堤上游一般采用 C15 混凝土预制块或砌石护坡，有民垸或外滩宽度大于 100m 的堤段的上游坡、所有下游坡均采用草皮护坡，干堤下游坡面设浆砌石纵横排水沟。

防汛公路：一级堤防路面宽 7.0m，二级、三级堤防路面宽 6.0m，交通主干线为混凝土路面。

填塘：堤内外填塘宽一般 100m。渗控需要时可延长。

穿堤建筑物：城区病险涵闸加固设计有 17 座，郊区病险涵闸加固设计有 9 座，加固方案有接长及加固、拆除重建、封堵。

四、洪湖监利长江干堤整险加固工程

（一）概况

洪湖监利长江干堤位于长江中游城陵矶河段左岸，上起监利严家门（桩号 628＋000），下至洪湖胡家湾（桩号 398＋000），堤线全长 230.0km。干堤上与荆江大提相连，下与东荆河堤相接，形成了一个完整的封闭区域——洪湖分蓄洪区。干堤保护区自然面积 2782.84km²。1998 年汛期，长江流域发生了历史上罕见的全流域性大洪水，洪湖监利长江干堤共发生各类险情 576 处，其中溃口性险情 34 处，对堤防进行加固整治刻不容缓。

1999 年 9 月，编制完成《洪湖监利长江干堤整治加固工程可行性研究报告》。2001 年 5 月，原国家计委以计农经〔2001〕812 号批复了《洪湖监利长江干提整治加固工程可行性研究报告》（修改本）。2001 年 7 月，编制完成《湖北省洪湖监利长江干堤整治加固工程初步设计报告》（非隐蔽工程），水利部长江水利委员会对《湖北省洪湖监利长江干堤整治加固工程初步设计报告》进行了审批（长计〔2002〕67号），批复非隐蔽工程项目投资272751万元，并对仰口老闸进行安全检测、专项设计报批。截至2008年2月，按照设计要求，洪湖监利长江干堤加固工程已经完成230.0km堤身和内、外平台加培土方6781.13万m³；填塘1111.41万m³；护坡长117.451km、护岸长4.3km，石方126.35万m³；新建堤顶混凝土路面长230.0km；拆除重建2座涵闸、加固涵闸（泵站）17座、兴建替代水源4座、封堵失效涵闸4座；兴建防汛哨屋114座及管理设施建设等。

（二）主要设计

1. 工程设计指标

洪湖监利长江干堤属2级堤防。堤顶高程为设计洪水位加超高2.0m控制。

堤顶宽度：龙口段桩号454＋767以上堤顶宽度为10.0m；454＋767以下堤顶宽度为8.0m。

内外边坡：堤身采用1:3，一级平台下采用1:4。

内外平台宽度：内平台宽30.0m，高程按低于设计堤顶6.0m控制；外平台宽50.0m，高程按1998年设防水位控制，但对有外垸、不常年挡水堤段，按覆盖黏土厚度1.5~2.0m控制。

2009年4月工程通过了水利部的竣工验收。

2. 工程设计特点

洪湖监利长江干堤堤基具二元结构，地质结构可分为双层和多层结构，其中，具有双层结构且上覆土层较薄的堤长53.8km。1998年核定的溃口性险情中，大多数险情是因为覆盖土薄、有浅层砂基形成的管涌险情。经分析，对有相对隔水层的堤段采用垂直防渗墙；对没有相对隔水层的单层砂基采用水平防渗处理。1998年后，设计院将土石坝的防渗墙技术在该堤防上试用，洪湖监利堤段采用了很多新技术、新工艺，如高喷、多头小口径、垂直铺塑、液压抓斗、钢板桩及德国先进的液压塑性混凝土等防渗墙技术，使得洪湖监利堤防在传统设计理念的基础上，进一步提升了科技含量，为今后的堤防设计积累了很多宝贵的经验。

（1）垂直铺塑：主要运用在洪湖王洲堤段（桩号494＋350~496＋000），共长1.65km。该技术主要是运用开槽机械，在堤内开出深槽，将塑料薄膜埋入槽内，形成防渗屏障。土工膜厚度0.46mm，铺膜面积1.65万m²。

（2）高压喷射防渗墙：主要运用在洪湖燕窝段（桩号431＋330~432＋432），共1.13km。该技术是利用置于钻孔中的喷射装置喷射的高压射流冲切、搅拌地层土，同时灌入浆液，在基本不扰动地基应力的条件下，形成不同结构形式（桩、板、墙）、不同形状、不同深度、不同倾斜度的防渗加固凝结体。墙体渗透系数可达10^{-7}~10^{-5}cm/s，弹性模量为102~104MPa，抗压强度为10~20MPa。墙体厚度不小于15cm，墙深13.0m。

（3）超薄型防渗墙：主要运用在监利三支角和南河口段，共长4.7km。采用德国Bauer公司开发的超薄型防渗墙施工技术。采用振动沉桩的方法把H形钢板桩打入地层，并与沉桩的同时注入润滑浆液，达到设计深度后，边拔桩边注入水泥膨润土浆液。该法墙体厚度仅8.0cm，墙深15.0m。

洪湖监利长江干堤堤基共完成防渗墙11.847km，总面积17.0万m²。工程实施10多年来，运行良好。特别是经过 1999 年、2002 年洪水的考验，已实施的防渗墙是成功的，对以后在同类地质条件的堤防中广泛使用提供了宝贵的经验。

五、汉江干堤整险加固工程

汉江是长江北岸最大的支流，汉江中下游现有堤防总长度为 1563.4km，其中干流堤防（含大柴湖堤、东荆河堤）1449.8km，分洪道堤 113.6km。纳入《全国中小河流治理和病险水库除险加固、山洪地质灾害防治、易灾地区生态环境综合治理总体规划》的湖北省汉江治理工程内容主要为汉江下游段、荆门段、襄阳段、丹江口段、郧西段、郧县段、支流府澴河段、汉北河段、支流满河段、支流南河段等 10 个河段，规划总投资 73.72 亿元。

汉江干堤整险加固工程包括汉江下游、荆门一期、荆门二期、襄阳、府澴河、汉北河孝感、汉北河天门、郧县、郧西县共 9 段，堤防总长 1378.697km，建筑物 208 座。采取的工程措施主要有护坡 226.822km，锥探灌浆 1022.32km，堤基处理 206.2km，护岸 144.761km，填塘 173.269km，河道疏挖 105.612km。该工程的实施可以保护耕地近 2000 万亩，人口 2000 余万人，保护区域是湖北省工业、农业的精华核心地带，是湖北省防洪体系的重要组成部分。

2004 年，设计院完成了湖北省汉江下游堤防除险加固一期工程可行性研究报告》，2005 年 3 月 25 日，水利部以《关于报送湖北省汉江下游堤防除险加固一期工程可行性研究报告审查意见的函》（水规计〔2005〕113 号）报送国家发展和改革委员会。

2013 年，设计院完成《湖北省重要支流治理汉江近期重点工程可行性研究报告》，2014 年，水利部水利水电规划设计总院向水利部正式报送了审查意见《水规总院关于报送湖北省重要支流治理汉江近期重点工程可行性研究报告审查意见的报告》（水总规〔2014〕1150 号），治理范围包括汉荆门一期、荆门二期、襄阳、府澴河、汉北河孝感、汉北河天门、郧县、郧西县，加固堤防长度 633.041km，建筑物 152 座。

2010—2014 年，汉江治理工程共下达了 5 个年度实施方案投资，治理堤防长度 259.645km，建筑物 21 座，投资 11.6 亿元。

六、汉江遥堤整险加固工程

（一）概况

湖北省汉江遥堤位于汉北平原最上端的汉江左岸，全长 55.265km，是汉北平原及武汉市的防洪屏障。保护范围包括遥堤以东、京广铁路以西、汉江以北及大洪山以南的广大地区，保护区总面积 11055km^2，耕地 664.1 万亩，人口 760 万。汉江遥堤防洪地位十分重要，中央及地方各级政府历来都十分重视，将其列为防洪重点，视为与荆江大堤、武汉市堤同等重要堤防，属 1 级堤防。

1999 年 9 月，设计院编制完成了《汉江遥堤整险加固工程可行性研究报告》，2001 年报告获批（计农经〔2001〕541 号），总投资 54700 万元（包括隐蔽工程投资，不包括价差预备费和通讯设备投资）。

2001 年 6 月，设计院编制完成了《汉江遥堤整险加固工程初步设计报告》。2002 年 2 月，水利部长江水利委员会以长计〔2002〕76 号文批复了该报告（非隐蔽工程）。批复非隐蔽工程项目投资 42953 万元。

（二）主要设计

1．工程设计指标

根据《防洪标准》（GB 50201—94）、《堤防工程设计规范》（GB 50286—98）、《国务院批转水利部关于加强长江近期防洪建设若干意见的通知》（国发〔1999〕12 号）的有关规定以及长江水利委员会对《湖北省汉江遥堤加固工程初步设计报告》的审批意见（长计〔2002〕76 号），确定汉江遥堤为 1 级堤防。汉江遥堤堤防按 1 级建筑物设计，其上穿堤建筑物罗汉寺闸按 1 级设计，防洪反压闸按 2 级设计。

设计水位：根据汉江中下游防洪体系所拟定的防洪标准及汉江中下游洪水调度方案，汉江遥堤设计洪水位上段（桩号 315＋265～295＋500）按大柴湖分蓄洪区设计蓄洪水位 45.98m 控制，下段（桩号 295＋500～260＋000）按大王庙 44.90m，沙洋 42.70m，新城 42.16m 控制。

设计堤顶高程及堤顶宽度：堤顶高程按照设计洪水位加超高 2.0m，堤顶宽度考虑堤防在汛期将作为查险及抢险物资运输的通道，为增加堤防的安全度，方便防汛抢险，堤顶宽度确定为 10m，在堤身垂高超过 6m 的堤段，内坡设置 5m 宽戗台。堤身内外边坡 1∶3。

内外平台宽度：内平台设计宽 30m，高程按低于设计堤顶 7m 控制；外平台宽 50m，高程按低于设计堤顶 6m 控制。

汉江遥堤加固工程主要建设内容包括堤身加培、内外平台填筑、填塘固基、锥探灌浆、堤身堤基渗流控制处理、王家营段堤外预制混凝土块护坡修整、草皮护坡、罗汉寺进水闸闸后管涌险情综合整治、修建堤顶防汛道路、防汛通信建设、管理房屋及其他管护设施的建设等。

2．工程设计特点

汉江遥堤大柴湖堤段因堤身及堤基地质条件较差，为了节省工程投资，在设计中采用振动沉模工法防渗墙技术对堤身、堤基一并进行处理。振动沉模工法处理超薄防渗墙，成墙质量好、施工深度大、施工费用不高，墙轴线距堤顶迎水坡堤肩 5m，墙厚 15cm；墙底伸入相对不透水层，在黏土中不少于 1.5m，在粉质黏土（或壤土）中不少于 2.0m。

遥堤罗汉寺闸是汉北平原的主要引水枢纽工程，设计流量 120m³/s，灌溉面积 180 万亩。进水闸拱涵底板原为普通混凝土护面，因其抗拉强度低、易开裂、脆性大、变形性能差等因素，导致闸底板磨损严重。对罗汉寺闸进行加固处理时，采用钢纤维混凝土对闸底板进行抗磨损处理。钢纤维混凝土护面厚度 10cm，混凝土强度等级 CF30，钢纤维掺量不少于 90kg/m³，采用剪切型普通碳素钢纤维。在闸门底埋件与钢纤维混凝土之间（纵向长 100cm），以 2cm 厚的聚丙烯单丝纤维丙乳砂浆抹面，聚丙烯单丝纤维丙乳砂浆每立方米添加纤维 1.5kg。

七、珠海市西区海堤乾务赤坎大联围加固达标工程

珠海市西区海堤乾务赤坎大联围加固达标工程由斗门区的乾务联围、井岸防洪堤、赤坎联围、雷蛛堤段和金湾区的平沙西堤、珠海电厂堤段、南水沥堤段和平沙东堤八大堤段组成。2003 年加固前堤防总长 104.796km。沿设计堤线原有穿堤建筑物 189 座，其中水闸 36 座（含 7 座已在其他工程中完成达标的水闸）、涵窦 150 座（含 9 座已在其他工程中完成达标的涵窦）、泵站 3 座。2003 年，乾务赤坎大联围加固达标工程被列入"广东省城乡水利防灾减灾工程"，启动加固达标建设的工作。

2003 年 10 月，设计院珠海分院参与珠海市西区海堤乾务赤坎大联围加固达标工程的勘测设计任务投标并中标，承担该工程的勘测设计工作。

2004 年 3 月，设计院珠海分院完成《乾务赤坎大联围加固达标工程可行性研究报告》（以下简称《可研报告》），广东省水利厅提出审查意见《关于珠海市乾务赤坎大联围加固达标工程可行性研究报告设计有关方面的问题的意见》（粤水规〔2005〕56 号）。自 2005 年下半年开始，珠海分院根据堤防现状、施工条件及实施的紧迫性，将乾务赤坎大联围加固达标工程划分为 12 个应急项目，陆续将可行性研究报告和初步设计报告报送广东省水利厅与广东省发改委审批并全部通过可行性研究及初步设计的审查批复。2004 年，建设管理单位陆续启动工程的施工建设工作，2005 年下半年至 2016 年陆续完成 12 个应急项目的建设工作，投入运行。

1. 工程设计要点

乾务赤坎大联围加固达标工程功能以防洪挡潮、排涝为主，兼顾通航。加固达标堤防级别为 2 级，防洪挡潮标准要求达到可防御 50 年一遇风暴潮，穿堤水闸与堤防同样采取 50 年一遇风暴潮设计。治涝设计标准为：10 年一遇 24h 暴雨外江遭遇 5 年一遇高潮水位，城镇及菜地 1 日排除，农田和养殖 2～3 天排除。

乾务赤坎大联围加固达标工程的总布置为：对乾务赤坎大联围堤防及穿堤建筑物按 50 年一遇防洪（潮）标准进行加固达标。加固达标设计堤防总长 99.531km，其中加固旧堤共计 87.564km，新建堤防共计 33 处 7.477km（其中堤线调整 9 处 4.108km，外移重建闸引堤 11 处 1.442km，新建闸引堤 13 处 1.927km），保留已达标堤防 4.49km（珠海电厂堤段），填塘固基 27 处 56.54km，处理险工险段 18.537km。加固达标穿堤建筑物 247 座，其中新建水闸 14 座，重建水闸 21 座，加固维修水闸 3 座，保留已达标水闸 7 座；新建涵窦 17 座，重建涵窦 59 座，加固维修涵窦 28 座，封堵涵窦 58 座（相应水系恢复内沟渠疏浚长度 18.0km，还建小型内涵 43 座），保留已达标涵窦 9 座；新建泵站防洪闸 1 座，加固泵站防洪闸 2 座；新建交通闸口 28 座。在堤顶或堤内布置防汛道路，防汛道路全长 102.426km。其中新建堤顶道路 91.586km（泥结石石粉路面 52.8km，混凝土路面 38.786km），新建堤内防汛道路 2.725km（泥结石石粉路面），利用堤内现有市政道路兼作防汛道路 3.625km（混凝土路面），保留已达标的堤顶道路 4.490km（泥结石石粉路面）。设置乾务赤坎大联围计算机控制局域网，将数据采集、调度、监控为结合为一体，用于乾务赤坎大联围的管理、监测和控制。建设完善工程管理机构及设施。12 个应急项目批复概算总投资 12.47 亿元，工程部分投资 10.59 亿元。

2. 工程设计特点

乾务赤坎大联围海堤和建筑物地基土层主要有淤泥土层（包括淤泥、淤泥质土）、砂层、黏土层、残积土层和基岩。基础绝大部分直接坐落在中厚及深厚的淤泥土层上，其主要工程地质问题为抗滑稳定和沉降变形、岸坡稳定。为提高地基承载力及强度、加速软土堤基的固结、减少工后沉降，对填土厚度较大的堤段，对软土堤基采用设置塑料排水板的堆载预压法进行处理，提高地基承载力及强度，结合设置土工双向土工格栅，以增强堤坡抗滑能力、减少不均匀沉降。对水闸、涵闸等刚性建筑物软土地基采用粉喷桩复合地基处理。建筑物围堰采用大尺寸模袋砂填筑以增强地基承载力。

因工程区海水对钢结构具较强的腐蚀性，该工程水闸门槽埋件、涵窦闸门及门槽埋件均采用 STNi2Cr 耐蚀镍铬合金铸铁，其他闸门、非 STNi2Cr 耐蚀镍铬合金铸铁埋件的钢结构外露部分、拉杆、锁定梁及液压启闭机的液压缸非结合表面均采用 RMAL 合金复合涂层防腐方案，较好地解决了海水对钢结构的腐蚀问题。

该工程完工后，充分发挥了防洪挡潮、排涝及通航的作用，堤顶防汛道路兼顾了生产和生活的交通需要，堤外防浪林、堤坡草皮护坡及堤内的防护林改善了沿堤生态景观环境。其中，赤坎莲洲应急项目获得"广东省城乡水利防灾减灾工程建设精品工程"，十字沥水闸、南水沥堤段应急项目分别获 2011 年度、2012 年度"广东省优质工程奖"，南水沥应急项目同时获得 2014 年度"湖北省优秀工程设计二等奖"。

第三节　城　市　防　洪

一、恩施市城市防洪

(一) 概况

恩施市城市防洪工程分清江干流防洪工程和龙洞河支流防洪工程两部分。根据《防洪标准》(GB 50201—94) 和有关其他标准、规范，清江干流及龙洞河支流防洪工程等别为四等，工程规模为中型，堤防工程的级别为 4 级，挡水坝及泄洪系统为 4 级建筑物，防洪标准为 20 年一遇。

2000 年 4 月，设计院编制完成《恩施州城市防洪工程可行性研究报告》，2000 年 4 月湖北原省计委和省水利厅对可行性研究报告进行了审查。

2003 年 7 月，设计院编制完成《恩施州城市防洪工程初步设计报告》，2003 年 7 月原湖北省计委和湖北省水利厅进行了审查。

2003 年 10 月，恩施州城市防洪工程正式开工，2004 年 12 月底，城市防洪工程施工全部完成。

清江干流防洪堤主要位于清江左岸，堤内外坡 1∶3，堤顶宽度 4m，堤内坡为草皮护坡，堤外坡为厚 30cm 的浆砌块石护坡，下设 10cm 的碎石垫层。

清江干流防洪墙主要设置在城区，采用钢筋混凝土悬臂挡土墙和加筋挡土墙，防洪墙总长 7.71km。防洪墙迎水面设干砌块石护坡和浆砌石脚槽，墙背后填土，填土高 2～4m，并设浆砌石挡土墙，挡土墙埋置深度 0.5m，墙高 1～2m。其中加筋挡土墙选定在清江右岸桩号 9＋030～9＋430，加筋挡土墙主要由基础、面板、加筋材料、土体填料、帽石等主要部分组成。

龙洞河支流防洪工程主要由两座挡水坝，撤洪泄洪系统及三孔桥坝上游天星坝防洪墙组成。挡水坝为埋石混凝土坝型，坝上设排水闸。泄洪系统由两段隧洞及隧洞中间的连接明渠、隧洞出口消力池组成，隧洞为城门洞型，尺寸为 5.0m×6.5m (宽×高)，纵坡 $i=$ 1/95，采用全断面钢筋混凝土衬砌，可通过 20 年一遇相应最大流量 172m³/s。龙洞河上游天星坝防洪墙采用钢筋混凝土悬臂式结构，防洪墙长 1180m，迎水面设干砌块石护坡和浆砌石脚槽，墙背后填土，填土高 2～4m，并设浆砌石挡土墙，挡土墙埋置深度 0.5m，墙高 1～1.5m。

（二）工程技术特点

湖北省防洪工程首次采用加筋挡土墙。用于加筋目的的土工合成材料已在工程界得到了较为广泛的应用，加筋挡土墙是在土体填料中加入加筋材料而形成的"墙体"，具有结构新颖，造型美观，技术简单，施工方便，施工工期短，造价低廉等优点。恩施市清江路桩号 9＋030～9＋430 段原为浆砌块石护坡，由于防洪能力差，防洪标准仅为 5 年一遇，清江路一带经常被水淹没，淹没深度达 2m。原设计采用墙高达 10m 的钢筋混凝土悬臂式防洪墙，由于开挖量大、对城市原有道路及建筑物影响大，经济不合理等因素，不宜采用刚性挡土墙形式。在进行了现场调查并比选多种方案后，设计团队提出了采用加筋挡土墙作为防洪墙的方案。

新建加筋挡土墙全长 400m，墙顶高程 415.28～415.15m，20 年一遇设计洪水位为 414.18～414.05m，设计枯水位 400.80～400.17m，清江大桥段河道洪水期水面平均坡降为 0.0325％。加筋挡土墙基础底高程为 408.28～408.15m，基础坐落在原干砌块石护坡上。

恩施市清江路加筋挡土墙于 2002 年 8 月完工，运行至今，经历了 2002 年汛期洪水的考验，也经历了 2016 年汛期的洪水考验，墙体未出现任何的变形和局部滑移，证明该加筋挡土墙的稳定可靠。在设计方案中，加筋挡土墙比常规挡土墙节省投资约 38.4％，400m 长的加筋挡土墙施工工期为 40 天，施工期对周边环境的破坏和影响较小，恩施市城市防洪工程的加筋挡土墙上部设置了绿化平台，下部设置了亲水走廊，已成为市民休闲、娱乐的平台，恩施市最靓丽的城市名片。

二、利用日本国际协力银行贷款的湖北省城市防洪工程

利用日本国际协力银行贷款的湖北省城市防洪工程包括荆州、黄石、黄冈、襄樊、咸宁 5 个地级城市，仙桃、潜江 2 个省直管市及钟祥、赤壁、沙洋、大冶、安陆、孝昌、远安、云梦、丹江口 9 个县级城市。

2000 年 9 月，设计院编制完成《利用日本国际协力银行贷款湖北省城市防洪工程项目建议书》；2001 年，编制完成《利用日本国际协力银行贷款湖北省城市防洪工程可行性研究报告》；2001 年 12 月，原国家计委以计农经〔2001〕2704 号对可行性研究报告进行了批复。设计院联合市县设计院按每个城市单独编制了初步设计报告，湖北省发改委对各城市防洪初步设计报告分别批复。同时承担了荆州、襄樊、赤壁、钟祥等城市技施设计。

利用日本国际协力银行贷款的湖北省城市防洪工程的主要内容为新建堤防总长 8.03km、新建防洪墙总长 25.39km、加高加固堤防总长 211.23km、新建及改建涵闸 24 座（总流量 336.08m³/s）、加固整修涵闸 69 座、新建及改建排水泵站 12 座（总装机 21873kW，总抽排流量 198.7m³/s）、加固维修泵站 2 座及生态环境、防洪工程监测设施设备等。

项目总工程量：土方开挖 674 万 m³，土方回填 1318 万 m³，混凝土 49 万 m³，浆砌石 57 万 m³，干砌石 13 万 m³，抛石 41 万 m³，砂石垫层 16 万 m³，堤身灌浆 30 万 m，基础防渗 9 万 m²，填塘固基 26 万 m³，钢筋制安 1.2 万 t，项目永久征地 4252 亩，临时占地 4873 亩，搬迁安置 2788 人，拆迁房屋 7689m²。

国家审批的内资估算静态总投资 128602.88 万元，估算总投资 130229.96 万元；外资估算总投资 141443 万元，其中外资贷款 1157022 万日元，内资配套 64308 万元人民币。

城市防洪工程实施后，一方面在防洪排涝方面取得巨大经济效益，另一方面荆州、襄樊、咸宁、赤壁、大冶、安陆、远安城市防洪工程与城市景观有机结合，使得防洪工程成为人们休闲、锻炼、娱乐的场地。

三、荆州市城市防洪规划（修编）

（一）概况

荆州市城区位于长江中游荆江河段北岸，由荆州古城（江陵）和沙市区组成，是全国首批公布的 24 座历史文化名城之一，也是首批全国 25 座重点防洪城市之一。1999 年 5 月荆州市列入长江流域 13 座国家重点防洪城市；在国务院批复的《长江流域防洪规划》（国函〔2008〕62 号）中，荆州（沙市）确定为全国防洪重点城市。

《湖北省荆州市城市防洪规划报告》于 1999 年完成，2000 年水利部办公厅以办规计〔2000〕165 号文给予批复。2001—2008 年，列入编制完成的《利用日本国际协力银行贷款湖北省城市防洪工程可研及初设报告》，工程实施为提高城市防洪减灾能力发挥了重要作用。2011 年 5 月，国务院办公厅以国办函〔2011〕45 号批准《荆州市城市总体规划 (2011—2020 年)》。2011 年 12 月水利部下发了《加强城市防洪规划工作的指导意见》（水规计〔2011〕649 号），荆州被列为全国 31 个重点防洪城市之一。在此背景下，为适应城市总体规划的修编，对原城市防洪规划进行了修编。2013 年 12 月，设计院编制完成《湖北省荆州市城市防洪规划修编报告（送审稿）》（简称《修编规划（送审稿）》）。2014 年 10 月，水利部水利水电规划设计总院对湖北省水利厅以鄂水利文〔2014〕88 号文报送水利部的《修编规划（送审稿）》进行了审查。2015 年 9 月，水规总院对《修编规划（修订本）》进行了复审。2015 年 12 月，根据复审意见编制完成《湖北省荆州市城市防洪规划修编报告（报批稿）》。

（二）修编规划的主要内容

结合《荆州市城市总体规划 (2011—2020 年)》，荆州市城区防洪标准基本达到 100 年一遇。中心城区排涝标准达到 20 年一遇，一般城区和郊区排涝标准达到 10 年一遇。现状荆州市城区（总面积 480km²）水面率约为 15.6%；规划水平年严格保护城区内现有河湖水面，城市规划水面率应不低于现状水面率，即不低于 15.6%。

（1）防洪规划。荆州市城区外部防洪问题基本得到解决，抵御长湖、太湖港洪水的内部洪水防御体系的工程成为防洪规划的重点。规划将城区划分为两个片区：北城片和荆沙片。规划北城片保护方案建设内容为太湖港北堤与引江济汉引水渠交汇处至凤凰山段长 14.9km，纪南堤与引江济汉渠道北堤相交的 2.5km 长堤段。荆沙片保护方案建设内容即为长湖堤凤凰山至习家口闸段长 34.8km，太湖港南堤沙桥门至凤凰山段 5.2km 和南渠闸至沙桥门段 12.6km。

（2）排涝规划。根据自然地形条件和已有排水系统，规划区排涝范围划分为 12 个排涝分区。学堂洲区、纪南区、内泊湖区现状排水规模满足排水需求，不考虑新建排涝设施；荆州区、武德区、郢南区、郢北区需新建泵站增提高排涝能力；锣场区、岑河区、沙市区、沙市农场区、宝莲区连片考虑，规划近期水平年增建设计能力为 $55m^3/s$ 的盐卡泵站排水出长江，远期水平年结合水环境整治，水质达到管理目标后，疏通西干渠解决该区域的排水问题。

（3）管理规划。根据城市防洪排涝调度需要，规划包括防汛抢险设施、排涝抢险物资及设施、通讯设备，防洪排涝工程调度系统、办公自动化设备、网络运维保障系统等信息化应用系统建设。

工程总投资 15.93 亿元，其中防洪工程总投资为 11.26 亿元，排涝工程投资为 4.53 亿元，管理规划投资 0.13 亿元。

第四节 滞蓄洪区建设

一、洪湖分蓄洪区东分块蓄洪工程

（一）项目建设背景

洪湖分蓄洪区是长江中下游整体防洪的重要组成部分，是处理城陵矶地区超额洪水，保障荆江大堤、武汉市防洪安全的一项重要工程设施。分蓄洪区位于长江中游城陵矶至新滩口河段左岸，分属湖北省洪湖市、监利县管辖，由洪湖监利长江干堤、东荆河堤和洪湖主隔堤所圈围。根据长江中下游整体防洪的要求，洪湖分蓄洪区承担蓄纳 160 亿 m^3 超额洪量的任务。

目前洪湖分蓄洪区缺少进洪、退洪设施，部分围堤不达标，安全建设严重滞后，分洪运用困难，且分蓄洪区面积较大、人口众多，一次分洪损失很大，不利于针对不同类型洪水分洪时的灵活运用。根据国务院批转水利部《关于加强长江近期防洪建设的若干意见》（国发〔1999〕12 号文）的精神，要求近期在城陵矶附近尽快集中力量建设蓄滞洪水约 100 亿 m^3 的蓄滞洪区，湖南、湖北两省各安排约 50 亿 m^3。通过多方案比选，选择洪湖东分块蓄洪区作为湖北省安排的 50 亿 m^3 蓄滞洪区先行建设。

洪湖东分块蓄洪区由腰口隔堤、洪湖监利长江干堤、东荆河堤及洪湖主隔堤一起形成封闭圈。蓄洪区总面积 877.49km²，设计蓄洪水位 30.48m，扣除安全区（台）占用面积后的蓄洪面积为 830.32km²，蓄洪容积 61.40 亿 m^3。

根据《国家发展改革委关于湖北省洪湖分蓄洪区东分块蓄洪工程项目建议书的批复》（发改农经〔2009〕2794 号）的精神，受湖北省洪湖分蓄洪区工程管理局的委托，长江勘测规划设计研究有限责任公司（以下简称长江设计公司）会同设计院于 2010 年 12 月编写完成《洪湖东分块蓄洪工程可行性研究报告（送审稿）》。2016 年 6 月，国家发展改革委以"发改农经〔2016〕1257 号"对《可研报告》进行批复，工程总投资为 41.3969 亿元。

该项目是国务院 172 项重大水利工程之一，2016 年 7 月 20—23 日湖北省发改委和省水利厅对该项目初设报告进行了审查，2016 年冬将进行建设施工。

（二）工程主要建设内容

洪湖东分块蓄洪区由腰口隔堤、洪湖监利长江干堤、东荆河堤和洪湖主隔堤圈围。新建腰口隔堤长 25.574km，由于隔堤的兴建，将破坏原有水系，对过流能力比较大的河渠如内荆河和南套沟等12条河渠，采用在隔堤上修建防洪闸，其余河渠均采用水系改道和修建泵站的型式恢复原有功能。对东分块利用的洪湖主隔堤和东荆河堤按照蓄洪标准进行加固达标，加固洪湖主隔堤12.5km，加固东荆河堤42.9km。在套口布置进洪闸，设计进洪流量为8000m³/s。在补元建退洪闸，设计退洪流量为2000m³/s。对新滩口泵站进行保护并在东分块蓄洪区外的腰口和高潭口各新建一座泵站予以还建，两泵站设计流量分别为110m³/s、90m³/s。该工程项目设计院承担补元退洪闸、腰口泵站、高潭口二站、新滩口泵站保护、洪湖主隔堤和东荆河堤加固、水系恢复等工程的设计工作。

补元退洪闸闸室轴线位于长江干堤402＋500处，平时挡长江水，分蓄洪时挡蓄洪侧水，从分蓄洪侧向长江侧分别布置有进水渠、上游连接段、闸室段、下游连接段、下游消力池段、出水渠段等。补元退洪闸采用开敞式平底板结构，垂直流向总宽174.80m，共14孔，单孔净宽10m。闸室内设露顶式平板工作和检修钢闸门，闸顶靠蓄洪区侧设公路桥，与两侧长江堤防连接。闸室两侧采用空箱挡墙减载。闸室和空箱地基均采用水泥搅拌桩处理。因闸室开挖修建，闸室两侧堤防需回填加固。

腰口泵站还建工程自上游至下游的主要建筑物依次为进水渠道、拦污栅桥、进水前池、主泵房、出水压力管道、防洪闸、出口消力池及主排渠等。主泵房位于长江干堤内，安装间、副厂房分别布置在主泵房左、右两侧，呈"一"字形排列。变电站布置于长江干堤下游二级平台上。泵站进口前71m处设站前拦污栅桥。进水渠（下内荆河）疏挖总长10.79km。

高潭口二站枢纽工程包括高潭口二站和配套建筑物。高潭口二站由主泵房、副厂房、安装间、出口防洪闸、两岸连接建筑物、站前拦污栅桥、进出口翼墙、进出口引水渠道、出水渠交通桥等建筑物组成；配套建筑物为黄丝南闸及洪排河、下新河和子贝渊河疏挖。

高潭口二站主泵房布置在堤内侧，距东荆河堤内肩线约90m。安装间、副厂房布置在主泵两侧，主泵房、安装间、副厂房、空箱刺墙平面上呈"一"字形排列。泵站进口前380m处设站前拦污栅桥。配套建筑物的黄丝南闸位于洪排河下游、主隔堤桩号13＋500处。洪排河疏挖为福田寺节制闸下游河段长度为48.48km。下新河疏挖长度为3.959km，子贝渊河疏挖长度为3.676km。

主隔堤段（高潭口—南昌湖）桩号0＋000～12＋509，长12.509km，加固内容主要有堤身、堤基加固、堤顶路面改（重）建、堤外护坡、上堤路、锥探灌浆、防浪林护堤林等。

东荆河右堤段（高潭口—胡家湾）桩号130＋500～173＋400，长42.9km（裁弯取直后实际长42.236km），加固内容主要有堤身加高培厚；平台加固设计、堤顶及上堤路混凝土路面的拆除及新（重）建；东荆河侧堤身护坡、护岸；堤身锥探灌浆、填塘、防浪林及护堤林及东灌闸重建等。

新滩口泵站保护工程包括防洪堤和防洪闸两大部分。防洪堤与新滩口泵站进水渠相交处建防洪闸，堤线总长1200m，其中闸室段71.70m。防洪闸闸轴线布置在进水渠（内荆河）中央，由闸室段、消力池和进出口连接段组成。闸室距泵站拦污栅桥190.0m。

腰口隔堤建设阻断了内外水系的沟通，破坏了现有功能，需要进行水系规划，以恢复现有功能。

二、杜家台分蓄洪区蓄滞洪工程

(一) 项目建设背景

杜家台分蓄洪区位于武汉市附近汉江下游右岸与长江左岸之间的一片低洼地带，历史上曾是长江及汉江的自然洪泛区。1956 年 4 月杜家台分洪工程建成，1970 年通顺河下游通长江的黄陵矶闸建成后，形成了完整的杜家台分蓄洪区。杜家台分蓄洪区总面积613.98km² （不含汉南纱帽保护区 50km²），其中武汉市面积 523.6km²，占 85.3%，仙桃市面积 90.38km²，占 14.7%。杜家台分蓄洪区是汉江下游和长江中游防洪体系的重要组成部分，承担着分蓄汉江和长江超额洪水、滞纳排泄当地渍涝水的任务，1956 年杜家台分洪工程建成至今，共分洪、分流运用了 21 次，总共分洪水量近 200 亿 m³。

2008 年 12 月 25 日，湖北省水利厅主持召开了杜家台分蓄洪区蓄滞洪工程前期工作研讨会，会议明确了编制项目可行性研究报告任务：“本次可研报告遵循‘有利于分泄汉江下游洪水，有利于分蓄长江中下游超额洪水，不影响排泄滞纳通顺河水系涝水、有利于灭螺’的总原则，维持内垸围堤大的建设格局基本不变，更新设计理念，提高分蓄超额洪水和灵活调度运用能力，统筹规划设计分蓄洪区工程建设。一是以蓄为主，加固围堤，提高分蓄洪区蓄洪能力；二是清障扩卡，整治洪道，提高分蓄超额洪水和灵活调度运用能力；三是工程完善，蓄行结合，提高综合效益。”根据省水利厅的要求和部署，2012 年 4月完成《杜家台分蓄洪区蓄滞洪工程可行性研究报告》（送审稿）；2013 年 8 月、2015 年3 月完成《杜家台分蓄洪区蓄滞洪工程可行性研究报告》（修改稿），经水利部水利水电规划设计总院审查后报水利部批复。工程总投资 20.58 亿元。

(二) 工程主要建设内容

蓄滞洪工程建设分为五大建设内容。

(1) 对分蓄洪区围堤即分洪道堤、北围堤、西围堤、新合堤及围堤上穿堤建筑物进行除险加固（扣除近年已批复或已实施堤段建设内容）。加固围堤长度共 116.935km（其中堤身加培长度共 64.757km）。其中分洪道堤从杜家台闸下至周邦，长 41.89km（左20.8km、右 21.09km）；北围堤从周邦至官莲湖南岸的横山，长 38.441km；西围堤从公明山至东荆河堤石山港闸，长 32.7km；新合堤从长山至小军山，长 3.904km。分蓄洪区围堤上需加固的穿堤建筑物有 23 座，其中北围堤 14 座涵闸，西围堤 6 座涵闸、1 处泵站，跨通顺河纯良岭闸 1 座，新合垸堤 1 座涵闸。为了保证保丰垸能够顺利分洪，同时防止洪水倒灌通顺河上游，在仙桃市杜窑乡汤台村、通顺河和大垸子人工河的交叉处上游新建汤台闸。

(2) 对行洪河道及通顺河主要堤防即洪北堤、通顺河右堤、下东城垸堤和窑头隔堤及堤上穿堤建筑物进行加固（扣除沉湖湿地保护区洪北堤堤段建设内容）。

行洪河道及通顺河主要堤防共长 65.201km（堤身加培长度 47.551km），其中下东城垸堤堤长 16.394km，窑头隔堤 1.676km，洪北堤 10.293km（由于该堤桩号 24＋800～42＋450 段为沉湖湿地保护区，暂不列入本工程，加固范围桩号 20＋800～24＋800 和42＋450～48＋743 两段，加固堤长 10.293km），通顺河右堤 19.188km。行洪河道及通顺河主要堤防上进行拆除重建的穿堤建筑物共有 17 座，其中洪北堤 4 座涵闸，通顺河右堤7 座涵闸，下东城垸堤 6 座涵闸。

(3) 洪道进行整治。为保障洪道分流运用时行洪畅通，洪道垸堤退挽整治宽度的原则是杜家台闸至周邦段为800m，周邦至三羊垸为600～800m，三羊垸至黄陵矶闸为600m。洪道整治将周家墩垸堤距不足的局部垸堤进行退挽新建，并对未改线堤段进行加固，按原规模还建现有涵闸；新农垸堤、赵家垴垸堤、香城垸堤直接临河，处于洪道迎流顶冲段，对迎流顶冲堤段进行护岸护坡。

（4）新建竹林湖泵站。泵站的主要任务是增强分蓄洪区外排能力，减少内涝及汉江分洪时的圩垸破垸损失，便于分洪决策。在长江高水位黄陵矶闸关闸期间，能够有效控制分蓄洪区的涝水位，为充分发挥分蓄洪区的分蓄洪功能腾出一定的容积，遇1935年型、2010年型"两江夹击"的夏季洪水时，可尽量利用未围垦的湖面蓄洪或少用围垸蓄洪，从而减小蓄洪损失，降低分洪决策的难度；与大军山泵站一起承担杜家台排区的排水任务，保障分蓄洪区内各围垸的防洪（内洪）安全，促进当地经济社会的可持续发展。经过技术经济比较，新建竹林湖泵站设计流量140m³/s。

（5）在竹林湖新建临时进（退）洪口门是配合黄陵矶闸，实现进、退洪的双重任务。当长江发生1954年型洪水时，杜家台分蓄洪区将承担武汉附近区分蓄68亿m³超额洪量的一部分，规划分蓄洪量16亿m³。杜家台分洪闸的设计进洪流量4000m³/s，校核流量5300m³/s，泄洪闸—黄陵矶闸设计泄洪流量2700m³/s，一旦分洪运用，由于泄流能力与进洪流量相差很大，进退洪规模不相适应，吞吐矛盾突出，不利于及时退洪，不仅严重制约分蓄洪区更有效地重复运用，同时也增加了周边地区的防洪压力和淹没损失。为兼顾长江进洪及分蓄洪区退洪的需要，在竹林湖堤段建设临时进（退）洪口门，口门宽度360m，设计流量2180m³/s，采用裹头结构型式。

（三）主要技术特点

采用较先进的航空摄影数字测量技术，获取了整个分蓄洪区614km²的高程数据和地物边界，生成了1∶2000的数字化地形图，通过对淹没区边界线的采集，边界线内高程点构建DEM模型，模型内离散高程点形成三角网（边长不超过50m），对分蓄洪区现有的面积和容积进行了复核，获得了更精确的蓄洪容积数据，为工程设计和调度运用提供了更可靠的依据。

当汉江洪水位较高而长江水位相对较低时，汉江洪水可由杜家台分洪闸分进一定的洪峰流量（进行分流而不进行分洪），经过洪道将洪水直接泄入长江。通过对多组分流流量和长江水位的组合进行水面线验算，合理确定了洪道分流运用的流量标准和洪道治理工程措施。

采用综合措施对堤基淤泥质黏土层进行处理：堤基换填黏土，并按1m厚间距铺设三层土工格栅，格栅选用最新型的等边三角形网格，保证各方向具有一致的抗拉强度，提高软土堤基的承载力，减少堤基的沉降变形；堤基内外坡脚采用多排水泥土搅拌桩加固，并填筑平台，限制了堤基淤泥层向两侧滑动，提高堤坡的抗滑稳定安全系数，与传统的填土挤淤或堤基全线固化处理相比，该方法可减少30％的土方填筑和60％的水泥搅拌桩工程量，节约工程投资。

第五节　河　道　治　理

一、鄂州市长港河道整治工程

长港是七县（市）一洲的入江水口，总流域面积3265km²，是鄂州市的第一大河。长港流域水系主要由梁子湖、鸭儿湖、三山湖、保安湖等几十个湖泊组成，由于梁子湖及以上流域面积为 2085km²，故又可称为梁子湖流域。长港干流河道上起于梁子湖区东沟镇磨刀矶节制闸，途中流经梁子镇、东沟镇、长港镇、杜山镇，过樊口大闸入长江，全长约 46.5km。为了使长港河道排涝能力得到保障，长港流域水生态系统得到保护与修复，促进鄂州经济社会的可持续发展，设计院编制了《湖北省鄂州市长港河道整治及生态修复工程可行性研究报告》《鄂州市长港河道工程（梁子湖段）初步设计报告》《湖北省鄂州市长港鄂城段河道整治工程初步设计报告》。

结合长港河道现状、存在的问题以及投资情况，对崩塌严重的岸坡及水利工程进行治理，工程主要包括岸坡整治、河道生态修复和沿线水利工程改造三部分。根据《鄂州市长港河道工程（梁子湖段）初步设计报告》和《湖北省鄂州市长港鄂城段河道整治工程初步设计报告》工程分两段实施，并已基本实施完成。

《鄂州市长港河道工程（梁子湖段）初步设计报告》中，对桩号 42＋943～43＋787 段左右岸、38＋230～41＋131 段右岸、37＋295～37＋755 段右岸和 36＋055～37＋202 段左右岸进行了岸坡整治，治理长度共计 7343m；根据重点地区中小河流近期治理建设规划试点项目的要求，改造 5 处泵站，其中包括向 4 处排涝泵站的设备更新改造和 1 处抗旱站原址重建。

《湖北省鄂州市长港鄂城段河道整治工程初步设计报告》项目中，对桩号 0＋188～0＋868 段左右岸（樊口泵站段）、2＋833～2＋918 段左岸（旭光村段）、5＋559～6＋980 段左右岸（范墩大桥段）、7＋721～9＋025 段右岸（鄂州经济开发区段）、和 12＋192～12＋336 段左岸（熊家墩段）进行岸坡整治，治理范围共计 5735m；根据重点地区中小河流近期治理建设规划试点项目的要求，工程对 3 处抗旱站进行原址重建。

通过治理，长港河道脏乱差的现状得到较大改变，生态环境明显改善，营造出绿水青山、清静雅致、植物多样的优美环境，把沿河绿地建设成为具有游乐、运动和休闲等多功能一体的生态湿地公园，为城乡人民提供了一个自然休闲、充满生机的亲水平台。

二、长江支流府澴河防洪治理工程

府澴河干流全长 331.7km，流域面积 14769km²，是湖北省内仅次于汉江、清江的第三大水系。府澴河上游随州以上为山区，随州至黄江口为中游丘陵区和浅丘陵区，黄江口以下为平原区。澴水为府澴河最大支流，干流全长 150.8km，流域面积 3612km²，在卧龙潭汇入府澴河。

2011 年，设计院编制完成《湖北省府澴河防洪治理工程可行性研究报告》，估算总投资 26 亿元，扣除武汉市近期已加固的民生堤、童家湖堤和东西湖堤，列入本次整治加固的堤防长度为 381.504km，包括对两岸 168 座穿堤建筑物进行整治，其中加固改造 76 座，拆除重建 92 座。

2012 年，按照水利部、长江委的要求，设计院编制完成《湖北省重要支流治理汉江近期重点工程可行性研究报告（综合报告）》，并上报水利部审查，其中将府澴河防洪治理近期工程纳入了湖北省重要支流治理汉江近期工程。水利部水规总院于 2012 年 9 月、2013 年 6 月对报告进行初审和复审，并于 2014 年向水利部正式报送了审查意见（水总规〔2014〕1150 号），核定工程总投资 43.66 亿元，其中府澴河工程投资为 7.96 亿元。府澴河建设内容为：加固堤防长度 114.226km，对两岸 37 座穿堤建筑物进行整治，其中拆除重建 29 座涵闸及小剅管，整险加固 8 座涵闸，对 5 座涵闸或小剅管结合水利血防设置沉螺池，以及完善工程管理设施等。

自 2011 年起，水利部已开始下达汉江近期治理的中央投资计划，每年开始编制年度实施方案并进行实施，截至 2016 年该项目仍在进行之中。

三、横琴岛澳门大学新校区排洪渠迁移项目

（一）概况

原状中心沟排洪渠地处珠海市横琴岛中心区域，位于大横琴山和小横琴山之间，沿东西走向分布，渠道总长约 8.03km，承担大横琴山和小横琴山之间区域的排洪任务，将洪水经东、西两处河口分别排入十字门水道和磨刀门水道。其中东部出口段长约 730m、宽约 40～50m 渠段贯穿澳门大学横琴校区中部偏北区域，将规划的澳门大学新校区分隔为南北两部分，不利于校区的整体规划建设和管理。根据国务院港澳事务办公室就横琴岛澳门大学新校区界址的有关决定，将澳门大学新校区内的中心沟排洪渠改线迁建至校区规划红线内北部边缘，再与校区外的排洪渠平顺衔接，使其既能满足澳门大学校区管理的要求，又有利于中心沟排洪系统的运行管理和日常维护，保证该区域的挡潮与排洪的安全。由此决定启动横琴岛澳门大学新校区排洪渠迁移项目的建设。

2010 年初，受珠海市横琴新区管理委员会公共建设管理局的委托，设计院珠海分院承担了珠海市横琴岛澳门大学新校区排洪渠迁移项目的勘测设计工作；2010 年 5 月，珠海分院提交《横琴新区中心沟排洪渠澳门大学新校区段改线工程项目建议书》；2010 年 7 月，珠海分院提交该项目可行性研究报告；2010 年 8 月，横琴新区管理委员会统筹发展委员会以《关于横琴岛澳门大学新校区排洪渠迁移项目可行性研究报告的批复》（珠横新发改〔2010〕3 号）予以批复；2010 年 9 月，珠海分院提交该项目初步设计报告送审稿；2010 年 10 月，珠海市住房和城乡规划建设局以《关于横琴岛澳门大学新校区排洪渠迁移项目初步设计的审查意见》（珠规建市〔2010〕76 号）予以审批；2010 年 10 月，珠海分院提交初步设计报告审定稿。

（二）主要设计

1. 工程设计要点

（1）设计标准及等级：排洪渠按 50 年一遇洪水遭遇 10 年一遇外潮水位进行设计，渠道及跨渠箱涵建筑物级别为 2 级。滨海东路挡潮闸按 100 年一遇防洪（潮）标准设防，200 年一遇校核，水闸建筑物级别为 1 级。滨海东路挡潮闸闸后公路箱涵及环岛东路箱涵的汽车荷载等级为公路Ⅰ级。

（2）渠道设计：排洪渠渠道断面采用下部直立上部斜坡的生态复合型断面，下部矩形断面宽度 48m，上部开口宽度为 75～90m。受澳门大学校区建设用地及施工条件限制，桩号 0＋100～0＋400 渠段下部主槽采用悬臂式钢筋混凝土筒桩岸墙，其余渠段则采用装配式生态挡墙。上部坡面采用生态袋护坡。筒桩支护内侧被动土压力区淤泥软土及装配式生态挡墙软土地基采用水泥搅拌桩处理形成复合地基。

（3）滨海东路挡潮闸设计：滨海东路外侧桩号 0＋065 处新建滨海东路挡潮闸，该闸以为挡潮、行洪排涝为主，兼有交通、蓄水的功能。新建水闸主体由闸室、闸后交通箱

涵、进出口连接段、消力池及海漫、机电控制室、出口河床防护等组成。闸室顺水流长度13.83m，垂直水流向（行车向）47.42m，水闸闸孔数4孔，单孔净宽10m。水闸靠外海侧采用带支臂上翻式平板钢闸门，液压式启闭机控制。水闸内侧交通箱涵采用整体式箱涵结构型式，行车向轴线同滨海东路主干道轴线，拟定桥面总宽50m，其中交通路面总宽40m，两侧各布置5.0m宽的管线沟预留通道。箱涵两孔1联布置，共布置2联。水闸及翼墙软土地基采用水泥搅拌桩处理。

（4）环岛东路跨渠箱涵设计：位于桩号0＋805处，主要功能为行洪排涝和交通。主体结构由交通箱涵、进出口连接段、引桥等组成。其中箱涵宽（顺水流向）72m（其中交通道路面宽60m，按照东侧7.0m、西侧5.0m来布置管线沟预留通道），垂直水流向（行车向）长50m。共4孔，2孔一联布置，单孔净宽约11.1m。交通箱涵采用整体式箱涵结构型式，桥面顶拱最高点高程为5.00m，箱涵净空高度为6.15m。根据道路跨渠的管线布置要求，箱涵桥面人行道、绿化隔离带及东西两侧均布置管线沟。箱涵、翼墙地基采用水泥搅拌桩处理。

2. 工程技术特点

该项目排洪渠挡土墙采用装配式生态挡墙，将预制块通过特制的玻璃插销连接成墙体，再通过加筋土工格栅的作用，使墙体、墙后土体一起抵抗外力，形成一种柔性的挡墙结构。挡墙表面耐冲刷，透水性佳，墙面可选用不同颜色、造型或植栽，能够很好地满足自然生态及美观的要求。在河道或水下使用时，装配式生态挡墙可增强其生态效果，其独特的内孔造型为水生植物提供良好的生长空间，为净化水质创造了条件，块体鱼巢设计提高了水生动植物的成活率，促进了水体的生态平衡。

排洪渠护坡采用生态袋，为一种三维排水柔性生态结构，采用软体的特殊环保材料取代高耗能的钢筋、混凝土、石材等硬体材料，使结构稳定、水土保持与绿化一次完成，是生态、环保、节能与柔性结构四位一体的边坡建设新技术。生态袋所采用的材料具有反滤透水功能，既能防止填充物（土壤和营养成分混合物）流失，又能实现水分在土壤中的正常交流，植物生长所需的水分得到了有效的保护和及时的补充，利于植物穿过袋体自由生长。

新建滨海东路挡潮闸采用"带支臂上翻平板钢闸门＋集成式液压＋液压锁定装置"，实现了闸门双向挡水功能，同时所有金属结构设备全部在桥涵下方，做到了"建闸于无形之中"。

第六节　防洪评价、洪水风险图与采砂规划

一、防洪评价

设计院按照《防洪评价报告编制导则》的要求，依托多个流域防洪规划和堤防工程建设积累的经验，为一大批国家和湖北省重点项目编制了防洪评价报告，为工程方案优化提供了参考意见，避免或减轻了项目建设对河道和防洪工程的不利影响，保障了项目的顺利实施。其中有代表性的项目有以下两项。

（一）陕北—武汉 1000kV 交流输电线路跨越汉江及小江湖分蓄洪区工程防洪评价

陕北—武汉 1000kV 交流输电线路是我国建设的首条特高压输电线路，是 1000kV 级特高压电网组成的"三纵三横一环网格局"中的一条重要的纵向输电通道，为全面实现西电东送奠定了坚实的网络基础。线路在荆门市沙洋县姚集乡及钟祥市旧口镇跨汉江主河道和小江湖蓄洪民垸，跨越汉江主河道的两跨约 1.7km，主跨 1.1km，最大塔高 123m。在小江湖蓄洪民垸内共 18 座塔基，总长约 9km。

该项目防洪评价报告的主要研究内容有分析输电线路跨越处汉江的河床演变趋势及对江中铁塔安全的影响；通过二维水流数学模型，计算汉江和蓄洪民垸中铁塔和塔基对洪水流场和水位的影响；计算塔基处的局部冲刷深度，分析塔基的稳定性；采用有限元方法对塔基的水平位移、渗透坡降进行计算，分析输电线塔建设对堤防安全的影响；分析跨江线路是否满足防汛通道畅通及蓄洪民垸分洪后抢险救生等方面的要求。防洪评价报告通过了长江水利委员会的评审，优化了设计方案，保障了项目顺利实施。

（二）西气东输二线管道工程湖北段防洪评价

西气东输二线管道工程是我国天然气四大进口战略通道中的西北通道，该项目的建设不但将中亚天然气与我国经济最发达的珠三角和长三角地区相连，还将实现我国塔里木盆地、准噶尔盆地、吐哈盆地和鄂尔多斯盆地天然气资源的联网。西气东输二线在湖北省境内线路总长度为 417.1km，通过的县（市）包括：枣阳市、随州市曾都区、广水市、安陆市、孝昌县、孝感市孝南区、武汉市黄陂区、新洲区、黄冈市团风县、黄州区、浠水县、蕲春县和武穴市。受中国石油天然气管道工程有限公司委托，设计院对该管线穿越府河、澴河、漳水、倒水、沙河、巴河、浠水、蕲水等河流的穿越段工程编制了防洪评价报告。

防洪评价报告通过收集管道穿越所在河流有关的水文、地质、河道地形、防洪工程等方面的资料，分析本管道穿越工程建成后对河道、防洪工程的影响以及洪水对管道工程的影响等。主要评价内容为：分析管线穿越河段的河道演变趋势；结合穿越河段的设计洪峰流量和河床地质情况，采用经验公式计算和物理模型试验分析设计洪水条件下河床可能最大冲刷深度，为管道设计埋深提供参考；通过渗流计算分析工程建设对堤防工程安全的影响。在防洪评价报告的编制和评审过程中，与设计单位充分沟通互动，优化了工程设计方案。根据防洪评价报告的建议，设计单位将漳水河穿越工程的大开挖方案调整为顶管隧道方案，缩短了工期，减少了对岸坡及环境的破坏。

二、洪水风险图

2013 年 6 月，国家防汛抗旱总指挥部办公室商财政部后全面启动了全国重点地区洪水风险图编制项目。湖北省计划 2013—2015 年编制完成 16 个防洪保护区、7 个蓄滞洪区、3 个重点城市等区域的洪水风险图。设计院参与了各年度实施方案的编制，通过投标取得 2013 年度荆江分洪区、2013 年度补充完善方案、2014 年度汉江遥堤、2015 年度汉南至白庙保护区、2015 年度洪水风险图管理与应用系统建设以及 3 个年度成果汇总集成等项目的中标资格。在湖北省重点地区的洪水风险图编制工作中发挥了重要作用。

洪水风险图的主要内容和技术路线为：分析研究区主要洪涝威胁和相应水文特征，依据暴雨、洪涝组合的影响分析，确定洪水来源；收集基础地理、水文、水利工程及调度、社会经济、历史洪水及灾害等资料；确定洪水分析量级和洪水组合方式，设定溃口或分洪方式；全面开展洪水影响分析，设计合理的洪水分析方法及洪水分析模型，合理设置边界条件，正确计算溃口或分洪过程，按照相关要求选取、率定参数并进行模型验证；开展避洪转移分析，合理正确确定避洪转移洪水量级、转移范围、转移人员、安置场所规划和转移路线的原则；在此基础上，完成洪水风险图基本图、避洪转移图和历史洪水实况图的成果绘制。

三、采砂规划

由于大规模工程建设和城市化进程的加快，砂石资源需求急剧增长，除长江之外，汉江、巴河等支流的采砂活动规模也日趋扩大。河道砂石资源的开发利用与维护河势稳定、保障防洪安全、航道工程和涉水工程安全之间的矛盾日益突出。为使河道砂石资源得到有效利用的同时，尽可能减小或避免采砂作业对各方面造成的不利影响，湖北省政府2009年11月发布了《湖北省河道采砂管理办法》，要求河道采砂实行规划制度。河道采砂规划根据防洪安全、河势稳定、通航安全和生态环境要求编制，可引导河道采砂持续良性发展，为采砂监管提供有效的依据。设计院承担的大型采砂规划有以下两项。

（一）汉江中下游干流及东荆河河道采砂规划（2010—2015年）

汉江中下游及东荆河河道采砂规划河段范围为：汉江丹江口坝下至武汉汉江出口，河段长度649km；东荆河潜江入口至仙桃出口，全长173km。主要任务是在综合分析水文条件、河床地质情况及河道演变趋势的基础上，根据防洪规划要求及社会经济发展需求，并考虑南水北调及配套航道整治工程，在保证河势稳定、防洪安全、通航安全、沿江工农业设施正常运用和满足生态与环境保护要求的前提下，合理地利用江砂资源。划定可采区和禁采区范围，限定各采区开采量和控制开采高程，确定禁采期，对采砂管理提供规划性依据。规划砂石可采区39个，年度控制采砂总量为305万t，规划配置采砂船46艘。规划汉江干流设保留区31个，东荆河设保留区15个，合计46个。

（二）荆南四河采砂规划（2015—2019年）

荆南四河采砂规划的范围是湖北省境内荆南四河干流河道374km和串河汊河（包括莲支河、苏支河、瓦窑河、中河）21.6km，共计395.6km。主要任务是调查分析河道采砂现状及监管情况，分析总结砂石利用与监管中存在的主要问题；分析河道演变规律、演变趋势及对河道采砂的限制和要求；根据河道水文泥沙特性、泥沙输移和补给规律，统筹考虑区域内经济发展对砂石的需求，合理确定年度采砂控制总量及分配规划；在深入分析河道采砂对河势控制、防洪保安、水资源利用、生态环境保护及其他方面影响的基础上，科学划分禁采区、可采区和保留区，并按照合理利用和有效保护的要求，对砂石开采的主要控制性指标加以限定；初步分析采砂后对防洪安全、河势稳定、供水安全和水生态及水环境的影响；提出采砂规划实施与管理的指导意见。荆南四河规划禁采区42个，可采区46个，保留区13个，年度控制采砂总量210万t。

第三章 | 引调水工程

第一节 综　　述

湖北省河川径流主要来源于降水，根据 1956—2013 年资料统计分析，全省多年平均径流深 527mm，地表水径流量 980 亿 m³。地表水资源的地区分布与降水大体趋同，自西南、东南向西北递减。湖北省客水多年平均入境水量达 6343 亿 m³，全省地表水加客水资源总量为 7324 亿 m³。全省地下水资源量 285 亿 m³，其中平原区 67.6 亿 m³，山丘区 220 亿 m³。地表水与地下水资源之间不重复计算水量 27.8 亿 m³，全省地表水、地下水资源总量约 1008 亿 m³，年平均产水模数 54.2 万 m³/km²。

改革开放以来，随着经济社会快速发展，湖北省对水资源质与量的需求随着人口增长，城市化进程加快，产业结构调整，灌溉面积增加，人民生活水平提高，生态需水量增加等呈快速增长势头。由于湖北地处南北过渡地带，水资源地域、时空分布不均，且南多北少的现状，使得湖北省尤其是汉江流域可持续发展面临形势严峻，汉江中下游现状水环境日益脆弱，水资源供需矛盾日益显现。

"十二五"期间，湖北省对水资源优化配置提出了总体布局。在充分发挥现有供水工程的基础上，构架了从长江、汉江调水的水资源配置布局，主要有引江济汉工程、引江补汉工程、引丹入枣阳、随州、大悟工程（鄂北地区水资源配置工程）、引汉入荆门（东）和天门工程、引汉入汉北河进府澴河工程（一江三河水系连通工程）、引汉入应城水厂工程等。

继引江济汉工程顺利完成后，鄂北地区水资源配置工程进展迅速，2013 年项目启动前期工作，2015 年试验段工程基本完成，主体工程正稳步推进，引汉入应城水厂工程也正在实施。纵观湖北省水资源配置布局，这些调水工程从水源丰沛的长江干流、汉江干流调出，以尽可能减少调出区不利影响，同时解决受水区生活生产用水短缺问题，改善受水区水生态环境状况，提高区域水资源配置能力，保障当地经济社会的可持续发展。

"十三五"期间，湖北省提出要加快实施一批重大引调水工程，保障重要经济区和城市群供水安全。完成鄂北地区水资源配置主体工程，抓紧推进一江三河水系连通工程、王英富水水资源优化配置连通项目等 7 处重大引调水工程，继续开展引江补汉工程、江汉平原水安全保障工程前期工作。

第二节　代 表 性 工 程

一、鄂北地区水资源配置工程

鄂北地区泛指湖北省武当山、大洪山和桐柏山、双峰山之间的区域，是湖北省有名的

"旱包子"区域。鄂北地区水资源配置工程受水区为唐东地区、随州府澴河北区和大悟澴水区，行政区划涉及襄州区、枣阳市、随县、曾都区、广水市和大悟县等6个市（区、县），受水区范围1.02万km²。鄂北地区水资源配置工程是在不影响南水北调中线工程的前提下，将《南水北调中线工程规划》中分配给湖北省的水量（11.07亿m³）以及少量的、通过置换汉江中下游干流供水区水源调剂出来的水量（2.91亿m³）引调到唐西、唐东区和随州府澴河北区、大悟澴水区进行水资源配置，解决鄂北地区水资源短缺问题，满足受水区生活、生产以及生态用水需求，促进经济社会可持续发展的战略性基础工程。

工程多年平均引水量7.70亿m³，渠首设计流量38.0m³/s；工程规模为Ⅱ等大（2）型。线路起点在丹江口水库清泉沟隧洞进水闸，自西北向东南方向延伸，末端在大悟县王家冲水库，全长269.672km。总工期45个月，通水工期36个月，总投资180.57亿元。

（一）水资源配置方案

鄂北地区水资源配置工程与唐西引丹灌区共一个取水口，在利用清泉沟已分配水量和汉江中下游调整水量进行水资源配置时，将唐西引丹灌区与鄂北地区水资源配置工程受水区进行联合调度。联合调度时应不影响唐西引丹灌区的供水目标要求。经长系列联合调度计算，丹江口水库清泉沟取水口总引水量为13.98亿m³，在保障现有唐西引丹灌区供水6.28亿m³的基础上，向鄂北地区多年平均供水7.70亿m³，其中城镇生活及第三产业供水2.41亿m³，工业供水3.33亿m³，农业供水1.96亿m³。鄂北受水区及唐西引丹灌区生活、工业供水保证率在95%以上，农业灌溉保证率72.1%～81.4%，满足规划目标要求。

（二）工程总体布局

工程采用全线自流方案，以丹江口水库为水源，以清泉沟输水隧洞进口为起点，并利用其后90m隧洞、左侧新建分岔隧洞和取水竖井，再经隧洞、明渠、暗涵、渡槽、倒虹吸等建筑物，线路自西北向东南方向全线自流横贯鄂北岗地，终点为大悟县王家冲水库，线路全长269.672km。

工程共设置36座水库（含规划新建水库）联合调度，其中，补偿调节水库17处、总兴利库容6.05亿m³，充蓄调节水库18处、总兴利库容4.89亿m³，在线调节水库1处（封江口水库）、兴利库容1.37亿m³。总干渠渠首设计流量38.0m³/s，唐东地区设计流量38.0～26.7m³/s，进入随州后设计流量20.2m³/s，至大悟县设计流量1.8m³/s。

根据供水目标、调蓄工程布局及受水区实际情况，鄂北总干渠沿线总共布置24个分水口，其中唐东地区11个，随州府澴河北区12个，大悟澴水区1个。清泉沟隧洞进水闸设计水位150.0m（吴淞高程），鄂北干渠渠首设计流量38m³/s、设计水位147.70m，在线调节水库充蓄水位119.7m、出库水位112.00m，终点王家冲水库设计水位100.0m。

（三）工程布置及建筑物

鄂北工程输水干渠主要建筑物：取水建筑物（新建取水井前）0.16km，占总长度的0.1%；明渠53段，长24.005km，占总长的8.9%（其中梯形明渠36段、长22.825km，矩形明渠17段、长1.18km）；暗涵38座，长30.963km，占总长的11.5%；隧洞55座，长119.43km，占总长的44.3%；倒虹吸11座，长76.104km，占总长的28.2%；渡槽22座，长19.01km，占总长的7.0%。节制闸19座，分水闸（阀）17（1）座，检修闸

11 座，退水闸 11 座，倒虹吸放空阀 16 处、检修阀组 2 处，扩建水库 1 座，排洪建筑物 20 处，公路桥、机耕桥恢复其功能等。

（四）主要设计特点

作为湖北水利的一号工程，鄂北水资源配置工程施工工期 3 年，开挖土方约 4100 万 m³；为了尽量减少对环境的影响，工程设计人员采取让工程"多入地，少占地"的思路，隧洞、倒虹吸、暗涵等埋入地下的工程量占工程总量的 90%，工程长度达 267km（其中明渠 24km），达到了既保护水质、便于管理、运行安全，还能大大节省占用耕地。

输水线路有 140km 处于襄枣盆地的膨胀土地段，涉及明渠、隧洞、渡槽、倒虹吸，设计施工难度较大；设计院通过前期研究、与科研单位协作，开展试验段等方式，对于膨胀土问题进行了深入研究，其中超大洞径的纪洪膨胀土质隧洞（开挖洞径 7.9m）连续长度 3.7km，采用 CRD 工法及超前支护，解决施工安全和安全运行。两段连续长度达 16km 的兴隆—万福、唐县—尚市浅埋隧洞，地质条件差，采用多支洞、常规钻爆法。穿越中华山国家森林公园的长近 14km 的长隧洞，埋深大，无施工支洞条件，采用开敞式 TBM 法施工，既解决了工期，又减小了对环境的破坏。

鄂北水资源配置工程倒虹吸最大连续长度 72.149km，采用直径 3.8m 三管同槽布置的 PCCP，工作压力为 0.4~0.8MPa。全线埋管穿越膨胀土地区，管桥跨越白河、唐河。设计采用数值分析、实验室模型试验及现场试验等多种手段确保倒虹吸设计的安全合理、投资最优。

鄂北水资源配置工程渡槽长 19.1km，型式多样，有矩形和 U 形，预应力和非预应力，施工工法有架槽机、造槽机、满堂支架法。其中孟楼渡槽规模大，连续长度达 5km；渡槽尺寸大，单孔最大外轮廓 8.7m×7.1m；架设重量大，单槽重达 1150t，为湖北省内最重的架设预制渡槽；架设难度大，槽身为 30m 跨的矩形结构，最大高度达 22m，远大于一般桥梁的箱梁高度，且因槽身为薄壁结构，架设时采用"槽上运槽"方法，架设难度极大；渡槽结构复杂，槽身为大跨度薄壁三向预应力结构，空间结构受力复杂。

二、南水北调中线引江济汉工程

（一）工程概况

引江济汉是南水北调中线水源区工程之一，是从长江荆江河段引水至汉江兴隆河段、补济汉江下游流量的一项大型输水工程。其主要任务是向汉江兴隆以下河段（含东荆河）补充因南水北调中线调水而减少的水量，同时改善该河段的生态、灌溉、供水和航运用水条件。干渠引水口位于荆州市龙洲垸，出水口为潜江市高石碑镇，线路地跨荆州市荆州区、荆门市沙洋县，及省直管市潜江市，全长 67.23km，设计引水流量 350m³/s，最大引水流量 500m³/s。

引江济汉工程规模为大（1）型，工程等别为 I 等，引水干渠为 1 级建筑物。渠道设计底宽 60m，渠底纵坡为 1/33550，渠道边坡内坡坡比为 1:2~1:3.5，渠外填方坡比为 1:2.5，设计渠顶宽度 11m。渠道过水断面采用现浇混凝土衬砌，混凝土强度等级 C20，抗渗等级 W6，抗冻等级 F100。大部分渠道衬砌为透水式衬砌板，局部为不透水式衬砌板。渠底衬砌厚度为 8cm，衬砌板下设 15cm 厚砂石垫层，渠底两侧设置 50cm×50cm（宽×高）C20 混凝土脚槽。具有通航功能的渠道，边坡衬砌厚度为 12cm，其余边坡衬砌厚度为 10cm，衬砌板下设 15cm 厚砂石垫层。边坡衬砌顶部设置 20cm×30cm（宽×高）C20 混凝土锁口石，其上铺设 C20 预制混凝土空心六角块，空心六角块内种植草皮护坡。部分深挖方渠段设置 1 级或 2 级马道，马道宽度为 2.5m，马道上铺设 C20 预制混凝土实心六角块，并设置有 30cm×30cm（净宽×净高）砖砌排水沟。马道以上边坡采用草皮护坡，膨胀土渠段增设有 C20 混凝土连拱。渠道每隔 1km 设置一条下渠台阶，左右间隔布置。渠顶设置有渠顶道路。

（二）主要技术特点

1. 进口渠底高程考虑三峡工程建成后河道下切

引江济汉工程进口位于三峡工程下游荆江河段，进口渠底高程的确定充分考虑了三峡工程建成后对长江河道的下切影响。三峡工程修建运行 4 年后，进水口龙洲垸同流量下水位降低最大值为 0.70m。鉴于 2003—2007 年三峡水库蓄水运用为 145.0m，未达到其 175m 的正常运用情况，设计时以 1993 年综合线、2003—2007 年综合线为基础演算三峡运用 30 年、40 年后龙洲垸进口断面水位系列，最终确定引水进口渠底高程为 26.10m。

2. 渠道进口设置沉砂池与沉螺池

渠道引水河段泥沙情况受三峡水库运用影响。三峡水库运用前 10 年，引水河段含沙量较大、颗粒较粗；三峡水库运用第 41～50 年含沙量较大、颗粒适中；其余时段影响较小。渠道进口沉砂池长度为 2200m，渠底高程为 24.60m，底宽为 200m，边坡坡比为 1:3。通过模型试验，渠道进口设置沉砂池条件下，第 1～10 年渠道累积淤积 123.6 万 m^3，其中沉砂池可拦截 101.4 万 m^3，渠道淤积 22.2 万 m^3；第 41～50 年渠道累积淤积量 174.2 万 m^3，其中沉砂池淤积 54.3 万 m^3，渠道淤积 119.9 万 m^3。沉砂池的设置对防止渠道淤积有巨大作用。

为防止钉螺进入渠道，渠道进口还设置有沉螺池，位于沉砂池内，属于沉砂池的一部分。沉螺池的设计要求控制池内流速在各种工况下均小于 0.2m/s（钉螺启动流速），以此确定的沉螺池长度为 300m，底宽为 350m。

3. 渠道进水方式为自流与提水结合

引江济汉工程自流引水条件良好，绝大部分时段均可通过自流方式引水至汉江；在不能满足自流条件而汉江又确实有调水需求时，可通过泵站提水。引江济汉工程渠首采用进水闸和泵站并排布置，进水方式为自流与提水结合。泵站内安装 7 台立式轴流泵，单泵流量为 40m^3/s，近期设 6 台泵机，设计总流量 200m^3/s；远期加 1 台泵机，设计总流量 250m^3/s。节制闸采用 5 孔弧形闸门，设计流量为 500m^3/s。

4. 渠道穿荆江大堤采用超大型平板闸挡洪

引江济汉渠道与通航渠道在荆江大堤前合并，设一处防洪闸。为满足通航要求，荆江大堤防洪闸采用两孔超大型平板闸挡洪，单孔净宽 32m，闸孔兼作通航孔，闸室上下游均设置有待泊区。荆江大堤防洪闸在长江水位达到 40.20m 并有继续上涨趋势时下闸挡水，可抵御长江 44.10m 的洪水。

5. 深井降水解决高地下水对基坑的影响

引江济汉工程渠首区从龙洲垸到太湖港，为长江的一级阶地，地层为二元或多元结构，上部为黏性土夹砂性土透镜体，含孔隙潜水；下部为砂、砂（卵）砾石，含孔隙承压水，水量丰富，与长江水互补。渠尾区从西荆河至高石碑，为汉江一级阶地，有两个含水层，含水层厚，水量丰富；在汛期，汉江高水位在一定程度上补给地下水，枯期地下水补给汉江。

渠首区和渠尾区施工基坑均面临着高位地下水问题。设计采用深排水井来降低地下水位：渠道基坑沿渠顶两侧布置两排降水井，建筑物基坑由外向内降水井布置逐渐加密。从工程实施效果来看，降水井降水效果非常理想，渠首区和渠尾区基坑均达到了干地施工条件。高石碑出水闸基坑面积为 $17525m^2$，砂层厚 14m，降水井初期流量达到 $80\sim90m^3/h$，且流量稳定。

6. 超大型平面浮船式弧形闸门技术

拾桥河左岸节制闸位于拾桥河左侧引江济汉干渠上，为引江济汉渠道上下游段的主要水位调节控制工程，其设计引水流量为 $350m^3/s$，最大引水流量为 $500m^3/s$。由于引江济汉渠道具有通航功能，为避免对航道通行效率的影响，拾桥河左岸节制闸设计为一孔平面弧型双开浮船式闸门，孔口宽度为 60m，最大挡水高度为 7.28m。

7. 渠道膨胀土边坡处理

由于水是对膨胀土边坡稳定最不利的影响因素，应采取一些辅助措施保护边坡，如削坡前预留足够的保护层，一般不小于 50cm 厚；改性土换填采用分级分段换填，一次工作面不宜过大，应控制在 200m 左右；已开挖的边坡应采取必要的覆盖养护措施；在渠道坡顶设置不透水式截流沟，严禁坡顶积水。

改性土的拌和可采用旋耕机反复搅拌的"路拌法"或采用混凝土拌和系统的"厂拌法"，经现场试验，两种施工工艺均能达到改性土的主控目标：自由膨胀率和压实度。工程实际中可优先采用"路拌法"。

引江济汉工程开展了一系列的现场改性土施工工艺试验，取得了膨胀土改性的一整套工艺参数和技术成果，对于水泥改性土的施工具有重要的指导意义。

第四章 | 水电站工程

第一节 综 述

从 20 世纪 80 年代起，我国大坝建设实现了质的突破，由追赶世界水平到居于国际先进和领先水平。在国家水电开发政策的引导下，湖北省凭借得丰富的水电资源，水电站建设成果尤为丰硕。

设计院在 20 年间为湖北水电建设作出了巨大贡献，在建和建成了各类水电站 23 座，完成中小型电站前期设计 9 处。在碾压混凝土坝、混凝土面板堆石坝、拱坝、重力坝等筑坝技术方面，不断创新发展，多数坝工设计上达到了国内领先的水平。

一、大坝设计

设计院完成了以松树林水电站为首的常规混凝土重力坝，以招徕河水电站为首的碾压混凝土薄拱重力坝，以小漩等电站为首的闸坝工程等，还有正在准备建设的碾盘山、新集等汉江上的大型闸坝枢纽工程。

设计院设计的拱坝型式多样，薄、中厚、厚拱坝一应俱全；有抛物线、对数螺旋线、三心圆等体型；有混凝土、碾压混凝土坝型，龙背湾水电站是设计院设计的最高的混凝土面板堆石坝。

2001 年开工建设了当年世界最高的招徕河碾压混凝土双曲薄拱坝，坝高 105m，坝轴线长 206.2m。该工程将碾压混凝土筑坝新技术首次成功应用于 100m 级复杂体型混凝土双曲薄拱坝上；创造了 100m 级碾压混凝土双曲薄拱坝快速施工的成套技术；在 100m 级混凝土拱坝坝肩开挖中成功采用了窑洞式的开挖方式；研究确定了施工期坝体临时带缝挡水的高度，为碾压混凝土拱坝施工安全度汛提供了新的思路和实践。之后湖北省多座百米级碾压混凝土双曲薄拱坝应运而生。

洞坪拱坝坝高 135.0m，是设计院设计的第一座地下厂房。狮子关大坝为洞内堵头，采用截锥形混凝土封堵提堵洞成坝，坝体最大高度 145m，顶厚 10m，底厚仅 35m。利用山中溶洞成库，开创湖北建水库之首例。

龙背湾水电站混凝土面板堆石坝，坝高 158.3m。大坝采用当地材料坝，在设计中采用了接缝止水新结构和新材料、等宽连续窄趾板、斜趾板开挖、坝体分区、坝料选择和基础覆盖层的处理、混凝土面板防裂设计、坝体反向排水设计等多项新的设计理念，为各种复杂地形、地质条件下面板坝的设计和施工积累了经验。导流设计是全省第一个全年围堰挡水工程，由此节省了一条导流洞，加快了施工进度。

小溪口水电站混凝土面板堆石坝，坝高 69.9m，建设在河床薄层页岩地层，右岸残积土、强风化地基上并获得成功的混凝土面板堆石坝。遵循达西定律，利用趾板加防渗板形式辅以锚固灌浆工艺，改变了原导流趾板必须在坚硬可灌基岩之上的原则，整个右岸到河床为吴家坪组页岩与坡积层，十里牌-青山断裂穿越右坝肩。趾板开挖结束标准为 1.5～1.75g/cm³，创造性采用趾板加防渗板（6＋X）技术，局部地带辅以深齿槽加深孔锚桩，增加接触段灌浆压力，蓄水时最大渗压水头 2.38m，目前仅 1m 左右。其独特趾板加防渗板（6＋X）模式，库克将其总结为（4＋X）推动了我国面板堆石坝趾板型式的革新，在洪家渡、水布垭工程推广，拓宽了面板堆石坝的建坝领域，并成为新规范佐证及奠基工程之一，是全国唯一通过水力发电工程学会面板坝专委会面板防裂鉴定的不裂缝面板坝。

陡岭子水电站坝高 88.5m，采用砂砾石作为主堆石的混凝土面板坝，由于沙砾石粒径较细，堆石料与过渡料没有再行分区。施工期间灰岩料场采用洞室爆破，赢得一年工期。陡岭子水电站是采用导流洞结合泄洪洞成功典范之一，是湖北省第二座沙砾石面板堆石坝。

老渡口水电站坝高 96.80m，湖北省第一个深覆盖层面板堆石坝。大坝基础覆盖层厚度 14～25m，坝基采用防渗墙作防渗处理，有效解决坝基坝体渗流稳定问题。防渗墙厚度 0.8m，在全国百米级深覆盖层面板坝中防渗墙厚度最薄。

白沙河水电站坝高 102.4m，全国第一次采用饱和抗压强度 17MPa 的软岩筑坝，岩石强度等同库克指导的印度尼西亚的希拉塔坝，但高度低于 125m 希拉塔坝。采用软岩筑坝，充分利用溢洪道开挖料，节约了工程成本。

二、泄水建筑物设计

老渡口溢洪道出口采用曲壁贴角窄缝式消能工，槽身采用薄壁单筋混凝土结构，槽底板与槽壁厚 0.4m，最大单宽流量 290m³/s。薄壁单筋混凝土结构在小溪口电站中也有较好的应用。

洞坪拱坝开设坝身表、中孔五大泄洪孔口，坝后防护辅助消能水垫塘的消能方式解决薄拱坝大流量消能防冲问题。

朝阳寺水电站为湖北省首次采用非对称曲面贴角底孔泄洪工程。

红瓦屋水电站为湖北省首次在混凝土面板坝坝身布置溢洪道。

三、发电引水系统设计

在电站引水建筑物设计中多以有压隧洞（钢管）为主。随着工程规模的增大，以及地形地质复杂，高压、长引水隧洞和先进的衬砌型式应用与隧洞设计中。

野三河水电站隧洞长 8.4km，发电引用流量 24.24m³/s，洞径 3.2m，最大水头 280m（不含水击）。经计算分析需设置调压室。由于该工程厂址特殊的地形条件和引水隧洞的特殊布置，选用了气垫式调压室方案，可节省投资约 650 万元，工期缩短至少半年，且大大减少了工程施工对自然环境的破坏，开创了湖北省水电站采用气垫式调压室之先河。

四、水电站厂房设计

结合枢纽布置、水力条件、地形地质条件等，在水电站厂房设计采用坝后式、河岸式厂房、地下厂房、灯泡贯流式厂房等多种型式。

洞坪地下厂房的设计处于国内领先行列。洞坪厂址系层状沉积岩，层薄性"软"，岩层倒转错动，层间结合力相对较差。但工程引水隧洞和地下厂房主洞室开挖施工安全顺利，围岩稳定，关键就在于精心分析研究，正确选择了厂、洞纵轴方向，布置为一列式

（而不只是"一"字形），不设母线洞和不专设高压出线洞，在层薄性"软"的围岩中获得良好的成洞和稳定条件，且不挂钢筋网，只用聚丙烯纤维混凝土喷护。

第二节　代表性工程

一、洞坪水电站

（一）概况

洞坪工程位于湖北省宣恩县忠建河下游，是一座以发电为主，兼有库区航运、交通、防洪、水产养殖和旅游等综合效益的Ⅱ等大（2）型水利水电枢纽工程。坝址控制流域面积 1420.5km²，最大设计坝高 135.0m，坝顶高程 495.0m，水库正常蓄水位 490.0m，设计洪水位 492.20m，校核洪水位 493.96m，水库总库容 3.43 亿 m³，电站总装机容量 110MW，多年平均发电量 3.22 亿 kW·h。工程枢纽由混凝土双曲薄拱坝及坝身表、中孔泄洪建筑物、坝后防护辅助消能水垫塘、引水隧洞、全地下式电站厂房和露天出线站组成。

洞坪工程于 2002 年 3 月开工，2005 年 9 月首台机发电，2006 年 1 月两台机全部投产，同年 6 月工程完工。工程设计概算投资 9.19 亿元、竣工决算投资 8.32 亿元。2010 年 3 月 26 日洞坪工程通过了枢纽工程的专项（竣工）验收。工程建成以来，水库最高蓄水位基本达到了设计正常蓄水位，也历经了多次泄洪的考验。

（二）主要技术特点

（1）洞坪拱坝体形设计达到国内先进水平。洞坪拱坝坝身除了要开设 5 大泄洪孔口外，坝址基岩抗压强度低，这是制约拱坝体形设计的关键因素，大坝安全水平系数仅 2.99。

（2）采用工程安全自动化监测的技术和设备、仪器进行工程安全监测设计，实现了对工程安全的在线实时监控，大规模减少了人工观测工作量和费用，快速反馈工程安全信息，以便迅速制定对策，体现了现代科学管理的理念，效果显著。

（3）应用新技术、新材料、新工艺。依据拱坝优化设计的理论和方法研制的计算机软件新技术进行拱坝体形的优化设计；全地下式电站厂房一列式布置的新技术。聚丙烯纤维混凝土掺用在地下厂房主洞室等喷护混凝土，弧形闸门铰支座安装新工艺，不再预留二期混凝土，采用"螺母板"为核心的铰支座安装新工艺。

二、招徕河水电站

（一）概况

招徕河水电站位于湖北省长阳县境内、清江中游左岸的一级支流招徕河上，距其下游的长阳县城 155km。招徕河全流域面积 826.1km²，坝址以上流域面积 792km²。工程的主要任务是发电，兼有养殖和旅游等综合效益。枢纽工程的主要建筑物由碾压混凝土双曲拱坝、坝身泄洪表孔、发电引水隧洞、电站厂房和开关站等组成。最大坝高 105m，总装机容量 36MW，多年平均发电量 1.124 亿 kW·h，年利用小时数 3012h，保证出力 4.85MW。正常蓄水位为 300.0m，水库总库容 0.692 亿 m³，调节库容 0.457 亿 m³，为不完全年调节水库。

工程规模为Ⅲ等中型工程。大坝等主要建筑物为3级建筑物，发电引水隧洞、电站厂房及其变电站为4级。水库工程建筑物按100年一遇洪水设计，500年一遇洪水校核；水电站厂房及其变电站按50年一遇洪水设计，100年一遇洪水校核；大坝下游消能设施按50年一遇洪水设计，100年一遇洪水校核。

（二）主要技术特点

（1）罕见的窑洞式坝肩开挖。根据地形、地质条件，招徕河电站左坝肩采用窑洞式开挖，窑洞开挖深度8~10m，开挖宽度7.80~10.13m。为了使开挖方案顺利实施，左坝肩下游壁面共设置2000kN级预应力锚索19根，长度15~22m。另外还布置了4~9m长的系统锚杆，配合挂网和喷混凝土处理。

（2）创2004年我国坝工界碾压混凝土坝上升速度新纪录。施工单位采用大曲率连续上升的多卡模板等筑坝工艺，大坝最高月上升高度为27.3m，创国内坝工界碾压混凝土坝上升速度新纪录。2005年11月同"神舟六号"飞船等一起，被评为"中国企业新纪录（第十批）十项重大创新项目"之一。

（3）我国最早在导流洞中采用可爆堵头的工程之一。招徕河水电站是国内最早采用可爆堵头用于水库放空的工程之一。采用钢焖盖挡水，需要放空时，爆断连接螺杆予以放空库水。放空水库方式较为灵活可靠；放空设施与坝体分离，减少了对碾压混凝土的施工干扰，有利于碾压混凝土的快速上升。

（4）少见的倒挂井式衬砌调压井。调压井为阻抗式，内径10m，井顶高程312.0m，井底高程253.0m，钢筋混凝土衬砌，衬砌厚度80~150cm。调压井位于志留系砂页岩中，整个调压井基本处在强风化带中，地质条件差。施工过程中，采用倒挂井式衬砌调压井，每段都是开挖、衬砌、灌浆这几道工序，没有出现任何安全问题。

2007年9月和2008年11月，招徕河工程分别荣获"省科技进步二等奖"和"省优秀工程设计二等奖"。2009年10月，招徕河工程荣获"全国优秀工程勘察设计奖铜奖"。

三、野三河水电站

（一）概况

野三河水电站工程位于恩施州建始县境内高坪镇、清江左岸一级支流野三河干流、水布垭库尾。野三河流域面积1092.4km²，河流全长66km，野三河水库拦河大坝坝址位于建始县高坪镇金家岩，坝址控制流域面积453.5km²。坝址处多年平均流量11.4m³/s，相应年径流量3.61亿m³。工程任务以发电为主，兼库区旅游等综合利用。

工程等别为Ⅲ等中型工程，枢纽主要由碾压混凝土双曲薄拱坝、坝顶3表孔、右岸长发电引水系统、气垫式调压室、地面厂房、右岸导流洞等组成。最大坝高74m，电站装机容量为2×25MW，年发电量为16424万kW·h，年利用小时数3285h，保证出力4.233MW；水库正常蓄水位为664.00m（黄海高程），总库容为1923.3万m³，调节库容0.1338亿m³，为不完全年调节水库。

（二）主要技术特点

（1）高压长引水隧洞。工程引水隧洞轴线长8.4km，发电引用流量24.24m³/s，最大水头280m（不含水击），隧洞地质条件复杂。依据洞顶围岩覆盖厚度、内水压力的大小、地质条件以及和拱坝坝肩的关系，考虑方便施工和工程造价的因素，隧洞分段采用不同的断面型式及衬砌方式。

（2）气垫式调压室。厂址特殊的地形条件和引水洞特殊的布置，若采用阻抗（或溢流）式等常规调压井难以实施，选用了布设位置十分灵活、施工简单、技术可靠、造价低廉的气垫式调压室方案。采用气垫式调压室方案节省工程投资 1000 多万元，节省工期 1 年以上，同时减少常规调压井需设置的环山施工道路和大量弃渣，对当地野三河景区的环境保护起到了积极作用。

《湖北建始野三河水电站工程可行性研究报告》荣获"湖北省优秀工程咨询成果二等奖"。2012 年 8 月，联合国 CDM 理事会秘书处正式通知，野三河水电站 CDM 项目成功注册，每年将减少二氧化碳排放量 117818t，年可增加收益 500 余万元。

四、老渡口水电站

（一）概况

老渡口水电站工程位于湖北省恩施市沙地乡，清江右岸一级支流马水河上，为马水河流域的第二个（最后一个）梯级，水电站从左岸经沙地乡、鸦雀水、龙凤坝到恩施市城 90km，从右岸经三岔乡到恩施市 45km。工程以发电为主，工程规模属大（2）型，工程等别为Ⅱ等。主要由大坝、溢洪道、放空洞（由导流洞改建）、发电引水隧洞、电站厂房、开关站、输变电系统、管理设施等组成。最大坝高 96.80m，正常蓄水位 438.0m，水库最大库容 2.2 亿 m^3，电站总装机 $2\times5.1MW$，电站设计引用流量 $138.60m^3/s$。大坝为 1 级建筑物，溢洪道、引水系统和电站厂房均为 2 级建筑物。2006 年 1 月 1 日工程开工，2007 年 12 月 30 日老渡口围堰成功截流，导流洞开始过流，2009 年 2 月大坝面板完工，2009 年 5 月 8 日下闸蓄水，2009 年 7 月 11 日第 1 台机组发电，12 月 15 日第 2 台机组发电，工程总投资 6.4 亿元。

（二）主要技术特点

（1）全省第一个深覆盖层面板堆石坝。大坝基础覆盖层厚度 14～25m，坝基采用防渗墙作防渗处理，防渗墙厚度 0.8m，有效解决坝基坝体渗流稳定问题。

（2）大坝上游坡 1∶1.4，下游综合坝坡 1∶1.39。大坝填筑料在完成度汛断面时，仅开挖大坝料 5 万 m^3，目前保持世界深覆盖层面板堆石坝最陡坡比。

（3）溢洪道出口采用曲壁贴角窄缝式消能工，槽身采用薄壁单筋混凝土结构，槽底板与槽壁厚 0.4m，最大单宽流量 $290m^3/s$。

（4）老渡口混凝土面板全国首次采用双层钢筋布置，每立方节约钢筋 14kg。

（5）除 2012 年降水库水位修建溢洪道导墙，基本每年达到设计发电量。

五、龙背湾水电站

（一）概况

龙背湾水电站位于湖北省竹山县堵河流域南支官渡河中下游，为第一级电站、龙头水库，距官渡河、泗河（堵河主干）两河汇合口 55.7km，距竹山县城约 90km。坝址以上流域面积 $2155km^2$，占官渡河流域面积的 72.8%，河长 81.3km，平均比降 8.4‰。水电站以发电为主要目标，航运、旅游业次之，为Ⅱ等大（2）型工程。水库总库容 8.3 亿 m^3，具有多年调节能力，正常蓄水位 520m，死水位 485m，500 年一遇设计洪水流量 $4776m^3/s$，5000 年一遇校核洪水流量 $5725m^3/s$。电站装机容量 180MW（$2\times90MW$），保证出力

32.2MW，多年平均发电量 4.1895 亿 kW·h，年利用小时数 2328h。

（二）主要技术特点

（1）面板坝避开上下游不利的冲沟、切割地形，同时利用推荐坝线上游有利的弱-微风化砂岩与页岩互层区域，作为面板堆石坝的防渗依托，节省帷幕灌浆工程量。

（2）利用坝址区"几"字形河流特点，在左岸"龙脊"上布置引水、泄水建筑物，使引水、泄水建筑物线路最短，溢洪道布置在"龙脊"垭口处，泄洪水流能顺畅进入下游主河道。

（3）由于地质条件差，引水系统出口成洞困难，不可能布置地下厂房，顺着引水系统出口山脚布置地面厂房，尽量将厂房向河滩平移，在满足尾水出流和厂房基础坐落在岩基的前提下，厂址坐落在河床上，有效避开冲沟和断层，且对后缘山体无扰动，减少了高边坡防护工程量。

（4）溢洪道布置于左岸"龙背"天然垭口处、斜切"龙背"，轴线选择在开挖边坡相对不大、轴线长度相对较短的位置。考虑到出口水流与下游河床的平顺连接，泄流冲坑不危及两岸山体稳定，选择溢洪道轴线方向 NW58°W。

（三）施工中解决的主要技术问题

（1）大坝右岸趾板开挖形成的高边坡问题。通过施工期对趾板二次定线，尽量避开冲沟地形，结合地质详勘成果，尽量避免形成趾板开挖高边坡，对无法避免的高边坡，采取及时支护，加强排水，设置观测仪器等措施控制，取得了良好的效果。

（2）左岸"龙脊"地形山体单薄蓄水后防渗问题。采取在"龙脊"上设置地下水位观测孔的方式对山体地下水进行监控，结合地勘资料，沿左岸"龙脊"设置的永久交通道路布置了单排悬挂式帷幕灌浆，有效地阻隔了库水内渗，并通过专题研究分析计算左岸"龙脊"山体的渗流稳定问题。

（3）溢洪道左岸开挖后高边坡稳定问题。施工期结合现场实际地形地质条件，对溢洪道轴线及体型进行微调，在布置上尽量向右侧转动，减少左岸开挖边坡高度，在体型结构上采用泄槽调整纵坡坡比，调整后减少了开挖量，避免了溢洪道左岸山体开挖后形成高边坡，有利于边坡稳定，保证了后期溢洪道正常运用期的安全。经水工模型试验验证调整后的进水渠体型及泄槽纵坡能满足泄洪各项指标要求。对无法避免的高边坡，采取及时支护，加强山体截、排水措施，设置高边坡永久变形监测点等措施控制，取得了较好的效果。

（4）引水隧洞、导流洞、放空洞等地下洞室成洞困难问题。施工期结合现场施工地质，采取地质预警，超前支护，边挖边支护等方式，对发电引水洞进口高边坡，在 485～505m 高程根据计算需要设置了 56 根预应力锚索，并在 505m 马道设置了永久变形观测墩，适时监测进口高边坡变形。对导流洞进口，采取小导管施工，钢支撑跟进的方式。对放空洞进口，为保证运行期边坡稳定需要，在进口段尽量不扰动原山体边坡，并采用暗涵接长方式保证进水口的正常运行。

（5）厂房基坑坐落在河滩地的问题。初设阶段，为减少对厂房后山坡的扰动，厂房轴线布置尽量向河滩平移，施工阶段，结合现场详勘，对安装间及副厂房基础采取设置排架的措施，为保证安装间的稳定和抗浮，在安装间下游侧设置空箱挡墙等工程措施，满足了厂房的抗滑稳定及抗浮要求，同时也减少了厂房及厂房后山坡高边坡支护处理的工程投资。

（6）大坝采用当地材料坝，在设计中采用了接缝止水新结构和新材料、等宽连续窄趾板、斜趾板开挖、坝体分区、坝料选择和基础覆盖层的处理、混凝土面板防裂设计、坝体反向排水设计等多项新的设计理念，力求做到工程安全、结构完善，并降低造价，便于施工。导流设计湖北省第一个全年围堰挡水工程，由此节省了一条导流洞，加快了施工进度。

（7）设置单独的放空阀使水库提前下闸蓄水。将放空洞控爆堵头改为单独设置的放空阀，使水库能及时安全放空，水库提前下闸蓄水成为可能。

龙背湾水电站主体建筑物设计优化共节省工程投资约 3000 万元，水电站自 2015 年并网发电以来，已累计发电约 6 亿 kW·h，对地区用电起到保障作用，对地区社会经济可持续发展提供了较好的促进作用。

六、鄂坪水电站

（一）概况

鄂坪水电站位于湖北省竹溪县汉江支流堵河西支泗河中游段汇湾河上。水库正常蓄水位 550.0m，总库容 3.027 亿 m³，具有年调节能力，工程属大（2）型 II 等工程，主要建筑物为 2 级，大坝为 1 级。水库洪水标准按 100 年一遇洪水设计，5000 年一遇洪水校核。

挡水建筑物为混凝土面板堆石坝，坝高 125.6m，坝顶长 296m，坝顶宽 10m。坝顶高程 555.60m，上游坝坡 1:1.4，下游综合坝坡为 1:1.48。坝体总填筑方量 286.1 万 m³，其中主堆石 140 万 m³，砂砾石 90 万 m³，次堆石 23 万 m³。枢纽泄洪系统为岸边开敞式溢洪道，孔口尺寸为三孔 13m×14m，WES 曲面堰型，堰高 6.0m，堰顶高程 536m，最大泄量 5990m³/s。发电引水洞位于大坝右岸，岸边开敞式溢洪道的上游，由进水口、压力隧洞及岔洞三部分组成。压力隧洞直径为 6.60m，总长 357m。分岔后的支管直径为 3.40m。右岸布置坝后地面厂房，装机 3×38MW。多年平均发电量 2.7451 亿 kW·h，年利用小时数 2408h。放空导流洞位于大坝右岸，洞长约 560m，其施工期行洪导流，运行期结合导流洞堵头设置的控爆螺栓，利用爆破螺栓完成泄空任务。

（二）主要技术特点

（1）鄂坪电站枢纽布置紧凑，面板堆石坝采用新的坝体分区型式。

（2）筑坝材料为安山岩和河床砂砾石，上、下游堆石区均填筑新鲜的安山岩，中部堆石区填筑河床砂砾石料，次堆石区下游洪水位以上的干燥区回填开挖溢洪道产生的新鲜板岩料。整个坝体分区为典型的"外硬内软型"，这样的坝体分区利用上、下游堆石区采用硬度高的岩石，可获得较陡的设计边坡，减少大坝的回填方量。

（3）充分利用当地材料，就地取材，在坝体中部和下游干燥区回填河床砂砾石料及溢洪道开挖的新鲜渣料，可降低回填料的工程单价，减少溢洪道开挖弃渣料。

七、小溪口水电站

（一）概况

小溪口水利水电枢纽工程位于建始县境内、清江左岸支流马水河上段、马子峡与马水河汇流处下游 2km，坝址以上流域面积 766km²，多年平均径流量 9.273 亿 m³，水库正常蓄水位 538.00m，最大坝高 69.9m，总库容 0.664 亿 m³，电站装机 30MW。枢纽建筑物由大坝、翼坝、溢洪道、泄空洞、发电引水系统等组成。

（二）主要技术特点

（1）小溪口水电站混凝土面板堆石坝是我国也是世界上首座建设在河床薄层页岩地层、右岸残积土、强风化地基上并获得成功的混凝土面板堆石坝，其首创的趾板加防渗板（6+X）模式，在洪家渡、水布垭工程推广，产生了巨大的社会效益和经济效益。小溪口面板堆石坝的实践拓宽了面板堆石坝的建坝领域，并成为新规范佐证。

（2）面板的防裂技术，工程已竣工 17 年，面板尚未发现结构性及收缩性裂缝。

（3）堆石料的料场和级配（砂砾石掺入人工砂作垫层料，上游边坡 1∶1.4、下游边坡 1∶1.3）。大冶组薄层灰岩堆石料虽然级配良好，但粒径大于 20cm 的极少，没有采用 5km 外的厚层灰岩而采用近坝区的薄层灰岩夹页岩，主骨架灰岩做骨架，页岩填充空隙，填筑密度增高，沉降减少，碾压效果较好；利用河床砂砾石外掺 20% 人工砂解决人工制砂石骨料系统供求矛盾，满足垫层料各项技术指标，1∶1.4 也是全国见诸报道的砂砾石作垫层料最陡坡比。大坝建成蓄水 17 年来最大渗流水头仅 2.38m，大坝沉降亦不足百分之一。

（4）薄壁单筋锚杆式溢洪道，壁厚 0.40m，锚筋直径螺纹 22，长 2.25m，最大单宽流量 220m³/s。1998 年 6 月 29 日、2008 年 6 月 29 日，流域均发生 6h 降雨强度 180mm 以上 100 年一遇洪水，2016 年 7 月，泄洪总量超 2 亿多 m³，工程运行安全。该溢洪道设计利用岩石结构产状，避免了大开挖、高边坡，节省工程投资，方便施工，减小了对环境的影响。

（5）针对软岩地基提出铺盖式的固结灌浆概念，强调固结灌浆重要于帷幕灌浆。为达到规范的 Lu 值，灌浆采用了用压水代替洗孔，间歇灌浆、浓浆待凝，灌浆掺水玻璃等新工艺。

八、狮子关水电站

（一）概况

狮子关水电站位于忠建河支流洪家河下游，地处宣恩县狮子关，距县城 13km。洪家河在下游部分河段为地下暗河，其电站工程为堵暗河而成。工程的主要任务是发电，兼有养殖、供水及灌溉等综合效益。

狮子关水电站主要由暗河堵头、发电引水系统、厂房及开关站组成。坝址以上流域面积 71.2km²，多年平均流量 2.39m³/s。堵头建在天坑下游的亮洞内，最大高度 145m，最大底厚 35m，最小顶厚 10m，堵头形状采用截锥形。正常蓄水位 678m，水库总库容 0.9735 亿 m³，调节库容 0.3 亿 m³，为多年调节水库。工程的规模为中型，工程等别为Ⅲ等，大坝属 3 级建筑物，厂房属 4 级建筑物。堵头采用 100 年一遇设计洪水，厂房采用 50 年一遇设计洪水；堵头采用 1000 年一遇校核洪水，厂房采用 100 年一遇校核洪水。引水隧洞全长 356.7m，内径 1.8m，上平洞及上竖井采用钢筋混凝土衬砌，下平洞及下竖井采用钢衬，设计引用流量 4.192×2m³/s。厂房为地面厂房，安装有 2 台水轮发电机组，总装机容量 1 万 kW，保证出力 2410MW。多年平均发电量 0.2671 亿 kW·h；灌溉面积：1.25 万亩，可解决 1.1 万人口和 0.8 万头牲畜的饮水问题。

（二）主要技术特点

（1）采用截锥形堵头型式，充分利用了堵头受力既有重力坝又有拱坝的特点，较好地适应了堵头处的地形、地质条件，促进了堵头技术进步。堵头应力与稳定分析采用了传统的经验公式、平面有限元及三维有限元多种方法，将理论与实践有机的结合，有力地推动了设计院坝工计算水平。

（2）对堵头侧壁固结灌浆及接触灌浆采用了共用灌浆系统的埋管灌浆法，对堵头顶部的软弱夹层采取了综合处理措施，在业主提前进行初期蓄水的情况下，对部分区段实施了高水头下的灌浆作业，经检查，其质量满足要求。

（3）采取断流围堰、坝内埋管导流方案，并适当降低导流标准，以解决现场施工与导流之间的矛盾。根据相关规程规范的要求，本工程导流建筑物的设计洪水标准为 5～10 年一遇重现期，狮子关电站无枯水期洪水资料，设计中将导流标准降低至 $2m^3/s$，围堰高度 6m 时，埋管直径仅 0.8m。由于围堰高度降低，同时管道直径大幅度减小，便于基坑施工布置，使施工进度得到了保证。另外，打破常规，在洞内施工场地十分狭小的条件下，利用经过固结灌浆处理后的砂卵石（10m 厚）基础修建外包混凝土浆砌石围堰。

（4）优化水库放空、泄洪设计，在发电引水隧洞末端分岔管处增设放空管，使放空管经安装间从厂房下游进入放空洞，避开了近坝冲刷问题。特殊情况下，利用天然垭口泄洪，一方面减少了工程措施，另一方面保证了水库蓄水安全。

（5）狮子关电站其大坝为洞内堵头，基础开挖实际上就是天然溶洞的扩挖。由于堵头断面为高宽比约 10：1 的窄深式断面，开挖高差大（达 145m），断面不规则，施工道路无法直接修至坝顶，因此，不能采取常规的自上而下露天爆破施工技术，也不能采取传统的隧洞扩挖技术。施工时堵头基础开挖分段、分期进行。首先进行 506.00～615.00m 高程部分的开挖，然后进行河床以下部分开挖，最后进行 615.00m 高程以上部分的开挖。为防止开挖过程中堵头顶部风化岩体垮塌影响施工人员及设备安全，在 615.00m 高程以下部分开挖时，隧洞顶部还设置有防护棚，并有专人进行观测和清理。615.00m 高程以上部分的开挖在堵头混凝土浇筑至 610.00m 高程后进行，开挖时主要是控制好爆破粒径，并对混凝土表面采取保护措施。

堵头混凝土浇筑 515.00m 高程以下采用常态混凝土施工，515.00m 高程以上采用泵送混凝土施工。为有效控制混凝土温度应力，施工中除加强管理和及时养护外，温控措施采取了薄层连续浇筑，将浇筑层厚度控制在 3m 范围内；控制坝体最高温度，包括对成品料堆洒水喷雾、加冰拌和、埋冷却水管通冷却水等。整个堵头在施工期及运行期未出现任何裂缝，创造了大体积混凝土温度控制的先河，对提高大体积混凝土温度控制及防裂技术起到了促进作用，拓展了温控设计思路。

九、汉江碾盘山水利水电枢纽（待建）

（一）概况

碾盘山水利水电枢纽位于汉江中下游干流，上距规划中的雅口航运枢纽 58km、丹江口水利枢纽坝址 261km，下距钟祥市区 10km，是汉江中下游规划开发梯级中的倒数第二级。碾盘山水利水电枢纽的开发任务为以发电、航运为主，兼顾灌溉、供水，为南水北调中线一期工程的引江济汉工程良性运行创造条件。碾盘山水利水电枢纽是国务院批复的

《长江流域综合规划》中推荐的汉江梯级开发方案中的重要组成部分，列入了《全国大型水库建设总体安排意见（2013—2015年）》，且已纳入国务院确定的172项重大水利工程。

碾盘山水利水电枢纽装机容量180MW，多年平均发电量6.16亿kW·h，该枢纽利用发电效益为南水北调一期工程的引江济汉工程提供年运行费7704万元，将为其良性运行创造条件。正常蓄水位50.72m，死水位50.32m，工程为Ⅱ等工程，通航建筑物设计级别为3级。枢纽主要由船闸、连接重力坝、厂房、泄水闸、左岸土石坝、左岸副坝、鱼道等建筑物组成，采用一线式布置，自左至右依次布置左岸土石坝、泄水闸、电站厂房、连接坝段、鱼道、船闸及右岸连接重力坝，可分为9个坝段，依次为左土石坝段455.0m、泄水闸坝段长428.6m、主厂房坝段长156.8m、安装场坝段长59.0m、船闸电厂连接坝段长46.0m、船闸坝段长44.0m、右岸连接重力坝段20.0m，总长1209.4m。

（二）主要技术特点

（1）洪峰流量大，泄洪规模大，泄洪建筑物复杂。碾盘山水利水电枢纽位于汉江中下游，校核洪峰流量达27700m³/s，在国内也属于洪峰较大的，泄洪闸22孔，孔宽13m，坐落在沙砾石层上，采用了预应力闸墩，单宽流速达97m/s，工程防冲、消能等设计较复杂。

（2）地质地形条件复杂。河道覆盖层厚，基岩为软岩和极软岩，承载力极低，遇水就软化。坝址处存在膨胀土、震动液化、多层承压水、骨料碱活性、裂隙等复杂问题，需要综合考虑多种处理方案。

（3）厂房转轮直径较大。水电站采用了贯流式机组，机组转轮直径达8.15m，为国内已经建造安装的最大转轮直径的机组，机组设计难度大，相应厂房建筑物孔口尺寸也很大。

（4）枢纽布置复杂。碾盘山水利水电枢纽包含了土石坝、重力坝、泄水闸、厂房、船闸、鱼道、进水口等多种类型建筑物，采用合理的泄水闸基础处理方案，可以优化投资、节省工期；对22孔泄水闸进行合理分区，使复杂的泄洪消能问题得以解决，并节省投资；鱼道利用船闸隔流堤布置，紧挨厂房，改善运行条件，减少投资，运行管理更方便。

（5）创新施工导流方式。工程采用分期导流方式，导流程序复杂，导流明渠规模大，为保证工程的顺利进行，创新地采用左岸疏挖明渠的导流方式，该方式导流流量有保证，同时可以保证施工时汉江航道不断航，有效解决了保障施工期国家骨干交通网畅通的难题。

（6）生态环保的设计理念。专门设置了鱼道、增殖站、生态护坡等措施，并进行了汉江流域梯级联合生态调度的研究，以有效保证河道生态系统的恢复，保护国家级水产种植保护区的安全。护坡以生态护坡为主，尽量利用河床天然材料进行填筑、消能，减少对耕地及山体的破坏。

十、姚家坪水电站（待建）

（一）概况

姚家坪水电站是清江上游河段开发治理的控制性骨干工程，同时也是恩施城市防洪骨干工程，工程主要任务是防洪、发电。水库坝址位于沐抚区马者乡，距下游恩施市约38km，距上游利川市约58km，坝址以上流域面积1928km。水库正常蓄水位

745.60m，相应库容 3.06 亿 m³，防洪库容 0.83 亿 m³。水电站总装机 2×100MW，年电量 5.614 亿 kW·h，工程为 Ⅱ 等大（2）型，大坝为 1 级建筑物，其他主要建筑物为 2 级。联合下游大龙潭水库调度可将恩施城市防洪标准提高到 50 年一遇，可增加下游 3 个水库电量 5871 万 kW·h。

姚家坪水电站由拦河大坝、泄洪消能、引水发电等建筑物组成。坝型为混凝土面板堆石坝，坝高 165.80m，坝顶高程 749.80m，坝顶长 300.72m，泄洪建筑物包括左岸洞式溢洪道和泄洪放空洞。右岸发电引水洞及朝东岩地面厂房。2011 年 9 月，预可研报告通过了水电水利规划总院与湖北省发改委联合审查。2013 年 8 月，可研阶段（电口）正常蓄水位选择专题、施工总布置规划专题、坝址、坝线、枢纽布置专题通过水电水利规划总院审查。计划施工总工期 60 个月，工程总投资 26.75 亿元。

（二）主要技术特点

（1）狭窄河谷高面板堆石坝。姚家坪大坝坝高 165.8m，为狭窄河谷高面板堆石坝，宽高比仅 1.81，设计难度大。边坡问题是水电站最复杂的问题，鹰嘴岩高程 1753.00m，河床砂砾石高程 498.00m，岩壁直立，为避免扰动边坡引起大的边坡稳定问题，拟将趾板采用壁立式。采用壁立趾板水平灌浆，结合灌浆平洞内垂直帷幕灌浆模式。

（2）优化枢纽布置。将洞式溢洪道和放空洞布置在左岸，减短溢洪道泄洪洞长度，并设计为挑流消能。

（3）采用三叠系大冶组薄层灰岩夹页岩筑坝，主骨架灰岩做骨架，页岩填充空隙，填筑密度增高，沉降减少。

（4）在湖北省内电站第一次运用偏心弧门铰设计。

第五章 | 水利工程

第一节 综 述

水利工程建设直接惠及民生，历来是设计院规划设计与工程设计重点。近 20 年来，设计院承担了湖北省大中型灌区续建配套与节水改造、大中型水库除险加固、大中型灌排泵站建设与更新改造、重点水闸除险加固、安全饮水工程建设等大量水利工程，为湖北水利建设和发展作出了重要贡献。

一、灌区续建配套与节水改造

1997 年 5 月，原国家计委、水利部制定并下发了《重点大型灌区续建配套项目建设管理办法》，要求在现有大型灌区中选择水源落实、增加灌溉面积的潜力较大的大型灌区实施续建配套工程。根据省水利厅安排，设计院编制完成天门引汉灌区、漳河水库灌区、新洲举水灌区等 14 处大型灌区的规划，湖北省共有 32 处大型灌区进入了国家大型灌区项目库，随后各灌区开始分期、分年度实施续建配套工程项目。2008 年 10 月召开的党的十七届三中全会提出了："加强农业基础设施建设，加快大中型灌区、排灌泵站配套改造、水源工程建设，力争二〇二〇年基本完成大型灌区续建配套和节水改造任务。"为此，水利部专门出台文件要求加快推进大型灌区续建配套与节水改造项目前期工作。按照省水利厅要求，设计院组织技术力量，对灌区整体可研报告编制提出了"编制工作大纲"以及"编制技术要求"，以指导全省进行可研报告编制工作，并承担了漳河、引丹、泽口、天门引汉、东风渠、兴隆、白莲河、徐家河、随中、洪湖隔北、浠水等 11 处 50 万亩以上的大型灌区以及石门、温峡等 5 处 30 万～50 万亩大型灌区总体可行性研究报告编制任务，均通过了水利部水利水电规划设计总院审查。

二、水库除险加固

湖北省共有大中小型水库 6459 座，其中大型水库 77 座，中型水库 282 座，这些水库建设年代较早，大多已运行了 40 多年，存在众多安全隐患。为了水库安全运行和效益正常发挥，水利部在 1997 年开始启动水库除险加固工作，先后在 2001 年和 2004 年编制完成了两期《病险水库除险加固规划》，并在 2008 年下发了《关于进一步做好病险水库除险加固工作的通知》，要求 3 年内完成列入《全国病险水库除险加固专项规划》的水库除险加固任务。设计院先后承担了漳河、温峡口、白莲河、浠水、花山、三河口、道观河、王英、富水、惠亭等 10 多座大型水库以及鹞鹰岩、古角、竹溪河、矿山、铜钱山、八角庙、官沟、矿巴、大小黄河等十多座中型水库除险加固任务。通过水库除险加固，全面恢复水库综合效益，对缓解湖北省水库灌区干旱缺水状况发挥了重要作用。

三、灌排泵站建设与更新改造

湖北省现有大型泵站大多建于 20 世纪 60—70 年代初。由于泵站运行时间长，维护费用投入不足，工程年久失修，机电设备老化严重，故障频繁，加上近年来外江外河的水情发生了很大变化，汛期常出现较高的洪水位，改变了泵站原有的设计条件，致使一些泵站因超驼峰或超扬程而被迫停机，影响了工程效益的正常发挥。2005 年，中国灌溉排水中心开始编制《中部四省大型排水泵站更新改造规划》，设计院作为参编单位编制完成了《湖北省大型灌溉排水泵站更新改造规划》，湖北省共有 60 处 102 座大型泵站列入了国家规划。以该规划为指导，湖北省大型泵站开始进行更新改造，目前 60 处排水泵站更新改造已全部实施完成，其中设计院完成了金口、樊口、田关、杨林山、南套沟、四联垸、花马湖、南迹湖等数 10 座泵站的更新改造工作。此外，设计院对城排泵站标准、规模、设计方案等进行了调研和研究，设计建成了武汉东西湖区白马泾泵站、鄂州洋澜湖泵站等多处城排泵站，在解决城市洪涝灾害问题方面积累了丰富经验。

四、重点水闸除险加固

湖北省现有大中型水闸 187 座，大部分建于 20 世纪 50—70 年代，限于当时经济技术条件，部分水闸已老化失修严重，影响防洪、排涝、引水等功能的正常发挥。为解决涵闸老损严重问题，国家发展改革委、水利部于 2013 年 2 月下发《全国大中型病险水闸除险加固总体方案》，湖北省大中型病险水闸除险加固工作正式启动。2013 年以来，设计院在省内承担了黄陵矶船闸、白云湖拦河闸、沱湖闸、福田寺防洪闸、向家草坝节制闸等十几座大中型涵闸除险加固建设，对涵闸的主要机电设备、主体工程及主要配套建筑物进行了改造加固或者拆除重建，恢复或提高了水闸建设标准。此外，针对南水北调中线工程实施后汉江中下游沿岸部分闸站的引提水条件受到不同程度影响的实际情况，设计院完成了汉江沿线受影响的泽口、谢湾、漂湖、鄂湾、彭市等 31 处闸站设计改造。此外，在北京、珠海等地设计院综合考虑涵闸的功能与城市文化、景观协调，改变设计思路，工程设计努力做到"一闸一景"，设计完成了北京上庄新闸、珠海南水沥闸、十字沥闸等工程。

五、安全饮水工程建设

2005 年湖北省开始实施农村饮水安全工程建设，重点解决高氟水、苦咸水、污染水、血吸虫病疫区水等严重威胁农民身体健康的四大隐患。至 2016 年又开始实施农村饮水安全巩固提升工程，采取新建、扩建、配套、改造、联网等措施，力争 2020 年全省实现"村村通自来水，人人饮放心水"的目标。此外，针对城市人口增长迅速，城市面积不断扩张，导致城市水源不足、水污染、安全保障措施薄弱、应急能力低等城市饮水安全方面呈现的诸多问题，水利部 2005 年 7 月专门下发《关于开展全国城市饮用水水源地安全保障规划编制工作的通知》，设计院按照水利部和省水利厅要求，从 2005 年开始进行《湖北省饮用水水源地安全保障规划》编制，为全省城市供水安全水源地保护提供了科学依据。在饮水安全工程设计中，设计院编制完成多个城乡供水工程设计，其中钟祥市柴湖镇移民饮水安全工程和浠水县白莲河城乡一体化水厂工程已经建成发挥效益，应城市城市供水汉江饮用水工程也于 2016 年 8 月完成了试验性通水。

第二节　灌区续建配套与节水改造工程

一、襄樊市引丹灌区续建配套及节水灌溉工程

引丹灌区位于襄阳市的老河口市、襄州区和樊城区境内，设计灌溉面积360万亩（其中襄樊210万亩，南阳150万亩），实际灌溉面积121万亩。该工程由设计院设计，原水利厅工程三团施工，于1969年动工兴建，1973年基本建成通水，形成一个以引水为主、引丹渠系为骨干的"蓄、引、提"及"大、中、小"相结合的长藤结瓜式水利灌溉网络体系，为襄阳市农业及国民经济持续稳定发展起到了举足轻重的作用。

引丹灌区为湖北省首批列入节水改造的32个大中型灌区中的灌溉面积第二大的大型灌区，灌区节水改造亦为全国重大水利工程。2000年完成了灌区续建配套与节水改造规划，规划投资15.66亿元。自2005年以来，均进行了以灌区节水改造为目的的年度实施计划。截至2016年，共完成了11个分期可研报告的编制，其中设计院承担了第三至第十一期分期可研报告的编制。同时，自2010年以来共完成7个年度的实施方案报告的编制，共计完成批复投资7.89亿元。目前灌区已进入最后一个实施方案的实施阶段，该实施方案共计投资3.26亿元，该实施方案完成后，原规划批复建设内容、投资将全部完成。

灌区续建配套与节水改造的第三至第五期建设内容主要是对灌区渠首取水建筑物渠首进水闸、清泉沟隧洞进行加固改造；对渠系进行疏挖衬砌，并对渠系建筑物进行更新改造。引丹灌区进水闸原工作闸门改造为检修闸门，工作闸门改设在清泉沟隧洞出口的黄庄分水塔内，进水闸前增设拦污栅，封闭175.0m高程以下空洞，启闭机更新，175.0m高程以上的启闭机排架和启闭机房全部拆除重建。清泉沟隧洞加固改造的主要内容是将原无压城门洞型改造成为有压城门洞型，加固后的隧洞净宽6.0m、标准衬砌厚度为50cm的C20双层钢筋混凝土。清泉沟隧洞出口接黄庄分水塔，分水塔右侧为检修灌溉隧洞，左右两侧预留引丹灌区东西高干分水口，原隧洞中轴线上为利于法国开发署贷款建设的黄庄电站，电站出口接引丹灌区总干渠。灌区改造主要对总长65.0km的总干渠、16.0km的二干渠、43.0km的三干渠、52.92km的四干渠、25.5km的五干渠、24.28km的六干渠、39.15km的排子河干渠、37.10km的红水河干渠进行全面的疏挖衬砌，并对渠系建筑物进行更新改造。考虑到干渠渠道大部分为填方或半挖半填的渠道，疏挖衬砌均采用混凝土衬砌，同时对总干渠、三干渠上的高填方渠段进行劈裂灌浆。引丹灌区总干渠上已建成的亚洲长度和设计流量最大的排子河渡槽，该渡槽总长4320m、设计流量36.6m³/s。该渡槽在2015年度实施方案中进行了加固改造，改造的主要内容是槽身迎水面丙乳砂浆防碳化处理、伸缩缝更换为铜片止水，目前渡槽加固已完工并顺利通水，运行情况良好。

此外，引丹灌区渠首进水闸、清泉沟隧洞也是湖北省目前在建的鄂北水资源配置工程的渠首建筑物，进水闸及清泉沟隧洞加固工程的完成，也为鄂北水资源配置工程的顺利进行提供了可靠的保证。

二、泽口灌区续建配套与节水改造工程

泽口灌区位于江汉平原东部的仙桃和潜江市境内，区内自然面积2437.1km²，现有耕地面积208.6万亩，设计灌溉面积为205万亩，其中仙桃市166.5万亩，潜江市38.5万

亩。是全国大型自流引水灌区之一。灌区于 1958 年冬按照《汉南地区防洪排滞灌溉规划报告》开始兴建，经过不断配套完善，形成了现有的防洪、排涝、灌溉三大工程体系。

泽口灌区灌溉水源为汉江及其支流东荆河，以泽口闸（设计流量 156m³/s）为泽口灌区的骨干供水工程，在汉江右岸和东荆河左岸还建有 7 座引水涵闸，分别为汉江右岸的谢湾闸、芦庙闸，东荆河左岸的姚嘴闸、邵沈渡闸、联丰闸、马口闸和复兴闸作为补充供水水源工程。另外泽口灌区还在汉江和东荆河沿线兴建了排湖、王拐、芦庙、朱家台等 4 座灌溉泵站提水补充，其中排湖泵站为灌排两用泵站。灌区内现有总干渠、南干渠、北干渠、汪洲渠、仙下河及县河、百里长渠等 7 条灌溉干渠，全长 266.6km；灌溉设计流量 5m³/s 以上的支渠 68 条，全长 522.1km，斗渠 2244 条，长 3210km。建有引（分）水闸、节制闸、倒虹管、渡槽等渠系筑物和桥梁共计 2815 座。

从 1998 年起，仙桃市和潜江市分别单独编制完成了第一至第五期灌区续建配套节水改造可研报告，均通过了省发改委和省水利厅的审查。根据各期可研报告的审查意见和批复文件，仙桃、潜江两市又相应编制了各自的分年度实施方案，并按审批的年度方案进行实施，2008 年年底完成了 10 个年度的建设任务，2013 年底完成了 16 个年度的建设任务。

根据投资安排目前开展第十一期续建配套与节水改造工程。建设主要内容包括总干渠、南干渠、北干渠、仙下河、汪洲渠及 31 条灌溉支渠、12 条排水支沟的疏挖衬砌（疏挖总长 205km、衬砌总长 132km）。重建加固改造及新建各类涵闸 61 座、重建倒虹管 6 座、重建和新建机耕桥 31 座、重建和新建排灌泵站 32 座。

三、观音寺灌区续建配套与节水改造工程

江陵县观音寺灌区位于长江中游的江汉平原，地处四湖中区，于 1959 年 10 月开始兴建，1963 年完成枢纽工程，1965 年灌区基本建成。自然面积 840km²，直灌耕地面积 46.7 万亩（统计亩，折合标准亩 69.12 万亩），设计引水灌溉流量 77m³/s，补灌四湖下游的监利县、洪湖市，属大（2）型灌区，工程等别为Ⅱ等，观音寺灌区为长江中游最大自流灌区，也是全国大型自流灌区之一。

观音寺灌区灌区主要工程包括引水枢纽、渠首泵站、灌溉渠系、排水渠系以及灌排渠系建筑物等。观音寺灌区水源工程为观音寺闸和观音寺电灌站，是灌区的引提水枢纽工程。观音寺泵站设计提水流量 20m³/s；观音寺闸穿过荆江大堤经过闸后约 1km 总干渠后，进观南闸、观中闸、观北闸、红卫闸、春灌闸等 5 座分水闸。观音寺灌区现有渠道共 39 条，全长 294.276km。

1999 年 12 月，设计院编制《湖北省观音寺灌区续建配套与节水改造规划报告》，并经过审批；2000 年，设计院编制完成《湖北省观音寺灌区续建配套与节水改造应急项目可行性研究报告》；2008 年 7 月，完成了《湖北省观音寺灌区续建配套与节水改造工程第二期项目可行性研究报告》；2011 年 7 月，完成了《湖北省观音寺灌区续建配套与节水改造工程第三期项目可行性研究报告》；在经过审批的可研基础上，期间先后完成了 6 期实施方案。按照投资安排，最后一期灌区续建配套与节水改造续建配套与节水改造工程将于 2017 年 10 月实施完毕。

四、天门市引汉灌区续建配套与节水改造工程

天门引汉灌区位于汉江下游江汉平原北部天门市境内，自然面积 2288.20km²，占天

门市国土面积的 87.3%。灌区始建于 1959 年 11 月，于 1980 年完建，设计灌溉面积 159.93 万亩（统计亩，折合标准亩 215.91 万亩）。灌区形成了以罗汉寺进水闸为龙头，以天南总干渠和天北干渠、中岭干渠、青沙干渠、长虹干渠、何山干渠、永新干渠等 7 条干渠为骨干，辅以湖泊、水库、塘堰等蓄水工程，蓄、引、提结合的大型灌区，是湖北省少有的几个灌溉面积超 100 万亩的大（1）型灌区之一。

灌区内天南总干渠、天北干渠等 7 条干渠，全长 326.789km；现有设计流量大于 1m^3/s 的支渠 96 条长 509.27km；排水沟渠 197 条长 1318.5km。灌溉渠系上的建筑物主要是各类涵闸、倒虹管、渡槽及桥梁等，总计 3019 座，其中干渠渠系建筑物 1381 座，支渠渠系建筑物 1638 座。

天门引汉灌区从 1997 年起，先后在天北干渠、何山干渠和永新干渠安排了部分续建配套与节水改造工程项目。至 2008 年已完成了 5 期工程，共完成投资 1.29 亿元。按照计划，本期安排续建配套与节水改造建设主要内容包括天南总干渠部分渠段和天北干渠以及何山干渠、中岭干渠、青沙干渠、长虹干渠的疏挖、整形和衬砌，总长 213.841km；加固改造新建各类涵闸 478 座（处），加固改造倒虹管 32 座、拆除重建 4 座，加固改造机耕桥 226 座、拆除重建 127 座，提灌泵站更新改造 9 处、拆除重建 12 处、新建 2 处。

五、漳河灌区续建配套与节水灌溉工程

漳河灌区地跨荆州市荆州区，荆门市的钟祥市、东宝区、掇刀开发区、沙洋县，宜昌市的当阳市等 3 个地级市的 6 个县（市、区），总面积 5543.93km^2。灌区总耕地面积 305.02 万亩，设计面积 260.52 万亩，是湖北省最大的灌区，也是国家重要的商品粮基地之一。

灌区为跨流域调水工程，骨干供水工程漳河水库位于沮漳河，此外还建有中小型水库 310 座，塘堰 6.3 万口，以及大量的电灌站和少量引水涵闸，形成了以漳河水库为骨干，中小型水库及塘堰为基础，电灌站作补充的大、中、小，蓄、引、提相结合的灌溉系统，灌溉渠道四通八达，有总干渠、干渠、支干渠、分干渠、支渠、分渠、斗渠、农渠、毛渠等九级渠道 7219km，各类建筑物 1.75 余万座，其中分干以上四级渠道 25 条，总长 886.55km。

设计院于 2000 年 5 月编制完成《漳河灌区续建配套与节水改造规划报告》，水利部以水规计〔2001〕514 号文予以批复。2008 年 11 月，设计院承担了漳河灌区续建配套与节水改造工程可行性研究勘测与设计工作，编制完成《漳河灌区续建配套与节水改造工程可行性研究报告》。自 1996 年以来，漳河灌区续建配套与节水改造工程已进行了 12 期建设，承担了第六、七、八期建设，从第十二期以后项目全部打捆不再分期，直至工程项目全部完工。

第三节　水库除险加固工程

一、富水水库除险加固工程

（一）概况

富水水库位于阳新县富水中游，为富水流域最大水利枢纽工程。坝址以上流域面积

2450km²，占富水全流域面积 5310km² 的 46.1％。水库以防洪，发电为主，兼有灌溉、航运等综合效益，工程等级为Ⅰ等大（1）型水库。水库正常水位 57.00m（冻结吴淞系统，其与黄海系统差值为 1.929m，下同），死水位 48.00m，总库容 16.21 亿 m³/s，调节库容 8.08 亿 m³/s，防洪库容 2.81 亿 m³/s，死库容 4.21 亿 m³/s，不完全年调节。1000 年一遇设计洪水位 62.10m，万年一遇校核洪水位 64.28m。水库于 1958 年 8 月动工兴建，1966 年 3 月竣工。水库电站建成于 1966 年，最大引用流量 144.4m³/s，装机 2×17MW，经过扩容，实际拥有装机容量 40MW。水库灌溉面积 2.0 万亩。水库枢纽由拦河大坝、溢洪道、发电输水管、坝后式电站厂房和灌溉引水管等建筑物组成。

水库除险加固工程从 2003 年 11 月开工，建设内容有：上、下游坝坡翻修，迎水面坝坡设 3m×3m 混凝土格栅，格栅宽 0.4m，厚度高出干砌石面 0.2m，共厚 0.5m，格栅中间充填干砌石护坡；坝基处理，采用液压抓斗成槽、浇筑厚 60cm 的塑性混凝土防渗墙对坝下强透水层进行截渗，对两岸坝肩进行帷幕灌浆处理。防渗墙轴线平行于坝轴线，位于上游坝坡高程 55m 处，墙体穿过坝基砂卵石层后伸入基岩 0.50～1.0m。最大成墙深度 42.39m；溢洪道加固，进口及尾水明渠疏挖、陡槽段边墙加高、混凝土裂缝处理；新建放空隧洞，该放空洞位于大坝左岸，进口闸室底板高程 35.00m，岸塔式进水口，洞身为圆形断面，内径 5.00m，洞身段长 314m；溢洪道加固，进口及尾水明渠疏挖、陡槽段边墙加高、混凝土裂缝处理。

（二）主要技术特点

富水水库加固工程是湖北省乃至全国水库加固工程中最早运用液压抓斗成墙进行大坝防渗处理的工程之一。设计院针对液压抓斗施工过程中遇到的问题，与参建各方一起分析原因、制定对策，优化了液压抓斗设备成墙工艺设计，解决了该设备在建造超深混凝土防渗墙施工中槽孔斜率偏大和防渗墙嵌岩困难等问题，实施后的大坝垂直防渗墙截渗效果非常明显，大坝后 26 口减压井出水量从有到无，比常规方法施工缩短工期半年以上，取得了显著的经济效益。

《富水水库超深混凝土防渗墙成墙工艺优化设计成果报告》荣获 2005 年度"湖北省工程建设（勘察设计）优秀 QC 小组一等奖"和 2005 年度"全国工程建设（勘察设计）优秀质量管理小组"光荣称号。

二、道观河水库除险加固工程

道观河水库位于湖北省武汉市新洲区新集乡，沙河流域支流道观河上，距新洲区 27km。水库于 1965 年 11 月动工，1968 年建成蓄水。该工程是一座以灌溉为主，兼有防洪、发电、养殖、旅游等综合利用的大（2）型水利工程。控制流域面积 112.3km²，正常蓄水位 78.7m，设计洪水位 85.04m，校核洪水位 86.84m，总库容 1.0418 亿 m³。工程等别为Ⅱ等，主要建筑物级别为 2 级，大坝、输水管（涵）、溢洪道等主要建筑物按 2 级进行设计。水库枢纽由主坝、副坝、溢洪道、南干渠输水涵管、北干渠输水隧洞等组成。

按初步设计批复，进行水库除险加固的主要内容如下：

（1）主坝加固：心墙采用 60cm 厚 C20 混凝土防渗墙，嵌入强风化基岩 1.0m；坝基设帷幕灌浆，单排布置，孔距 2.0m；坝顶更新防护栏杆；坝顶公路新增 20cm 厚 C25 混凝土路面；上游现浇 15cm 厚 C20 混凝土护坡；下游坝坡石渣培坡后植草皮护坡；建坡面踏步和排水沟系，坝脚建排水棱体；恢复并完善大坝安全渗漏、变形安全监测系统。

（2）副坝加固：心墙采用 60cm 厚 C20 混凝土防渗墙，嵌入强风化基岩 1.0m；坝基设帷幕灌浆，单排布置，孔距 2.0m；坝顶更新防护栏杆；坝顶公路新增 20cm 厚 C25 混凝土路面；上游现浇 15cm 厚 C20 混凝土护坡；下游坝坡培坡后植草皮护坡；建坡面踏步和排水沟系，坝脚建贴坡排水。

（3）溢洪道加固：拆除原溢流坝，重建混凝土溢流坝；坝基设帷幕灌浆，单排布置，孔距 2.0m；挑流鼻坎下设防冲护坦，出水渠右岸建厚 30cm、长 300m 的钢筋混凝土防冲墙；对跨溢洪道交通桥进行加固处理。

（4）南干渠输水管加固：封堵原南干渠输水管；新建输水隧洞。

（5）北干渠输水隧洞加固：对进水口进行清挖，并采用浆砌石衬砌；新建检修门、工作门、启闭台和交通桥，新配启闭机；对洞身的裂缝进行处理，全洞段防碳化处理，并进行回填灌浆。

（6）管理设施建设：上坝公路和防汛公路建设；完善、维修安全监测及水文测报系统设施；新建防汛调度办公楼，水库管理处危房维修；完善水库管理设备、设施。

三、大黄河水库除险加固工程

大黄河水库位于枣阳市新市镇。水库大坝拦截沙河支流大黄河，坝址以上承雨面积 66km²，加固后总库容 3780 万 m³，是一座以灌溉为主，兼有防洪等综合效益的中型水库。水库于 1967 年 10 月始建，1968 年 4 月建成并投入使用。水库由主坝、副坝、溢洪道、输水涵管等建筑物组成。主坝、副坝均为黏土均质坝，主坝坝顶长 1842m，最大坝高 18.5m，坝顶宽 6.0m，坝顶高程 175.00m，坝顶防浪墙顶高程 176.20m。副坝坝顶长 920m，最大坝高 5.0m，坝顶宽度为 6.5m，坝顶高程 175.00m。溢洪道位于副坝右端，为开敞式明渠，进口净宽 110m，进口底高程 171.40m。输水涵管为圆形钢筋混凝土有压涵管，全长 90m，管身内径 1.5m，进水口底高程 159.50m，最大输水流量为 13m³/s。

大黄河水库除险加固工程主要内容有以下几方面：

（1）大坝加固：主、副坝坝顶设 20cm 厚 C30 混凝土路面，下设 20cm 厚水泥稳定层；坝顶新建防浪墙，墙顶高程 176.20m；主坝 0＋180～0＋816 段（主坝与岗丘相连处），下游坝脚局部沟槽回填，坝脚新建排水沟，排水沟上游侧增设贴坡排水；主坝 0＋816～1＋600 段下游增设贴坡排水；主副坝上游护坡采用现浇 15cm 厚 C25 混凝土，下设 10cm 厚垫层，护坡范围高程为 163.50m 至坝顶，坡脚设浆砌石脚槽；下游护坡仍为草皮护坡，部分修补，完善坡面及坝坡与山体接合部位排水沟，修复坝坡踏步；坝区进行白蚁防治处理。

（2）溢洪道加固：原址新建溢洪道，控制段采用无闸控制开敞式，驼峰堰堰顶高程 171.40m，过流净宽 105m，驼峰堰顶上方新建跨溢洪道交通桥；对控制段下游行洪通道局部疏挖。

（3）输水涵管加固：输水涵管管壁裂缝凿槽封闭后进行环氧树脂灌浆处理；表面碳化凿毛后涂刷环氧砂浆；失效止水做更换处理；拦栅、交通桥排架拆除重建；启闭机房维修。

（4）金属结构及电气：在输水涵管进口未建完的竖井内，重新更换闸槽埋件；增设检修闸门、工作闸门及相应的启闭设备；配备电源供启闭机及进水塔照明。

工程完工后投入了初期试运行，运行情况良好，发挥了应有的效益。

第四节 泵 站

一、樊口泵站更新改造工程

樊口泵站位于鄂州市樊口镇的巴铺大堤上樊口大闸旁，西至武汉市 65km，东距黄石市 40km，是湖北省治理梁子湖水系的大型电力排涝泵站。樊口泵站始建于 1977 年，建成于 1980 年。泵站枢纽由主泵房、副厂房、安装间、变电站、公路桥、内外引水渠、出口拍门和快速闸组成。梁子湖排区涝水经樊口泵站或樊口大闸排入长江。泵站装机 4×6000kW，改造前装设 4 台 40CJ－95 型轴流泵和 TDL535/60－56 型电动机，设计提排流量 214m³/s，为 Ⅰ 等大（1）型泵站。

2005 年 9 月，省发改委、省水利厅联合审查了樊口泵站更新改造工程初设报告，同意排涝规模为 10 年一遇 3 日暴雨 5 日排完，基本同意更新改造后的设计排水流量为 214m³/s；2005 年 12 月，国家发改委对樊口泵站更新改造工程初步设计概算进行审核，并于 2006 年 7 月 4 日以发改投资〔2006〕1320 号文下达了《国家发展改革委关于核定湖北省樊口等 19 处大型排涝泵站更新改造工程初步设计概算的通知》，核定樊口泵站更新改造工程概算总投资为 5918 万元；2006 年 11 月 6 日樊口泵站更新改造工程开工，2010 年 4 月 15 日工程完工。

樊口泵站型式为堤身式，肘形管进水，屈膝式出水，主泵房直接挡水。主泵房建筑物等级为 1 级建筑物，副厂房及安装间和两岸连接建筑物与土堤相接，等级为 2 级，其他建筑物和附属设施均为 3 级。泵站更新改造工程主要内容有以下几方面：

（1）水工建筑物整治加固。整治内容主要有：出口水毁工程处理，泵房流道气蚀、裂缝与沉陷缝处理，进水拦污栅桥改建，加高加固进口 17.50m 高程平台，进口渠道整治，维修主泵房及出口启闭机房，增设工程观测设施设备，完善办公设备、交通工具、通信设备等。

（2）水力机械。将 4 台主泵中的 2 台改造为 40CJ－95 型轴流泵，更换其叶片、轮毂体、叶轮外壳、导叶体、水导轴承和主轴；另外 2 台改造为 40CJ－66 型轴流泵，更新 2 台水泵的叶片、轮毂体、叶轮外壳、导叶体、水导轴承和主轴。更新两台电机的定、转子线圈和铁芯、空气冷却器、推力轴承和导轴承，型号仍为 TDL535/60－56 型电机，额定功率 6000kW，额定转速 107.3r/min。对油、气、技术供水、排水、厂用起重设备等水力机械辅助设备进行了更新改造。

（3）电气。更新站用变压器、动力配电箱、油气水系统控制柜、励磁变压器、直流电源系统；增加弱电回路和控制设备防雷保护、清污机和进口检修门启闭机配电箱；改造监控系统及自动化元件；建设防汛通信网。

（4）金属结构（新建拦污栅）。渠道拦污栅更新 12 扇拦污栅，选用 2 台移动液压抓斗清污设备；更换 8 孔进水口拦污栅，维修栅槽，启闭设备选用 2×50kN 移动式电动葫芦；更新 2 扇进口检修闸门，采用贴焊轨道，整平轨面纠正门槽偏差；选用 2×250kN 液压式自动抓梁台车式启闭机；对锈蚀的金属结构件进行防腐处理。

二、排湖泵站更新改造工程

排湖泵站始建于 1969 年，建成于 1972 年，位于仙桃市西 4km。泵站由主泵房、变电站，拦污栅，1、2、3 号节制闸，渡槽闸，欧湾闸组成。排区渍水汇入电排河，由泵房提排经欧湾闸入汉江。泵站更新改造前装机 9×1600kW，设计提排流量 $180 m^3/s$，原为一座 Ⅱ 等大（2）型泵站，此次更新改造后，装机 9×2400kW，流量增为 $202.5 m^3/s$，为 Ⅰ 等大（1）型泵站。

工程为 Ⅰ 等大（1）型工程。永久性主要建筑物泵房和出口快速闸的级别为 1 级，欧湾闸、2 号闸和渡槽闸因为 2 级建筑物汉江干堤的原因而取建筑物等级为 2 级，永久性次要建筑物站前拦污栅、1 号闸和 3 号闸为 3 级，其他次要和临时性建筑物为 4 级。泵站更新改造工程主要内容有以下几方面：

（1）水工建筑物整治加固。扩建站前拦污栅桥，利用已有拦污栅桥及桥墩，对桥面上游接长桥加固，增建清污机房；泵房沉陷缝处理；对水泵梁拆除重建；流道混凝土气蚀表面处理；新建设出口快速闸；欧湾闸扩建 2 孔，老闸室加高挡土墙并增加填土，外江出口抛石护岸；1 号闸加固，重建钢筋混凝土底板，对进出口做混凝土护砌；重建启闭台及机房；2 号闸加固，重建进出口护坦和启闭排架柱及机房；3 号闸加固，紧接原闸室建新闸室、分级挡水；加固加高渡槽闸边墙，加宽启闭平台和交通便桥；出水渠道进行清淤。

（2）水力机械。泵站 9 台水泵更新改造为 PNZ2800 - 2800 型立式轴流泵；电动机更新改造为 TL2400 - 40/3250 型；对油、气、技术供水、排水、厂用起重设备等水力机械辅助设备进行更新改造。

（3）电气。由于电力部门的原因，改为由电力部门提供一台 31500kVA 变压器专供排湖使用，供电电源改为 6kV 一回，泵站主接线也改为 9 台机组全由一段母线供电。

对于 6kV 电压配电装置、站用电系统、电缆等设备进行更新改造；采用了全新的计算机监控系统，包括水情测报、泵站运行、闸门控制、办公自动化和保安监视；对泵站电气设备的保护、直流系统、励磁系统、电气消防进行了更新改造。

（4）金属结构。欧湾闸增设和更新各 2 块 $4m \times 6m$ 钢闸门和 4 台 QL 型螺杆启闭机；1 号闸将中孔闸的上扇混凝土闸门废弃，在该位置浇筑混凝土胸墙，使其水工结构与边孔一致，更新 3 块 $4.5m \times 6m$ 闸门、更新 1 台 QL 型螺杆机、重新设置新埋件，并进行防腐处理；2 号闸将原来所有锈蚀变形严重的钢闸门以及混凝土闸门废弃，将原上节门的门槽用混凝土浇填，更新 6 块 $4.5m \times 8m$ 闸门（分为 2 节），重新设置新埋件，选配 6 台 QP 型卷扬机；3 号闸更新 3 块 $4.5m \times 3.5m$ 闸门及重新埋设闸槽埋件，更新 2 台边孔用 QL 型螺杆机；渡槽上闸，更新 1 块 $5.4m \times 7m$ 中孔闸门和 2 块 $5.7m \times 7m$ 边孔闸门、对闸槽埋件进行彻底锈蚀严重的整修及防腐处理，选用 3 台容量为 2×150kN 的固定卷扬机动水启闭闸门；渡槽下闸更新 9 块 $4m \times 5.4m$ 闸门，埋设钢质门槽埋件，更新 1 台 2×100kN 电动台车；泵站站前拦污栅改建，设移动抓斗式清污机 2 台及运污翻斗车 2 辆、更新拦污栅 15 孔；泵站进口检修门，更新 1 台 100kN 电动台车，更新 6 块锈蚀严重的 $2.8m \times 3.9m$ 钢闸门及闸槽埋件；出口快速闸配闸门和启闭机。

（5）计算机监控系统。建设集办公、设备运行控制、基本水情监视、生产过程监视和保安监视的计算机局域网，并将局域网接入湖北省水利网。

三、东西湖区白马泾泵站工程

白马泾泵站位于武汉市东西湖区境内，设计流量 160m³/s，为东西湖区综合排涝体系中的骨干泵站。白马泾泵站建成后，与李家墩泵站（一期和二期）、塔尔头泵站、刘家台泵站和 46km 泵站联合调度运行，使东西湖区的排涝标准达到 20 年一遇。

2009 年 2 月，设计院中标取得白马泾泵站勘察和设计任务；2009 年 9 月，武汉市发改委组织专家和相关主管部门共同审查并通过了《武汉市东西湖区白马泾泵站初步设计及概算》。泵站建设内容为新建引水渠（1924m）、环湖路交通桥 1 座、环湖中路交通桥 1 座、站前拦污栅、前池和进水池、主泵房、安装间、副厂房、出水流道、真空破坏阀室、防洪闸、出水池、出水渠、变电站、办公楼 1 栋、车间仓库 1 栋、培训楼 4 栋、站区道路及环境设施等，采购及安装主水泵 6 台、主电机 6 台、主起重机 1 台、其他辅助机械设备、主变压器 2 台、其他电气设备、拦污栅、闸门、启闭机、公用设备、其他相关设备等。

泵站为 Ⅱ 等大（2）型工程，主要建筑物（主泵房、拦污栅、进出水渠、进出水池、出水流道、进水池翼墙、检修闸、防洪闸等）级别为 2 级，次要建筑物级别为 3 级，其他临时性建筑物级别为 4 级。

泵站轴线在东西湖府河堤桩号 12＋700 处，堤后式布置方案，通过东西湖堤内白马泾与金银湖之间开挖长约 1.93km 的引水渠道引水至白马泾泵站，经泵站抽排，由穿堤出水流道排水至出水渠并送入外河。装设 6 台混流泵，配套 6 台电动机，泵站单机容量 3400KW，主水泵采用 2720HDQ26.7－10 型立式全调节混流泵，主电机采用 TL3400－40/3250 型立式三相同步电机。

泵体主要技术特点如下：

（1）金银湖和渠道相接处设计拦鱼桥保护生态。结合金银湖水产养殖要求在渠道进口修建拦鱼桥。考虑到拦鱼桥地处环湖路桥旁，具有交通方便、面对整个金银湖美景和附近有多个居民楼盘的特点，结合生态水利、景观水利的观念，设计将拦鱼桥设计成了拦鱼、检修和市民休闲三用合一的功能性景观建筑，其下部结构考虑挂装拦鱼网，上部设休闲步道和扶手护栏，整个拦鱼桥面向金银湖呈弧形，桥面两端与地面相接、中部设一鱼背式突起，既有起伏感、又富曲线美，在实现工程功能化的同时兼顾赏水亲水，实现人水和谐。

（2）泵站大体积混凝土及与薄壁联合结构的裂缝预防控制。武汉市工程建设统一要求采用商品混凝土，商混一般骨料粒径小、坍落度较大，配合比中一般掺入大量的外加剂，施工中泌水现象严重，加之施工工期要求紧迫，工程不得不在 6—7 月夏季高温时期施工。针对这些问题，工程设计采取了碎石、砂采用喷洒冷却水降温；混凝土掺入聚丙烯纤维；充分利用早晚气温低的时段浇筑混凝土，晚上 6 点以后开仓、早上 8 点前收仓；并要求混凝土采用分层浇筑；对泵房出水流道部位设置预埋冷却水管控制混凝土最高升温等措施，泵站建成通过两年的运行，经检查所有部位均未发现混凝土裂缝。

（3）叶片调节选择了环保不漏油的中置式液压全调节。采用中置式液压机构型式，将调节系统的活塞安排在水泵和电动机轴的连接处，下部的叶片操作机构采用与机械调节类似的拉杆系统，同时采用无油润滑的叶片枢轴密封结构，即油压缸及活塞位于水泵轴顶端，轮毂体内的结构接近于纯机械结构，从而彻底解决了漏油的问题，既保证了系统可靠，又保证了水质无污染。

（4）设置出口流道水位和真空压力双重判据判断水位是否接近驼峰。为了检测真空泵停泵和机组启动的条件，一般只设置有真空压力表，但根据真空压力值无法直观判断水流是否接近驼峰，其压力值不容易整定。为解决此问题，泵站在出口流道驼峰处，同时设置了水位计和真空压力变送器，通过水位和真空压力来判断是否接近驼峰和是否达到一定负压，使判别条件更加直观，提高了检测的精度，保障了机组的可靠运行。

白马泾泵站工程获得 2014 年"湖北省优秀工程设计一等奖"。

第五节 涵 闸

一、沱湖闸除险加固工程

华阳河蓄滞洪区位于长江中下游干流湖口河段左岸，鄂、皖两省交界地带，是解决湖口河段超额洪水规划安排的蓄滞洪区，是长江中下游防洪体系的重要组成部分。沱湖闸位于华阳河分蓄洪区西隔堤上，桩号 20+920 处，是华阳河分蓄洪区排水、通航工程的骨干工程之一，1982 年建成并投入使用。该闸主要由王大圩闸、梅济闸、张湖闸及船闸等配套建筑物及设施组成，总排水流量 830.5m³/s。沱湖闸等别为Ⅲ等，主要建筑物级别为 3级，因沱湖闸为西隔堤上的穿堤建筑物，沱湖闸主要建筑物级别为 2 级，次要建筑物为 3级，临时性水工建筑物为 4 级。沱湖闸防洪标准与西隔堤相同，其洪水标准为 50 年一遇，排水标准为 20 年一遇，消能防冲建筑物按 20 年一遇（$P=5\%$）洪水设计。

除险加固工程主要内容：设计将张湖闸、梅济闸、王大圩闸三闸及通航孔协调统一考虑，由于三条港道闸门均为工作闸门，采用了一门一机的布置型式，采用闭式固定卷扬启闭机；通航孔采用移动电动台车配液压抓梁；重建启闭机房与造型景观整体设计；在通航孔、闸室导墙上方设置一座简易钢结构便桥，连接闸室两边导墙；增设自动化监控系统和视频监视系统等。

二、珠海南水沥水闸

乾务赤坎大联围加固达标工程是珠海市列入"广东省城乡水利防灾减灾工程"项目之一，为了提高联围整体防风暴潮能力，确定在南水沥出口段新建挡潮排水闸，向两侧建堤延伸至山边高地，实现防洪挡潮圈的封闭。南水沥应急项目为乾务赤坎大联围加固达标工程 12 个应急项目之一。

2003 年 10 月，设计院参与珠海市西区海堤乾务赤坎大联围加固达标工程的勘测设计任务投标并中标，受建设管理单位珠海市城乡防洪设施管理和技术审查中心（时为珠海市堤围管理中心）的委托，承担南水沥闸勘测设计工作；2007 年 9 月，珠海分院提交南水沥项目可行性研究报告；2008 年 7 月，广东省水利厅以粤水规计〔2008〕111 号文《关于珠海市乾务赤坎大联围加固达标工程应急项目南水沥堤段可行性研究报告的审查意见》予以审批；2008 年 6 月，珠海分院提交该项目初步设计报告；2008 年 10 月广东省水利厅以粤水建管〔2008〕294 号文《关于珠海市乾务赤坎大联围加固达标工程应急项目南水沥堤段初步设计的批复》予以批复；南水沥闸于 2010 年 1 月开工建设，2012 年 12 月完建。

南水沥堤段应急项目珠海市乾务赤坎大联围的八大堤段之一，桩号 0＋000～1＋147，总长度 1.147km。建设内容包括新建南水沥闸及引堤，新建南水沥闸由 9 孔排水闸、1 孔船闸外闸首和空箱连接段组成，总宽度 237.38m。闸址布置于南水沥水道距河口 778m 处，位于河道较窄处，闸址处河道宽 240m。连接闸两侧引堤均为新建堤，堤长 909.62m，其中右堤长 473.72m，左堤长 435.9m，新建引堤穿过南水沥河道两岸的鱼塘或沟渠，与两侧山体连接封闭防洪圈；排水闸布置于河道右岸，顺水流向布置有内河防冲槽、海漫、消力池、闸室段和外海侧消力池、海漫、防冲槽，闸墩上部为检修平台、交通桥、启闭排架，共设 9 孔，单孔净宽 10m，3 孔一联布置 3 联，总宽 106.24m，长 18m，根据珠三角软土地区水利工程的特点，其中 8 孔闸室为平底整体胸墙式轻型结构，1 孔为平底开敞式轻型结构以方便小船通航，工作闸门采用平板钢闸门、固定卷扬式启闭机控制；船闸外闸首具有防洪挡潮和通航双重功能，布置在河道左岸深泓处，顺水流向布置有内河防冲槽、海漫、内 U 形槽、外海闸首和外 U 形槽、海漫、防冲槽等；空箱连接段是南水沥闸与船闸后尚有 110m 宽剩余河宽，均采用空箱结构，空箱结构共分 6 节，排水闸与外闸首之间布置 3 号、4 号空箱及隔离岛，通航外闸首左岸及排水闸右岸各布置 2 节空箱结构与堤防连接。

主要技术特点：南水沥闸及引堤的基础直接坐落于淤泥地基上，存在承载力低、沉降大、抗滑稳定性差等工程地质问题。采用预制混凝土管桩结合粉喷桩复合地基处理，实现对桩间土的挤密加固，由预制混凝土管桩、粉喷桩及桩间土组成的复合地基，能充分发挥地基土的承载潜力，有效地解决软土地基承载力不足和沉降大的问题。内外翼墙前后填土平台基础、引堤堤身及近堤 10m 范围的平台的地基，采用设置塑料排水带，利用堤身填筑自重的堆载预压法进行处理，有效解决了软土地基承载力低、抗滑稳定性差的问题，工程投资省。建筑物围堰采用大尺寸模袋砂填筑以增强地基承载力。

工程区海水对钢结构具较强的腐蚀性，闸门的整体门槽材料选用 STNi2Cr（耐蚀镍铬合金铸铁），闸门（包括拉杆、锁定梁）、活动钢质交通桥及非耐蚀镍铬合金铸铁预埋件外露部分采用 RMAL 合金复合涂层防腐，较好地解决的了海水对钢结构的腐蚀问题。

水闸上部结构采用轻型钢结构造型，辅以引堤的绿色景观，与蓝天白云、绿水青山的环境浑然一体，展示了简洁明亮的景观特色。

三、北京上庄新闸

上庄拦河闸于 1959 年 11 月开始建设，1960 年 6 月建成投入使用。当时的工程任务主要是满足农业灌溉用水的需要。1984 年，由北京市水利规划设计研究院对上庄闸进行了整治。截至 2005 年，整治后又运行了 20 多年。20 多年来海淀区北部地区发生了巨大变化，由于灌区耕地被大量征用，上庄拦河闸已完全失去了灌溉作用。上庄新闸为上庄闸的改建工程，新闸建成后将拆除老闸，并替代其功能。上庄新闸的工程任务为：以改善区域环境和发展生态旅游为主，兼有防洪、养鱼和缓解下游水资源短缺等功能。

根据地形条件，上庄新闸轴线位于老闸下游 33.5m 处，上庄新闸按 20 年一遇洪水设计、100 年一遇洪水校核，相应下泄洪水流量 560m³/s、900m³/s。根据过流能力计算，设 6 孔闸室，单宽 12m，闸长 19m，过流总净宽 72m，与老闸相同。采用弧门挡水，闸室拟定为 6 孔，每孔净宽 12m，弧门采用液压机启闭。6 孔闸设两个启闭机房，左右岸各一个，置于地下，闸室上游顶部，设一个9m宽交通桥，桥上设3m宽的绿化带。

上庄新闸由上游护坦、闸室、消力池及海漫组成，闸底板高程37.50m，闸顶高程44.00m，消力池底板高程36.80m，护坦及海漫高程37.50m。在闸右岸20m处，布置长150m，断面尺寸3m×3m（净高×宽）的鱼道，闸两端头岸边各设景点式花园，使工程与景点相结合。在闸下游的两岸，将护坡进行整合处理，将原有的参差不齐的沿岸护坡整合成两条完整、美观的绿化景观带。在下游的左侧将修整成为一个休闲广场，右侧将修建成一个娱乐健身广场。

上庄新闸2005年10月开工建设，2007年11月工程完工。

第六节 安 全 饮 水

一、概况

应城市位于湖北省中部偏东、孝感市区西南，属汉江流域。应城于1986年6月撤县建市，其矿产、旅游资源丰富，是湖北省重要的盐化工业和石膏建材基地，为武汉城市圈的重要工业城市。应城市现状人均占有水量仅为606m³，远低于全省人均水资源量1658m³，属水资源相对短缺地区。

2013年8月，受应城市城乡建设局委托，设计院承担应城市城市供水水源工程的规划勘测设计工作。2014年1月28日，湖北省水利厅会同孝感市人民政府组织对《应城城市供水水源工程规划报告》进行了审查；2014年3月，湖北省水利厅、孝感市人民政府以《湖北省水利厅 孝感市人民政府关于应城市城市供水水源工程规划的批复》（鄂水利复〔2014〕48号）文对《应城城市供水水源工程规划报告（审改本）》进行了批复；2014年5月22日，省水利厅组织对《湖北省应城市城市供水汉江饮用水工程可行性研究报告》进行了审查；2014年8月，省水利厅以《省水利厅关于印发应城市城市供水汉江饮用水工程可行性研究报告审查意见的函》（鄂水利函〔2014〕452号）文对《可研报告技术审查意见》进行了函复；2014年8月，孝感市发改委以《孝感市发改委关于应城市城市供水汉江饮用水工程项目可行性研究报告的批复》（孝发改审批〔2014〕41号）文进行了批复；2014年10月10日，孝感市发改委组织对《应城市城市供水汉江饮用水工程初步设计报告》进行了审查。

2014年年底，应城市城市供水汉江饮用水工程正式开工建设，于2016年8月完成了试验性通水，即将发挥效益。

二、主要设计内容

工程取水口位于汉江汉右桩号105+800处，为Ⅲ等中型工程。工程通过在汉江汉川崔家湾新建一级提水泵站（20万t/d）提水，由南东向北西方向通过平面总长度为44.406km双线管道输水至应城市二水厂，其中一管与二水厂处理前池对接，另一管通过新建二级提水泵站（10万t/d）和既有输水钢管（长12km，直径为1.2m）输水至一水厂处理前池。工程多年平均取水量0.377亿m³，引水设计流量2.55m³/s。

工程取水头部采用不锈钢拦污栅条焊接成型的拦污笼，内部钢管头部亦采用不锈钢栅条焊接而成的莲蓬头。主要建筑物有崔家湾防洪闸；穿堤顶管，钢管直径1.80m，长

193m，壁厚为 20mm；崔家湾泵站，4 台泵机，两大两小布置，大泵每台功率 1400kW，设计流量 1.275m³/s，扬程 71.5m，小泵每台功率 900kW，设计流量 0.66m³/s，扬程 71.5m；输水管线采用口径 1200mm 球墨铸铁管段，壁厚级别采用 K9 级，管道埋深不小于 1.20m，管基设 20cm 厚级配砂石垫层，对于跨度大于 20m 的小型沟渠采用倒虹管方案；输水管道沿线设置有干管检修及排气阀井、排水阀井、倒虹管处排水阀井、连通阀井、流量计井、调流阀井等管道附属建筑物；二水厂加压泵站二水厂加压泵站等。

第六章 | 生态与环境工程

第一节 综 述

水环境水生态是一门新兴的专业，与其他工程勘测设计专业相比较，水生态水环境设计更具工程的多样性，涉及的学科多，内容广泛且新颖，不仅工作量大，而且工程重复度小，进一步增加了工程的难度。每一项工程几乎都需要水文、测量、地质、给排水、电力等专业的配合，同时也需要生态、环境、景观、概预算等专业的合作。

设计院水生态水环境专业随着湖北省生态文明建设兴盛而应运而生，承接的项目主要针对河湖水生态修复与保护、城镇水系整治规划，代表性工程为大东湖生态水网构建工程、梧桐湖新区梧桐湖新城水系整治工程、黄石长江干堤江滩综合整治工程、襄阳市城市水系规划武汉市青菱湖水系与环境综合整治规划等。2012年党的十八大之后，生态文明建设被放在突出的地位，湖北省各市、县、区广泛开展了水生态规划与建设，设计院承接了较多的水生态文明建设规划类项目，代表工程为武汉市水生态文明城市建设规划、襄阳市水生态文明建设规划、竹溪县水生态文明规划、老河口市水生态文明规划等，随着海绵城市的概念日益深入，又承担了武汉市海绵城市试点重点项目武汉市东湖港综合治理工程。2015年设计院根据市场需求和专业发展，承接了一批EPC项目，代表性工程为潜江市东干渠河道治理EPC项目工程。

随着水生态文明建设发展，水生态规划、治理、保护将成为水利建设的重要内容，水生态文明建设任务将日益重要和突出，设计院近年来把握机遇，及时拓展新的专业，从水生态、水环境到水景观，迅速充实技术力量，配备了大量先进的绘图仪器及软件，提高了设计效率和科技含金量，为湖北水生态文明建设提供了坚实的技术支撑。

第二节 代表性工程

一、大东湖生态水网构建水系连通工程

大东湖水系位于武汉市长江南岸，区域涉及武昌区、青山区、洪山区、东湖新技术开发区和东湖生态旅游风景区，流域面积436km²。区域水系发育，湖泊众多，主要湖泊有东湖、沙湖、杨春湖、严西湖、严东湖、北湖等6个湖泊，区间还有竹子湖和青潭湖等小型湖泊，最高水位时水面面积60.12km²；区内有主要港渠15条，其中东湖港、青山港、沙湖港、北湖大港历史上是通江河流。围湖造田造地、城市建设等频繁的经济活动导致湖泊萎缩面积达32%，湖泊水质仅严东湖为Ⅲ类，其他湖泊（杨春湖、严西湖、北湖、沙湖、东湖等）均为劣Ⅴ类。

　　2009 年 5 月国家发展与改革委员会以发改地区〔2009〕1167 号文对《湖北省武汉市"大东湖"生态水网构建总体方案》予以批复，主要建设内容包括：污染控制工程、生态修复工程、水网连通工程、监测评估研究平台建设，总投资 158.78 亿元，其中，近期投资 89.03 亿元，远期投资 69.75 亿元。为了推进大东湖生态水网构建工程的早日实施，根据《湖北省武汉市"大东湖"生态水网构建总体方案》批复意见，2009 年 6 月，武汉市水务局委托湖北省水利水电勘测设计院、武汉市水利规划设计研究院、武汉市城市防洪勘测设计院等多家单位编制了《湖北省武汉市大东湖生态水网构建水网连通工程（近期）可行性研究报告》（以下简称《可研报告》）。2010 年，水利部水利水电规划设计总院审查通过了《可研报告》，2011 年 7 月，水利部基本同意水利水电规划设计总院对《可研报告》的审查意见并报送国家发改委。水网连通工程主要建设内容如下：

　　（1）引水工程：新建青山港进水闸（30m³/s）、曾家巷进水闸（10m³/s）和曾家巷泵站（10m³/s）。

　　（2）港渠工程：新改建港渠 18 条，总长 48.534km，其中改造扩建港渠 15 条，新建连通港渠 3 条。

　　（3）排水工程：扩建北湖泵站（51m³/s）。

　　（4）渠系建筑物：新建节制闸 9 座，改造节制闸 8 座，新建船闸 2 座，新建内外沙湖连通涵，新建北湖导流堤。

　　（5）桥梁：新建跨渠桥梁 11 座，改造 12 座，重建 40 座。工程总投资 38.81 亿元。

　　大东湖生态水网构建水网连通工程充分吸取了国内外生态水网构建的关键技术，包括生态引水口工程技术、河渠保护与综合整治技术、底泥处置技术和水力调度技术等，并加以提炼和总结，运用到项目设计中。截至 2015 年，共截断湖泊排污口 123 个，截污20.13 万 t/d；完成内沙湖、外沙湖、水果湖等湖泊生态修复工程；开通了东沙湖渠（楚河汉街）、花山渠，整治了罗家港、新沟渠和沙湖港下段，正在开展建设的有东湖港、九峰渠、青山港、沙湖港、东杨港、一号明渠等。设计院相继完成了东湖港综合治理工程、九峰渠连通工程和兴建花山渠闸的勘察设计工作，项目正在实施。其中东湖港综合治理工程，东湖港南连东湖，北接青山港，长 4.7km，是大东湖生态水网构建工程体系中的重要引水通道，结合城市发展需求，其主要功能包括排水防涝、引水连通、生态景观、航运旅游，设计流量 30m³/s；九峰渠连通工程，九峰渠西连东湖，东接严西湖，长 2.13km，是大东湖生态水网构建工程体系中东沙湖水系与北湖水系的连通通道，结合城市发展需求，其主要功能包括引水连通、航运旅游、生态景观，设计流量 30m³/s；花山渠闸工程，花山渠是严东湖与严西湖连通河，河道长 3.255km，流量为 10m³/s，水闸位于洪山区花山镇，设计院主要承担节制闸和船闸的设计工作。

　　大东湖生态水网构建水网连通工程实施后，可实现江湖相济，河湖相通，改善东湖的水质，提高排涝能力，以东湖为核心的六个湖泊共 60.12km² 水环境将得到极大改善，273.6km 湖岸线、18 条共 48.534km 港渠生态治理形成纵横交错的绿化带，再现"一围烟浪六十里，几队寒鸥千百雏。野木迢迢遮去雁，渔舟点点映飞鸟"的美丽画面，有利于滨江、滨湖城市水文化和景观建设，不断增强城市的表现力和影响力，提升武汉的整体形象，为武汉市的经济社会发展创造良好的人与自然和谐共处的环境。

二、黄石市磁湖水生态修复与保护工程（待建）

磁湖流域面积占市区面积的 26.5％。2009 年 4 月，设计院会同其他有关单位对磁湖水生态修复进行了规划，提出采取工程措施及非工程措施对磁湖进行水生态修复。主要工程措施有：①污染控制工程，有污水收集与污水处理工程及湖泊清污工程；②生态引水工程，有内湖连通工程及江湖连通工程；③生态修复工程，有河岸植被修复及亲水岸线工程、湿地保护与修复工程、湖泊水体原位修复工程及生态景观建设及生物工程；④水源涵养工程。我院负责江湖连通工程和磁湖清淤工程。

江湖连通工程的生态补水线路为：从黄石长江干堤桩号 57＋417 处新建青山湖提水泵站，水流经青山湖湖底箱涵直接入青山湖 1 号湖副湖，以青山湖 1 号湖副湖为前池，水流将分两路分别进入青山湖或青港湖及磁湖，与长江构成水网循环。一路进入青山湖 1 号、2 号、3 号及 4 号湖，经青山湖排涝泵站抽排入江；另一路是经盘龙山隧洞进入青港湖，从青港湖分两路分别进入磁湖，一路经大泉路箱涵、王家桥生态港渠进入北磁湖，另一路则通过青港湖提水泵站、大泉路压力输水箱涵及现有市政排水箱涵（大泉路、杭州西路、青渔路）进入南磁湖，最后经胜阳岗闸站与长江构成水网循环。江湖连通工程主要建设内容有新建青山湖提水泵站；压力输水箱涵长约 2.337km；青山湖滚水坝；盘龙山隧洞长 0.764km；王家桥引水线路长 1.23km；青港湖提水泵站；大泉路输水箱涵长约 2.87km；南北磁湖生态港渠长约 0.54km 及磁湖流域水文水资源监测、水生态监测系统建设。

在实施水网构建的同时，也对磁湖各湖泊的底泥污染进行了清淤整治处理。磁湖清淤的主要建设内容有南磁湖沿岸湖区（含澄月岛、生态港渠及市政府门前湖）清淤工程；青港湖（含鸭儿塘）清淤工程；青山湖（包括 1 号、2 号、3 号、4 号湖）清淤工程；底泥处理处置；花家背转运场工程；尾水处理工程及水体稳定控制工程等。

三、四湖流域综合治理一期工程

四湖流域位于长江中游荆江北岸、汉江及其东荆河以南，为江汉平原心腹地带。流域涉及荆门、荆州、潜江部分区域，流域面积 11547km²，共 111 个乡（镇、办事处、农场），2237 个行政村，耕地面积 564 万亩，人口 514.5 万人，其中荆州市四湖流域耕地面积 493 万亩，人口 451 万人；潜江市四湖流域耕地面积 71 万亩，人口 64 万人。流域内分布有人工开挖的六大干渠：总干渠、西干渠、东干渠、田关河、螺山干渠和洪排河。总干渠自上游习家口闸至出口新滩口闸全长 190.5km，其中福田寺以上 84.4km，福田寺至子贝渊 16.1km，子贝渊至小港闸 26km，该段右岸与洪湖连为一体，小港闸至新滩口闸之间称为下内荆河，长 64km。

2007 年 12 月，为抢抓冬春黄金季节的施工时机，湖北省水利厅下发《关于下达四湖流域综合治理总干渠试验段建设实施计划的通知》（鄂水利计函〔2007〕744 号），确定总干渠试验段分 3 段，采取不同的施工方式先期实施。试验段总长 25.685km，其中荆州市境内长 21.837km，潜江市境内长 3.848km。习家口闸下至豉湖渠出口（桩号 0＋155～9＋748）、福田寺下至子贝渊（桩号 84＋638～100＋530）两段采取修筑围堰、抽干基坑积水后用机械开挖清淤，整修渠坡；桩号 79＋100～79＋600 采用挖泥船清淤，机械修整边坡。技术方案主要工程建设内容如下：

1. 总干渠疏挖设计

总干渠渠堤超高均为设计水位加 1.0m；渠顶宽度为 5.0m；渠道设计边坡均取 1∶3，设计渠底宽度为 30.0～110.0m；设计水位以上至现有渠顶高程均为草皮护坡。

2. 建筑物设计

涵闸：涵闸的加固方案主要是更换闸门和启闭设备，新建上下游渠道护底、护坡，重建有严重安全隐患的启闭机房，对损坏的八字墙进行重建等；重建涵闸为在原址处拆除老闸、重建新闸。

泵站：泵站的加固方案主要是更换水泵、电机设备。监利东风二泵站由于出现泵房倾斜、防护堤欠高等严重质量问题，无法继续使用，应在原址进行拆除重建。

总干渠荆州段：疏挖渠道 17＋902～21＋744；48＋041～84＋638，共 40.439km，渠道挖方 829.49 万 m^3；重建（加固）涵闸 38 座；加固（重建）泵站 8 座。

总干渠潜江段：疏挖渠道 9＋748～17＋902、21＋744～48＋041，共 34.451km，渠道挖方 356.5 万 m^3；加固涵闸 4 座，加固泵站 11 座。

本次总干渠经过疏挖后，河道淤塞问题得到改善，特别是洪湖子贝渊 100＋536～福田 84＋455 段处于总干渠下段，原渠道局部较窄，成为过流的卡口，疏挖后经过几年的运行，过流顺畅。疏挖整治后的总干渠设计标准达到 10 年一遇 3 日暴雨 5 日排至作物耐淹水深的设计排涝标准，设计灌溉保证率达到 85%，满足了区内防洪排涝的需要，工程效果和社会效益显著。

第七章 | 监理与招标

第一节 综 述

　　20 年来，腾升公司秉承"独立、公正、诚信、科学"的宗旨，独立开展监理工作，期间共承担各类工程监理项目 221 项，监理项目投资累计约 300 亿元。承担的监理项目以水利工程为主，水利项目 144 项，其中水库及电站 37 项，涵闸及泵站 28 项，堤防、中小河流、灌区、小农水、血防等 73 项，大型调水工程（鄂北、引江济汉等）6 项；其他项目 77 项，其中移民监督评估 15 项，国土土地整理 36 项，山洪灾害防治 5 项，山洪灾害防治 7，项代建项目 1 项，其他行业（建筑、市政、交通）13 项。涉及省内水利水电项目有荆江滞蓄洪区、杜家台滞蓄洪区的安全区建设于加固工程；堤防建设项目有武汉龙王庙险段整治工程、荆南长江干堤、黄石长江干堤、武汉市长江干堤、黄广大堤、昌大堤、粑铺大堤、长孙堤、荆南四河干堤、汉江遥堤、汉江干堤等；承担了日本政府无偿援助钢板桩长江堤防加固示范项目的监理；枢纽工程监理项目有樊口泵站、金口泵站、沉湖五七泵站、仙桃沙湖泵站、新滩口泵站、泽口泵站、南迹湖泵站等更新改造；樊口大闸、吴岭水库、西排子河水库、大溪水库、南川水库、华阳河水库等除险加固工程；新建水电站项目有芭蕉河一级、老渡口电站、三里坪电站等；承担了南水北调中线引江济汉工程施工及征地拆迁安置监督评估项目、南水北调中线汉江兴隆水利枢纽工程征地补偿和移民安置监理监测评估项目；承担了湖北省鄂北地区水资源配置工程施工、征地拆迁安置监督评估项目等方面监理；在环境工程、土地整理、水土保持、行业建设等方面承担了鄂州市长港河道整治工程、滚河流域下段治理工程、硚口江滩防洪及环境综合整治工程、汉江硚口江滩三期防洪及环境综合整治工程、大冶市保安镇农村土地整治示范建设项目、赤壁市黄盖湖农场、赤壁镇基本农田土地整理项目、石首桃花 49.5MW 风电工程水土保持监理、国家防汛抗旱指挥系统建设一期工程湖北荆州水情分中心项目建设、湖北省水土保持监测网络与信息系统建设一期工程等。

　　腾升公司还走出省门、国门、水门承担了淮北大堤加固工程怀远段移民监理、广东凡口铅锌矿矿山地环境治理监理、佛得角水坝援外项目监理等；承担非水利行业监理项目有武汉军械士官学校外训营院、黄石国际企业港一期工程等。

　　2001 年腾升公司取得招标代理甲级资质，开始从事招标代理工作。遵循"公开、公平、公正、诚实信用"的原则，20 年来，共承担各类工程招标代理项目 604 个，项目投资累计约 150 亿元。为湖北省南水北调管理局招标代理南水北调中线引江济汉工程、汉江兴隆水利枢纽工程的部分项目；为鄂北地区水资源配置工程建设与管理局（筹）招标代理鄂北地区水资源配置工程施工、生产性试验项目等；为湖北省防汛抗旱指挥部办公室、湖北省河道堤防建设管理局招标代理山洪灾害防治项目、河湖清淤疏浚、滞蓄洪区年度施工、荆江大堤、汉江干堤年度整治工程、湖北省国家防汛抗旱指挥系统一期工程和二期工程部分项目；为各地市县区招标代理项目涉及灌区、水库、水闸、泵站、田间工程、河段综合整治、饮水安全、小水电、防洪治理、血防工程、移民后期扶持项目等；为非水利行业招标代理水厂管网建设、中储粮龙池粮油食品工业园建设项目成品仓库工程、黄鹤楼科技园（集团）有限公司印版与胶辊采购项目、广水卷烟厂储运科装卸设备及清洁设备采购项目、新建武汉至十堰铁路孝感至十堰段水土保持及环境监测、监理咨询等。

第二节　代表性工程

一、武汉市龙王庙险段综合整治工程

工程位于汉江汇入长江口门的汉口、汉阳两岸。由于该河段河势原因，汉口岸累遭冲刷，深泓逼岸，威胁着汉口岸岸坡稳定和堤防工程的安全。汉阳岸历年淤积，导致汉江汇入长江口门处宽度仅有 200m。综合整治方案为固守汉口岸，扩宽汉阳岸，改善河势。汉口岸整治岸线长度 1080m，主要工程有水下抛石、混凝土预制块铰链沉排、系排梁、护岸、混凝土灌注桩、钢筋混凝土 L 形挡土墙、土工织物水平防渗、码头改造、导渗沟等；汉阳岸整治岸线长度 1251m，主要工程有水下挖削、水下抛石、水上挖削、混凝土预制块护岸、码头重建、混凝土挡土墙、戗堤等；另外还有安全监测设施和亮化工程等。整治后口门处宽度扩到 280m。工程为 Ⅰ 等工程。工程总投资 2.34 亿元。

工程建设过程中监理主动实施额外服务，提合理化建议，先后提出合理化建议 10 余项，经过检验得到认同，如汉口岸岸坡整治工程：

（1）系排梁放样时发现部分基础位于原有干砌条石护岸坡处，则另一些地段又偏向河心，而且设计要求将系排梁基础范围内的条石彻底清除后再现浇混凝土系排梁，建议根据实际情况调整系排梁位置，以减少不必要的挖方和填方，将原有干砌条石可作为系排梁的基础，达到既不动原岸坡浆砌石，又改善系排梁基础条件，同时也可加快施工进度和节省投资。

（2）由于 1999 年初实际低水位低于设计低水位，建议在设计低水位与实际低水位间岸坡范围由沉排改砌排，质量提高，外观又美。原护岸脚带是 50 年代初建设的，经过几十年的考验，石质依然坚硬、浆砌石无松动现象，为此建议对各建筑物轴线适当调整，尽量保留原浆砌石护坡，只作表观处理，这样既保证工程运行安全，又节省了投资，也美化了环境。

（3）水下抛石在正龙王庙地段出现抛石散失现象，建议加抛 3000m³，确保抛石固基和沉排效果。

（4）1999 年度汛，由于该年春汛来得早，且水位高，施工单位一方面抢围堰，另一方面日夜施工浆砌块石，建议放弃围堰，两股力量合一。将浆砌石改为现浇混凝土，赢得了时间，确保了 1999 年的安全度汛。

（5）混凝土供应，招标时确定施工单位自制，建议改为商品混凝土，虽然价格贵一点，但是能确保在闹市区的文明安全施工、减少外部环境因素干扰，而且混凝土质量易控

制，进度也可保障。

工程于 1998 年 11 月 18 日开工，1999 年 6 月 23 日完成主体工程施工并通过度汛阶段验收，2000 年 1 月底工程完工，2000 年 11 月 25 日通过竣工验收，质量等级评定为优良。工程先后获 2000 年度湖北省水利优质工程、武汉市黄鹤楼杯奖、2001 年度湖北省建筑工程楚天杯奖（省优质工程）、2005 年度中国水利工程优质奖和中国建筑工程鲁班奖。

二、长江堤防钢板桩防渗工程

日本政府无偿援助钢板桩长江堤防加固示范项目工程由两个单位工程组成，即观音寺闸堤段和洪湖燕窝堤段单位工程，工程总投资 1.42 亿元人民币，其中国内配套资金 0.43 亿元人民币。观音寺闸堤段工程位于荆江大堤观音寺闸堤段，工程等级为Ⅰ等，钢板桩防渗墙实施长度为 1000.72m，起止桩号为 740＋342～741＋288，钢板桩长度为 20m；洪湖燕窝堤段工程位于洪湖长江干堤燕窝堤段，工程等级为Ⅱ等，钢板桩防渗墙实施长度为 1201.05m，起止桩号为 429＋786～431＋000，钢板桩长度为 14～17m。钢板桩由日本国援助提供，为 U 形带锁扣型，打桩设备由日方援助提供。施工主要内容有土方开挖、土方填筑、钢板桩插打、锁口梁及混凝土板、土工膜防渗、安全监测、高喷灌浆。

1999 年 10 月 5 日，监理处进驻现场监理，至 2000 年 4 月 30 日按期完工。项目总监熊启煜。监理处督促施工单位健全质量保证体系，配备专职质检员，加强质量和安全教育，落实三检制。对于吊车工、电工、电焊工及各类机械操作人员则要求先培训，后上岗。建议施工单位将施工质量等级与个人收入挂钩。插打钢板桩的主要设备与辅助机械均为日本政府无偿援助的新产品，其性能优良，机械质量能够得到保证，但仍要求施工单位按章操作，加强保养，施工过程中注意对机械的检查，发现问题及时维修。尽管本工程使用的钢板桩为免检产品，监理处还是按常规管理办法向供货方索取了出厂材质证明，并对运至施工现场的钢板桩抽取了 6 组样品，进行化学成份及力学性能检验，实验结果满足设计要求。同时在现场检测了钢板桩的外形尺寸，除长度全检外，其他外观尺寸按 10％抽检。由于供货方提供的异性桩仅有 25 根，监理处分析认为异性桩数量不能满足施工的需求，因此需要加工异性桩。为了保证焊接质量，建议施工单位将加工任务委托给焊接技术力量雄厚、设备精良的专业厂家承担。监理处对焊缝的外观和变形情况进行了抽检。督促施工单位按施工方案中确定的施工工艺流程作业，检查每一道工序，做好施工记录，监理处不定期检查施工原始记录，特别强调施工过程控制，切实发挥轴线和法线方向检测员的指挥作用。由于工期制约，钢板桩施工必须采取三班倒作业。夜晚插打时震动锤夹持桩头较为困难，因此监理处要求施工单位，配备足够的光源，加强照明。另外，为了保证施工安全，要求在大风和雨雪天气停止施工。异性桩的焊接正值寒冬季节，气候十分恶劣，为了创造较好的环境条件，监理处推荐到车间加工，焊接外部环境基本得以保证。

工程两个单位工程共分 13 个分部工程，13 个分部工程全部合格，优良率 84.6％，两个单位工程全部优良，外观质量优良，工程验收质量优良。2006 年获得中国水利工程优质（大禹）奖。

三、长江武汉河段汉阳江滩综合整治工程（下段）

汉阳江滩综合整治工程位于汉阳长江堤防外滩。自晴川阁至杨泗港，全长 3689m。主要工程项目包括：防洪、护岸、道路排水、园区绿化、音响亮化、中控监控、体育健身、大禹神话园及鹦鹉文化等工程。工程为Ⅰ工程，总投资2.57亿元。腾升公司在施工现场设立监理处。监理处总监袁民，监理人员于2005年5月1日进驻工地现场开展施工监理工作。

监理处对重点项目和关键部位指定专人负责，施工高潮时，所用项目全面铺开，监理机构随工作需要增派监理人员，保证施工项目均在监理监控之中，投入工程的监理人员远远超出监理合同约定的数量。对关键部位和关键工序实行旁站监理，跟踪检查与检测，并妥善地解决施工难点。如护岸工程中的格宾网护坡砂石料垫层厚度和格宾网内块石质地、粒径、厚度是护坡质量的关键，但施工单位往往忽视，为此监理人员对护坡的施工过程进行全程监控，及时纠正施工中的不规范行为和施工质量缺陷，多次要求施工单位更换网中石料及补填石料，确保了护岸施工质量满足设计要求；艺术混凝土质量除了混凝土强度、厚度外，色粉掺量和均匀性也是质量的关键，监理在艺术混凝土浇筑旁站中，除了混凝土常规质量要求外，监理人员还重点监督色粉掺入是否足量，撒铺是否均匀，色调是否一致，压痕是否清晰；江滩建设中广场园路石材铺装面积大，石材铺装的质量对整个景观质量影响较大，为确保石材施工质量，监理首先把好材料关，铺装所用石材都要在进场时进行检查验收后方可使用，检查的内容有厚度、长宽、直角的角度、色泽、有否缺角掉边裂纹，不符合要求的一律剔除退场不准使用。铺装时实行监理旁站，随时检查铺装的平整度和缝宽缝线，以及面层与基层的结合，避免空鼓，发现问题立即要求返工整改。为防止铺装中损伤石材，监理要求不得使用铁锤，一经发现一律没收。经监理的努力，石材铺装质量得到有效控制，为江滩整体景观效果增色不少。

工程于2005年5月28日开工，2006年11月21日完工，2006年12月15日通过验收，成为武汉江滩综合整治的典范，先后获武汉市2006年度"市政工程金奖"、2007年度"湖北省市政示范工程（金奖）"、2007年度"全国市政金杯示范工程"。

四、利用世界银行贷款湖北省长江干堤加固移民安置项目

该项目包括荆南长江干堤190.8km、武汉长江干堤98.1km、鄂州粑铺大堤4.86km、黄冈长江干堤42.49km及汉南至白庙长江干堤43.72km等堤防加固工程涉及的移民安置。移民安置工程涉及15个县（市、区），39个乡镇，135个村委会（居委会），移民6494户，搬迁人口28779人，拆迁房屋883587m²，工程永久征地15172亩，涉及交通设施145.29km，电力设施935.88km，自来水主干线101.22km，移民生产安置规划以大农业为主，安置人口7651人。主要监理内容：对项目征地移民实施进度、资金使用、质量进行跟踪监督，对移民生产生活水平的恢复进行跟踪调查和评估，对企事业单位和专项设施的迁建进行综合监理和评估。

2001年4月，在武汉成立了项目移民监理部，按照工程位置分片设4个监理站，分别为武汉监理站、鄂州监理站、荆州监理站、黄冈监理站。监理部设正、副总监理工程师各一名，各站设站长1名。总监为郭桂兰，副总监雷安华、姜维。监理处要求每个监理工程师熟悉掌握当地《移民实施报告》，依据湖北省鄂世办字〔2001〕第021号文对设计报告进行复核，详尽了解工作任务及内容。对补偿实物指标进行实地调查核实，并将核实结果填充、拍照，与设计报告有出入的及时告知设计部门和业主。在签订移民户协议过程中，严格按照世行程序操作，即以行政村为单位将核实后的实物指标、补偿项目、金额以张榜公布或开会宣读、广播等方式公告于众，征求移民户意见。如有疑意则再次复核，如无意见则由监理会同县、乡移民办、村负责人、移民户代表组成复核小组抽查。无反应后由县、乡、村移民机构及监理人员共同与移民户签订《湖北省利用世界银行贷款长江干堤加固项目移民搬迁补偿协议书》。协议签订后即付款50％，移民户在协议书"领取人"栏签字并摁右手食指指印。全部拆迁完毕后，以村为单位经实施单位、县、乡、村级负责人及监理参加验收，并由乡（镇）移民办填写"报验申请表"，验收合格后再付款剩余50％。在企事业单位的搬迁过程中，由市、区移民办、监理人员、企事业单位负责人和职工代表座谈就有关主要内容达成共识，并做会议纪要，参加方各持一份备案。在此基础上签订拆迁协议。在工程永久征地过程中，依据《移民实施报告》与实地量算及工程设计断面图进行复核，如无差异，有县（区）移民办与各乡（镇）政府签订征地协议。在专项设施拆迁复建过程中，由县（区）移民办与县（区）有关专业部门签订拆迁复建协议。

湖北省利用世界银行贷款长江干堤加固项目移民自2001年12月开始实施，至2008年12月完成。工程为中国首次利用外资进行堤防建设的项目，工程建设取得成功，发挥了巨大的社会效益，被世界银行纳入在华项目实施成功范例。

五、湖北省鹤峰县芭蕉河一级水电站工程

芭蕉河一级水电站工程位于湖北省恩施自治州鹤峰县境内，地处芭蕉河中、下游河段。坝址距鹤峰县城11.1km，距芭蕉河二级水电站7.6km。总库容0.96亿m³，电站总装机2×15MW，工程枢纽由混凝土面板堆石坝、左岸溢洪道、右岸引水隧洞以及岸边引水式地面厂房、升压站等组成，面板坝坝顶高程652.40m，最大坝高119.4m。

施工现场设立监理部，自2002年4月监理人员进场开展施工监理。监理重点主要是混凝土面板施工质量控制、挤压边墙施工控制等。面板混凝土工程量12722.31m³，面板最大厚度64cm，最小30cm，分块宽度12m和6m，面板混凝土分为2期浇筑，第Ⅰ期浇筑高程为538.00～618.00m，第Ⅱ期浇筑高程为618.00～648.00m。面板内部有一道铜片止水，外部辅以一道表层止水，监理作为重点工作抓。对产品由甲方提供并取样送有资质单位检验，产品均须检验合格；对内部止水检查焊缝质量，杜绝漏焊，对铜止水片跟踪检查其安装位置的准确性和牢固性，并检查后浇块范围紫铜片的保护措施的稳妥可靠，混凝土浇筑时要求混凝土棒不得触及紫铜片，以防紫铜片变形和变位；后浇块施工时全面复检紫铜片的位置和完好性，表层止水按甲方请供货单位技术人员现场指导所确定的施工工序和工艺控制施工。对挤压边墙施工控制，采取在上一层垫层料碾压密实之后测量放线，将挤压机放在指定位置进行混凝土浇筑，待混凝土边墙浇筑结束有一定的强度之后铺填垫层料、洒水、碾压，碾压好之后测量放线进行下层混凝土边墙的施工，混凝土边墙位于垫层料的上游，垫层料与挤压边墙同步上升。挤压机对混凝土配合比较敏感，干的混凝土挤压行进速度慢，湿的混凝土挤压行进速度快，因此挤压混凝土配合比按一级配干硬性混凝土设计，坍落度为0，通常采用水泥用量70～85kg/m³，用水量约100kg/m³，水灰比1.3～1.46，速凝剂适量，混凝土28天抗压强度约5MPa，渗透系数在10^{-3}～10^{-2}cm/s范围内，要求低弹模。

工程自2002年1月28日开工，2008年11月完工。2008年11月19日，省发改委、省水利厅共同主持召开了湖北鹤峰芭蕉河一级水电站工程竣工验收会，验收委员会认为，该工程已按照批准的设计内容完成，符合规程规范和设计要求，整体工程质量合格。

六、南水北调中线一期引江济汉工程（1标）监理

引江济汉工程进口位于荆州市李埠镇龙洲垸，出口为高石碑。全长 67.23km。渠道设计引水流量 350m³/s，最大引水流量 500m³/s。1 标工程主要监理内容为进口段（0＋000～4＋000）渠道及其建筑物，即渠道、所有建筑工程、机电设备及安装工程、金属结构设备及安装工程、安全监测设备及安装工程、消防系统、附属工程等及水土保持工程和环境保护工程的监理工作。

2010 年 3 月 29 日成立现场监理部。1 标工程合同施工工期 42 个月。监理工作重点环节包括渠道土方填筑施工质量控制、渠道衬砌施工质量控制、防洪闸节制闸泵站建筑物混凝土质量控制、水泥搅拌桩施工质量控制。

（1）渠道土方填筑施工质量控制。渠堤填筑设计压实度不小于 0.94，通过击实试验，确定控制参数，铺料及碾压检查进场填筑材料质量，确保其满足设计要求。铺料及碾压严格按照监理部批复的渠堤填筑碾压试验成果所确定的施工参数进行施工，每层填筑完成后对填筑质量进行了检查，并按规范要求对填筑层进行了压实度检测，检测验收合格后再进行下层土方填筑。

（2）渠道衬砌施工质量控制。衬砌混凝土施工前使用全站仪、水准仪对护底、护坡边线和模板安装高程等进行了测量控制，根据设计图纸采用全站仪确定基脚的边线，并用石灰线标示，采用挖掘机沿石灰线开挖基脚，人工清除浮土、整平基面。经监理验收合格后铺砂砾石垫层，再铺设土工布，土工布铺设完成后使用钢模板进行立模板，采用跳仓浇筑方式，分缝处埋设沥青杉板。混凝土采用拌和站拌制，搅拌车运输，挖掘机送料入仓，采用插入式振捣器及振动梁振捣。混凝土表面用磨光机磨平，人工抹面收光，混凝土浇筑完成后及时切缝，并及时采用养护毯覆盖洒水养护。

（3）防洪闸节制闸泵站建筑物混凝土质量控制。在混凝土施工前，监理审查施工单位拟采用的混凝土运输设备、振捣设备、模板、入仓手段、安全保证措施等。混凝土浇筑前验仓，主要检查工序项目包括施工缝处理、模板、钢筋、止水带及仪器埋件等。混凝土运输和浇筑，混凝土运输方式以汽车运输、吊斗入仓、皮带机和溜槽直接入仓等四种输送方式，监理对混凝土浇筑作业进行旁站监理，在浇筑过程中督促施工单位对混凝土的吊斗、料斗、运输车及皮带机加强维护保养。在卸料一次或几次后，监督承建单位用清水冲洗保持清洁，控制混凝土拌和物的运输时间，混凝土垂直落距不大于 2m，吊斗入仓超高时采取溜管、串管或其他缓降措施，督促施工单位对入仓混凝土及时振捣，实时检测混凝土坍落度、温度等指标，严格控制入仓温度，尽量避开中午高温时段，督促做好养护工作。在施工过程中，各工序均进行严格的检查验收和签字认可。

（4）水泥搅拌桩施工质量控制。荆江大堤防洪闸土建采用了水泥搅拌桩进行基础处理。监理旁站人员随时用密度计检测水泥浆液的密度，保证水泥浆液的密度达到 1.52g/cm³ 以上，不定时采用密度秤进行复核，确保配制出的浆液满足要求。施工过程中，严格控制喷浆时间和停浆时间，每根桩开钻后要求连续作业，不得中断喷浆，严禁在未喷浆的情况下进行提升作业，随时检测桩机的提升下沉速度，控制提升下沉速度在 0.92m/min 以内，控制桩身垂直偏差不大于 0.5％的要求。

截至 2016 年，1 标段分部工程已经全部验收，质量合格。2014 年 8 月 8—28 日，引江济汉主体工程尚未完工之时，湖北省委省政府决策启用工程应急调水，共调水 2.01 亿 m³，有效缓解了汉江下游仙桃等地的特大旱情，工程经受了运行的检验。

七、援外工程——佛得角泡衣崂水坝

佛得角共和国位于非洲西部的大西洋的佛得角群岛上，距西非海岸 450km，总面积 4033km²，人口 43.5 万人。该国属热带沙漠气候，常年干旱，雨水稀少，水源奇缺。为解决该国的农田灌溉和人畜饮水问题，中国政府决定在佛得角圣地亚哥岛上的里贝拉干河谷援建泡衣崂水坝。水坝距首都普拉亚约 30km，主要工程项目为浆砌石大坝、引水建筑物及坝顶交通桥及纪念亭工程。主要任务是发展农业灌溉和改善区域的生态环境。水库总库容 170 万 m³，正常蓄水位库容 120 万 m³，设计灌溉面积 63ha，年供水量 67.1 万 m³。拦河坝为混凝土心墙防渗浆砌石重力坝，坝顶总长 153.00m，高程为 118.00m。最大坝高 24.50m；引水管布置在左岸非溢流坝段桩号 0+046.00 处，引水管采用预埋钢管型式，钢管外包钢筋混凝土，长度 20m；交通桥位于溢流坝段的上部，采用混凝土简支板桥，总长 46.20m，纪念亭采用四角亭，建筑面积约 20m²。

项目监理由中国商务部对外援助司公开招标，腾升公司中标，项目监理组组长（总监）邹秋生。

该工程质量控制的关键部位是浆砌石大坝、混凝土防渗心墙、溢流面混凝土、交通桥桥板预制和吊装。坝体采用水泥砂浆砌筑块石，坝体底部铺设 0.8m 厚混凝土垫层，溢流表面采用 C20 混凝土护面，厚度为 40cm。坝基为第三系奥高斯组火山角砾岩，基础处理采用挖除覆盖层和强风化层岩石，将坝基坐落在弱风化岩石上；防渗墙下部开挖齿槽，伸入弱风化岩体内至少 1.0m，底宽 2.0m；齿槽部位基础进行固结灌浆处理，灌浆孔共两排，间距 3.0m，孔深 5~8m。浆砌石大坝施工方案为两台塔吊吊块石上坝、人工砌筑方式，由于就地取材使用的块石为火山角砾岩，爆破生产的块石形状不规则，没有一个好的面，坐浆砌筑困难，施工进度较为缓慢。本工程桥板吊装受到受援国起吊设备起吊能力（高度和重量）的限制，最终采用填筑起吊平台、降低起吊高度的办法完成全部预制桥板的吊装任务。

工程自 2004 年 12 月 28 日开工至 2006 年 5 月 6 日完工，5 月 8—19 日通过国家商务部的竣工验收，并于 5 月 24 日完成对外移交，前后历时 1 年零 5 个月。

八、南水北调中线兴隆水利枢纽工程招标代理

兴隆水利枢纽工程位于湖北省天门市（左岸）和潜江市（右岸），是南水北调中线工程重要的组成部分。兴隆枢纽开发任务为灌溉和航运为主，同时兼顾发电。其主体工程主要由泄水闸、船闸、电站厂房、鱼道、两岸滩地过流段及交通桥组成，正常蓄水位 36.2m，水库总库容 4.85 亿 m³，灌溉面积 327.6 万亩，规划航道等级Ⅲ级，电站装机容量 40MW。2009 年 12 月，腾升公司受湖北省南水北调工程建设管理局委托，承担兴隆枢纽主体工程招标代理。项目招标内容为汉江兴隆水利枢纽泄水闸、电站、船闸主体建筑土建及金结、机电安装工程，分为 3 个标段。

腾升公司于 2009 年 12 月 22 日在"中国南水北调网""中国政府采购网""中国采购与招标网""湖北省南水北调网""湖北招标投标信息网"上发布了项目招标公告。项目采

用现场报名方式进行，截至日共计发售招标文件 50 份，其中泄水闸 21 份，电站 14 份，船闸 15 份。于 2010 年 1 月 5—6 日组织了项目现场踏勘及标签会，并于 2010 年 1 月 15—20 日分期分批发布了 6 份答疑书，其中每个标段 2 份。项目开标会议于 2010 年 1 月 26 日在湖北省综合招投标中心进行，评标会议于 2010 年 1 月 26—28 日在卓刀泉大厦进行。评标专家共 9 人，其中招标人代表 3 人，其余 6 人为从国务院南水北办南水北调工程评标专家库中随机抽取。

2010 年 2 月 1—5 日在相关网站进行了项目评标结果公示，公示期内无质疑投诉。

第八章 | 工程项目管理

第一节 综 述

工程总承包与项目管理是国际通行的工程建设管理和组织实施模式。比较常见的有工程代建、工程总承包（EPC、D-B、E-P、P-C）、项目管理服务（PM）、项目管理总承包（PMC）以及参与投融资的 BT、BOT、BOO、BOOT、PPP 等多种模式。实行工程项目管理和总承包有利于控制工程造价，提升招标层次，大幅降低招标成本；有利于提高全面履约能力，确保质量和工期；明确责任主体，有利于追究工程质量责任。近些年来，工程项目管理和总承包在房地产开发、大型市政基础设施建设、煤炭化工等领域被普遍采用。它是深化我国工程建设项目组织实施方式改革、提高工程建设管理水平、保证工程质量和投资效益、规范建筑市场秩序的重要措施；是勘察、设计、施工和监理企业调整经营结构、增强综合实力、加快与国际工程承包和管理方式接轨、适应社会主义市场经济发展和加入世界贸易组织后新形势的必然要求；是积极开拓国际承包市场，带动我国技术、机电设备及工程材料的出口，促进劳务输出，提高我国企业国际竞争力的有效途径。

从 2003 年开始，原建设部相继颁布了《关于培育发展工程总承包和工程项目管理企业的指导意见》（建市〔2003〕30 号）、《建设工程项目管理试行办法》（2004 年）、《建设项目工程总承包管理规范》（2005 年），住房和城乡建设部于 2014 年颁布了《住房城乡建设部关于推进建筑业发展和改革的若干意见》等指导性文件和办法，积极倡导工程建设项目采用工程总承包和项目管理模式，鼓励有实力的工程设计和施工企业开展工程总承包和项目管理业务。2016 年 6 月，湖北省水利厅颁布了《湖北省水利建设项目工程总承包指导意见（试行）》，意见明确指出水利建设项目工程总承包可以实行整体总承包，也可以对其中若干阶段的工程、单项工程或专项工程实行总承包，鼓励中小型水利建设项目工程采用集中建设、分类打捆的方式实行总承包。水利建设项目工程实行总承包从项目可行性研究报告或初步设计报告批准后开始。工程总承包的方式一般采用设计-采购-施工总承包（EPC）或设计-施工总承包（D-B）模式。项目法人也可以根据项目特点和实际需要，采用项目管理总承包（PMC）等其他建设管理模式或总承包模式。

设计院积极响应建设管理体制改革的总体要求，在当前政府大力推进工程总承包与项目管理的大趋势下，把握机遇，主动迎接挑战。2016 年 7 月 1 日，设计院工程管理分院正式挂牌成立，标志着设计院迈出了由传统勘测设计向工程公司转型升级的重要一步。设计院充分利用勘测设计优势，积极参与了付家河水库、鄂北地区水资源配置工程等项目的代建、总承包试点工作。

付家河水库属湖北省"十二五"规划的重要中型水库，是远安县有史以来新建的投资最大的水利建设项目，水库总库容 1093 万 m³，以供水为主，兼顾生态、防洪等综合利用。水库主坝采用碾压混凝土重力坝。由于项目法人远安县水利局专业人员缺乏、管理经验不足等一系列问题，设计院提出选择专业团队来从事该水库建设管理工作，上报省水利厅后，省水利厅决定以付家河水库工程作为代建项目试点，解决基层水利建设专业人员缺乏、管理经验不足等问题。2014 年 10 月，设计院成功中标远安县付家河水库工程代建项目，并迅速组建了一支以专业人员为主的建设管理团队，历时两年工程建成蓄水开始发挥效益，代建试点工作获得成功。

2014 年 12 月，湖北省水利厅在鄂北地区水资源配置工程建设中推行 EPC 工程总承包的试点工作。这是湖北省水利行业乃至全国水利行业大型工程首次采用 EPC 工程总承包模式。设计院牵头联合中水六局、北京韩建管业公司中标鄂北地区水资源配置工程生产性试验 EPC 总承包项目。经过 1 年的探索实践，EPC 总承包取得良好效果，圆满完成了预期目标，也积累了大量经验，受到国家发改委、水利部、湖北省委省政府，湖北省水利厅认可，为湖北省水利行业推广 EPC 总承包起到了很好的示范作用。

第二节　代表性工程

一、鄂北地区水资源配置工程生产性试验项目 EPC 总承包

鄂北地区水资源配置工程生产性试验项目位于襄州区黄集镇与古驿镇之间的孟楼—七方倒虹吸管线上。线路平面总长 5.0km，设计流量 38.0m³/s，由 3 根 $DN3800$mm 的 PCCP 管并排同槽布置，管道工作压力为 0.4MPa，设计压力为 0.6MPa，管道沿线管顶覆土深度为 2.0～9.0m。EPC 总承包主要建设内容包括试验段及相关配套设施的初步设计、技施阶段设计，PCCP 管（管径 $DN3800$mm，单节有效长度 5m）及管件采购生产制造（现场建厂制造），管线土建工程施工及 PCCP 管安装、其他设备采购及安装，工程试验及验收等相应的技术支持和服务等，工程招标金额 3.37 亿元，工期 1 年。工程项目建设采用设计-采购-施工总承包（EPC）模式招标。

2014 年 12 月 26 日，由设计院牵头联合中水六局、北京韩建管业公司成功中标该 EPC 项目。鉴于国内大口径 PCCP 的应用并不广泛，可以借鉴的经验不多，设计和生产技术难度大，设计院成立了以李瑞清院长为组长、刘贤才为副组长的项目领导小组，组建了以李文峰为项目经理的 EPC 总承包项目部。项目部设综合管理部、工程设计部、工程技术部、质量安全部、计划合同部、财务管理部 6 个管理部门，下设 5 个二级项目部：设计项目部、管厂、管道安装施工项目部、阴极保护项目部、安全监测项目部。经过 EPC 总承包项目部统筹谋划、精心组织，在参建各方共同努力下，历时 100 天，顺利完成了建厂土建、设备采购、原材料准备及相关试验工作，于 2015 年 4 月 20 日正式开始生产第一根 $DN3800$ PCCP（单节有效长度 5m），至 2015 年 12 月，生产性试验项目 PCCP 及管配件的生产任务全部完成，共计生产 PCCP 标准管 2934 节（用于打压试验 32 节，备用管 1 节），管配件 51 件（质量约 1100t），检验全部合格。用于管线安装的 PCCP 标准管 2901 节，管配件 51 件。管道安装后接头三次打压无渗水漏水现象，接头连接密封良好，全部合格，优良率达 94.5%。

通过实施鄂北生产性试验 EPC 总承包项目，设计院培养了一批技术人员从事施工建设管理。这些技术人员通过跟班学习、现场磨炼，积累了实践经验，成为水利工程项目管理的技术骨干。

二、远安县付家河水库代建项目

远安县付家河水库代建项目是一座以供水为主，兼顾生态、防洪等综合利用的中型水库。最大坝高为 48m，坝顶总长 160.0m，总库容 1093 万 m³，调节库容 785 万 m³，水库坝址以上控制流域承雨面积 30.76km²。多年平均流量 0.42m³/s。水库正常蓄水位 220m，设计洪水位 222.64m。设计供水人口 13.97 万人，设计水平年总用水量 5.55 万 m³/d，水库建成后，配合其他供水工程，可解决远安县县城、旧县镇、花林镇及城南、江北、万里 3 个工业园的生产生活用水问题，工程概算总投资为 1.99 亿元。

2014 年 10 月，项目法人远安县付家河水库工程建设指挥部在湖北省公共资源交易中心通过公开招标，设计院中标为代建单位。该项目成为湖北省第一个在重点水库枢纽工程试点代建制的工程。2014 年 9 月，湖北省水利厅以鄂水利函〔2014〕518 号《关于远安县付家河水库工程实施代建制的意见》，明确在远安县付家河水库工程试点实施代建制，要求设计院和远安县积极探索，总结经验。随后，设计院及时组建了代建工作专班，由院总工别大鹏任代建总经理，组建了以贺敏、王海波、杨香东任项目副经理的现场项目管理团队。该项目于 2014 年 11 月 26 日开工建设，于 2016 年 7 月 26 日主体工程完工，并顺利实现了下闸蓄水。

付家河代建项目于 2015 年接受了国家发改委、水利部 4 批次检查、稽查，并获得了充分肯定，要求各地推广付家河代建经验。为此设计院主持编撰完成了《湖北省水利工程代建制操作实务指南》，并通过了湖北省水利厅的审查，该书于 2016 年 1 月由中国水利水电出版社正式出版发行，全书共约 10 万字。2016 年 1 月，付家河水库工地获得"湖北省水利工程建设文明工地"，同年 6 月，湖北省水利厅将该工地申报为"全国水利工程建设文明工地"。

第九章 | 涉外工程

马里共和国 6000TCD 糖厂甘蔗种植基地（简称"马里糖厂甘蔗种植基地"）项目是中国轻工业对外经济技术合作公司在非洲马里共和国塞古大区杜家布谷市兴建马里新糖联的建设项目。该项目属新糖联日榨 6000t 甘蔗糖厂的配套项目，其功能是向该糖厂均衡提供优质甘蔗，保证糖厂生产的稳定和安全。该项目对糖厂的产量和经济效益至关重要。根据招标文件，该项目共分 3 期工程，1、2 期工程共开垦 123 块半径为 472m 的圆形喷灌地，土地面积 9000hm²；3 期工程开垦 7950hm² 矩形漫灌地；土地总开发面积约 16950hm²（25.5 万亩），项目总投资 1.2 亿美元，施工总工期 5 年。

2010 年 7 月，设计院完成了马里糖厂甘蔗种植基地项目投标设计方案，并成功中标，开始与中国轻工业对外经济技术合作公司和中国轻工业武汉设计工程有限责任公司进行为期 5 年的技术合作。工程区位于尼日尔河流域。尼日尔河为非洲第三大河，西非第一大河，发源于几内亚富塔贾隆山，经尼日尔和尼日利亚注入几内亚湾，流经马里长度 669km。工程区位于尼日尔河上游的马里共和国塞古大区杜家布谷市，距离尼日尔河约 10km。工程设计的内容为灌区工程规划、设计、实施，包括土地开发总平面布置、渠系设计（包括干渠、支渠、斗渠、农渠和退水渠）368km、建（构）筑物设计［包括泵站、涵桥、进（退）水闸］近 960 座、道路设计（包括干道、田间道）420km。工程主要技术特点如下：

（1）项目的建设目标是实现机械化耕种，蔗田实现喷灌，田间管理半机械化，机械化收割。

（2）该工程路途遥远，现场查勘、收集资料较难，设计过程中根据需要安排现场查勘收资，或依托新、老糖联现场工作人员完成。

（3）灌溉、排水工程的工程布置是系统工程，要做到渠、沟、路、林统一规划布置，做到水灌得进、排得出，有利于耕作和运输。在设计保证率情况下，保证农作物不受旱涝之灾。项目为新建的灌溉工程，工程总体布置方案是关系到整个项目优劣的关键，是工程设计的重点也是难点。因此工程总体布置结合土方平衡结果（挖填平衡最优组合），考虑当地建材情况，根据多方案技术经济比较，提出以下推荐方案：干渠按最短距离布置，支渠平行布置，灌溉采用 7 天轮灌制。该方案得到了中国轻工业对外经济技术合作公司、中国轻工业武汉设计工程有限责任公司的认可，并根据发包人和业主的意见进行优化，确定最终的设计方案。

（4）由于发包方未提供工程区测量控制网资料和详细的地形图，设计院测量队 3 次去马里现场，完成了 160km² 的 1：2000 地形图测量，为工程设计和施工提供了可靠的数据，测量工作中还收集了当地的控制网资料，并建立了工程区局部独立网，为工程布置提供了便利。

（5）灌区引水设计水位是工程设计的重要参数之一，也是工程优化设计的重要参数，是工程设计的一个难点。根据已有的资料分析，科斯特渠 1 号桥位置处设计水位是299.0m。但实际运行情况是该水位的保证率由于缺乏实测资料无法分析，设计院以正式公函文件形式要求总承包方现场观测、收集水位资料，以保证设计重要数据的有效性，并为优化工程设计提供依据。

（6）工程区缺乏针对性的地质资料，发包人仅提供了场区的地质资料，供设计参考的地质资料缺乏是工程设计的难点。所以必须采取根据现场施工开挖情况进行补充分析来进行局部调整，优化设计，工作量应加大。

（7）由于当地建筑材料和施工条件的资料不多，对建筑物的优化设计是一个难点，设计单位和承包方一同去工程所在地收集资料，确保建筑物在满足设计要求的情况下，经济指标最优。

（8）项目建设是总承包，设计方案须符合经济适用的原则，采用中国标准规范也要结合马里的实际情况，把握设计安全原则很重要，要充分利用当地优越的自然环境和资源及现糖联的既有资源，尽可能减少投资，提高建设效用，节约开支。

第四篇

专业发展

第一章 | 工程地质与水文地质

第一节 发 展 历 程

2010年以前，工程地质处一直称地质大队，下设地质组、物探组、器材组、财务组和钻探组。1999年设计院将实验室撤销，合并到地质大队，并增设试验组。2003年试验组改建为试验室（试验检测中心）。2010年设计院更名，并将试验室与地质大队合并，地质大队改为地质试验处。2014年，因发展需要，试验业务被分离，地质试验处改名为工程地质处。下设地质一室、地质二室、物探室、钻探部和综合部。

1997年，工程地质处的专业技术干部人数不到全处人数的40%，没有硕士研究生，也没有正高职高级工程师。随着设计院发展和专业技术力量增强，工程地质处的人员结构有了很大的变化，技术力量显著提升。截至2016年6月，工程地质处在职职工71人，专业技术干部占比达65%以上。本科以上学历46人，其中研究生学历7人。正高职高级工程师13人，高级工程师13人，工程师8人，会计师2人，经济师1人，技师9人，注册土木工程师3人。

野外地质测绘从2003年就开始采用手持GPS定点，数码相机摄影。从2000年开始所有地质勘测图纸和报告都是采用计算机完成，2012年，已经是人手1台笔记本电脑用于外业工作。到2014年，开始引进三维CAD制图。钻探设备和物探仪器也是随着工作需要逐步配备和更新。工程地质处拥有的主要勘探设备和仪器见表4-1-1。

表4-1-1　　　　　工程地质处仪器设备一览表（截至2016年6月）

序号	设备名称	规格型号	单位	数量	购置时间	主要用途
1	手持GPS	集思宝、小博士	台		2003—2015年	野外地质定点
2	CORS系统		套	1	2014年	地质及勘探点的收放
3	手持RTK	MG868H	套	1	2013年	地质及勘探点的收放
4	工程钻机	XY-4	台	1	1996年	深孔钻探，最深达1000m
5	工程钻机	GY-600	台	2	2010年	用于孔深小于600m的钻探
6	工程钻机	XY-1	台	20	2003—2014年	用于孔深小于100m的钻探
7	便携钻机	ZY-15	台	1	2015年	用于线路勘察
8	便携钻机		台	1	2016年	用于线路勘察
9	液压静力触探仪	JF111-10T	台	1	2006年	
10	灌浆机	BWT120/30	台	1	2004年	
11	非金属超声测试仪	SYC-22	台	1	1998年	声波测试

续表

序号	设备名称	规格型号	单位	数量	购置时间	主要用途
12	地震仪	SWS－3	台	1	2004 年	工程勘察
13	地质雷达	RIS	台	1	2004 年	工程勘察
14	岩石工程质量检测仪	LX－10A	台	1	2004 年	声波测试
15	高密电法仪	DUK－2	台	1	2004 年	工程勘察
16	井下电视	LB－46	台	1	2004 年	勘察与检测
17	综合测井仪	SS－1	台	1	2004 年	测井
18	非金属声波检测仪	RS－ST001C	台	1	2013 年	钻孔声波

2002 年以前，生产管理实行的是以钻探分队为单位的管理体制。2003 年进行了改革，改成了以地质技术人员为主导的项目管理体制，极大地调动了职工积极性。2007 年为了适应市场和形势需要，工程地质处又对钻探实行了项目承包管理。地质勘察成果质量管理在 2000 年之前主要是实行 TQC 全面质量管理体系，而后执行 ISO9001 质量管理体系，从 2016 年开始实施三标一体的管理体系。地质勘察人员除了必须遵守法律法规和质量管理体系外，外业实行事前指导、事中检查、事后验收三个质量管控环节，确保外业收集的第一手资料能够满足规范和工程的要求；内业实行设、校、审、核四道程序，严把质量关。在安全管理方面设计院强化了制度管理，自 2003 年开始实行项目安全责任制，之后又出台了与钻探机组签订安全责任状的制度，2011 年出台了安全管理规定及相应实施细则，对地质勘察中各个环节的安全管理都做了具体规定，这些制度的建立，有力地保障了地质勘察工作的顺利完成。

工程地质处作为设计院主要生产部门之一，承担了大量水利水电工程的工程地质与水文地质勘察工作，为湖北省的水利建设作出了重要贡献。在搞好主业的同时，业务范围拓展到工民建、地灾、交通、供水等其他领域。据不完全统计，1997—2016 年工程地质处共完成各类项目近 400 项，完成的勘探总进尺近 60 万 m，完成的各类比例尺工程地质测绘面积达 10 万 km²，物探约 8 万标准点，见表 4－1－2。

表 4－1－2　　　　工程地质处近 20 年完成的主要工程勘察项目

序号	工程分类	主要工程项目
1	水库工程	恩施喻家河水库、咸丰龙洞湾水库、房县方家畈水库、广水金鸡河水库、通山黄金口水库、孝昌邹家河水库、谷城潭口二水库、竹山鼓锣坪水库、竹溪鸳鸯池水库、大悟三塔寺水库、远安县付家河水库、五峰关门岩水库、兴山两河口水库、保康岩头溪水库、郧西水石门水库、王英水库整险加固、团风牛车河水库整险加固、竹溪河水库整险加固、富水水库整险加固、咸安南川水库整险加固等
2	水电站工程	长阳招徕河电站、竹溪鄂坪电站、竹溪周家垸电站、竹溪白沙电站、竹溪双河口电站、竹溪冯家湾电站、郧西陡岭子电站、竹山龙背湾电站、竹山小漩电站、竹山松树岭电站、陕西白河电站、房县柳园铺电站、房县范家垭子电站、宣恩洞坪电站、宣恩狮子关电站、利川峡口塘电站、利川龙桥电站、利川云口电站、恩施老渡口电站、恩施罗坡坝电站、建始野三河电站、建始闸木水电站、建始红瓦屋电站、建始花坪河电站、神农架龙潭嘴电站、咸丰朝阳寺电站、咸丰甘香峡电站、来凤纳吉滩电站、南漳峡口电站、南漳县杨家峡电站、秭归观音堂电站、汉江新集电站、汉江碾盘山电站、恩施清江姚家坪电站、四川俄日电站、四川年克电站等

序号	工程分类	主　要　工　程　项　目
3	堤防工程	洪湖监利长江干堤、汉南至白庙长江干堤、荆江大堤、咸宁长江干堤、武汉市长江干堤、黄广大堤、黄石长江干堤、昌大堤、阳新长江干堤、枝江上百里洲堤防、汉江干堤（含东荆河堤防）、洪湖主隔堤、黄梅西隔堤、嘉鱼簰洲湾堤防、珠海乾务赤坎大联围、珠海中珠联围、珠海白蕉联围、西藏山南雅江堤防等
4	灌区工程	漳河灌区、洪湖隔北灌区、观音寺灌区、沧水灌区、石门灌区、白莲河灌区、引丹灌区、泽口灌区、兴隆灌区、徐家河灌区、随中灌区、黄梅灌区、孝昌灌区、温峡口灌区工程等
5	分蓄洪工程	杜家台分蓄洪区、荆江分蓄洪区、华阳河分蓄洪区、洪湖分蓄洪区、邓小两湖分蓄洪区等
6	引调水工程	引江济汉工程、引江补汉工程、鄂北水资源配置工程、鄂坪调水工程、湖南祁东调水工程等
7	水闸及泵站工程	富池口大闸、白云湖大闸、高河闸、向家草坝闸、湄港闸、九宫河闸、宝石河闸、民信闸、黄陵矶闸、福田寺闸、咸安大畈陈闸、子贝渊闸、白马径泵站、汉江中下游闸站改造工程、潜江老新二泵站、澎湖泵站、汉南周家河泵站、广东顺德西河泵站、北京上桩新闸等
8	公路桥梁工程	武英高速（甚家矶至周铺段）、九沟桥、荆江分蓄洪区转移道路及桥梁工程、水布垭库区桥梁勘察等
9	河道治理工程	十堰市中小河流治理工程、房县平渡河河道治理工程、沮漳河河道治理工程、举水河道治理工程、洪湖内荆河河道治理工程、鄂州第二通道工程、府澴河河道治理工程、襄阳杨叉河河道治理工程、崇阳隐水河河道治理工程、东湖港综合治理工程、宜都中小河流治理工程、黄陂中小河流治理工程、仙桃洪湖中小河流治理工程、浠水河道治理工程、崇阳虎爪河河道治理工程等
10	建筑工程	中国种子公司实验楼、设计院9栋住宅楼、设计院10栋住宅楼、省水产良种试验区勘察、湖北省水科院办公楼、湖北省南水北调管理局办公大楼、引江济汉工程管理房、闸站改造工程管理房、龙背湾业主办公楼、兴隆枢纽移民安置房勘察等
11	地灾评估勘察治理工程	汉南长江干堤陡埠段岩溶地面塌陷勘察治理工程、崇阳县工业厂房地质灾害评估、木长河滑坡地灾评估勘察与治理工程、恩施大峡谷风景区地灾评估勘察与治理工程等
12	供水工程	钟祥大柴湖供水工程、田关泵站供水工程、应城城市供水工程、麻城浮桥河水厂、浠水城市供水工程、竹溪水厂、枣阳市城市供水工程、房县军店供水工程、神农架机场供水工程、北京门头沟水厂等
13	生态治理	武汉市东湖连通工程、磁湖生态治理、潜江东干渠综合整治工程、大悟一河两岸景观工程、梧桐湖新区综合整治工程、珠海斗门区尖峰桥东桥头景观工程、九峰河连通工程、四湖流域综合治理工程等
14	其他	洪湖分蓄洪区东分块地下水环境评价、汉江兴隆库区防护勘察、富池口镇边坡治理工程、鄂州码头勘察、汉北河汉川段水利血防工程等

第二节　典型专业案例

一、洪湖监利长江干堤

洪湖监利长江干堤经过历年加高培厚而形成，堤身单薄，受历史原因和技术条件限制，堤身的填土土料混杂，填筑质量较差，出现的险情主要有散浸、漏洞、裂缝、脱坡等，历史上也曾多次发生漫溢、溃口险情。堤基土层多具二元结构，双层结构堤基占堤防总长的 76.8%，多层结构占 23.2%。存在的主要工程地质问题有渗透变形破坏、沉降变形和崩岸等。在抵御 1998 年长江流域特大洪水时险象环生，出现了十几处溃口性险情。

为了对洪湖监利长江干堤进行整治，1998—2001 年，设计院进行了全面系统的工程地质勘察，获取了大量地质勘探资料，共完成 1/5000 工程地质测绘 430km^2；钻探 1176 孔，进尺 30490.16m；电法勘探 470 标准点；采取原状土样 3370 组；标准贯入试验 2590 次；野外注水试验 230 段；现场抽水试验 20 段。

在洪湖监利长江干堤整治的过程中，设计人员依据详细的勘察成果，综合分析堤防地质结构和工程地质条件，大胆采取了全新的防渗措施，第一次将垂直铺塑、防渗墙等技术应用于湖北堤防工程的整治加固。根据不同的地质结构特点和地质环境，洪湖监利长江干堤成功运用了垂直铺塑、高压旋喷、摆喷防渗墙、搅拌桩地下连续墙、超薄防渗墙、液压抓斗防渗墙等技术和施工工艺，勘察成果为其提供了强有力的地质数据支撑。

二、龙背湾水电站

龙背湾水电站位于湖北省十堰市竹山县柳林乡官渡河上，是堵河上的龙头电站，面板堆石坝，最大坝高 158m，总库容 8.251 亿，装机 180MW，地面厂房。电站工程规模为大（2）型，大坝为 1 级建筑物，其他主要工程为 2 级建筑物。2003—2004 年完成可行性研究阶段的地质工作，2005—2009 年完成初步设计阶段的地质工作，2009 年年底开始施工，2015 年建成发电。

龙背湾电站枢纽工程所处位置，在地貌区划上属秦岭—大巴山体系。山脉大致沿东西方向伸展。河谷深切，峡谷纵横，悬崖峭壁随处可见。枢纽区地层属扬子准地台区，主要出露志留系黑色页岩、灰绿色中厚层细砂岩、粉砂岩夹页岩。电站工程主要工程地质问题有：库岸稳定问题，软岩高边坡稳定问题，软岩洞室围岩稳定问题，坝基深厚覆盖层软基变形问题等。为查明河床砂卵石的分布特点与不同高程砂卵石承载力，设计院对河床砂卵石进行了大量的圆锥动力触探试验，同时与中科院南京科研所合作进行大型砂卵石力学模拟试验，并在综合分析动探试验成果、颗分试验成果及大型力学试验成果的基础上，确定对砂卵石层进行合理利用，大大减少了坝基的开挖工程量和节省了工程投资，也为其他类似工程积累了经验。

三、南水北调中线一期引江济汉工程

引江济汉工程属于南水北调中线工程的一部分，是汉江中下游 4 项治理工程之一。渠道全长约 67.23km，调水流量为 350m^3/s，年均引水量为 22.8 亿 m^3，兼顾通航，沿途交叉建筑物 100 余座，为大型水利工程。引江济汉工程重要工程地质问题有：膨胀土问题、砂基问题、软基问题。

（1）膨胀土问题。引江济汉工程渠线中段（7＋400～55＋800）属长江、汉江的二级阶地，为具有膨胀性的上更新统老黏土分布区。膨胀土问题是引江济汉工程的关键技术问题。为了查明工程区膨胀土的分布和性质，工程地质处组织力量做了膨胀土专题研究。根据引江济汉渠道膨胀土呈层状分布的特点，膨胀土分类按三个步骤进行：首先，对单个膨胀土样本进行膨胀潜势等级分类，选取自由膨胀率、塑性指数作为膨胀潜势判别的指标；其次，依据多个膨胀土样本的膨胀性等级对每一层膨胀土进行膨胀潜势分类，按照样本数的1/3来划分；最后，依据"厚度1/3"法则对渠坡膨胀土进行综合分类，分类方法综合考虑了坡高、地下水特征、中强膨胀土在渠坡的分布部位、裂隙的分布特征和产状、运行水位高程等因素。

（2）砂基问题。在渠道的进出口段，为长江、汉江的一级阶地，砂土地基的分布较为广泛，且不均匀，为潜水、承压水的含水层。该区域地下水位较高，且含水量丰富，砂土地基在渠道施工开挖、运行会带来一系列的地质问题，如地基稳定性、施工期涌水涌砂、边坡稳定、渗透稳定、渗漏和浸没等，给工程建设带来危害。其中，施工期涌水涌砂问题对工程建设的危害性最大，降水、排水措施的投资也较高。施工期间，地质人员现场及时进行判断，提供处置建议。

（3）软基问题。引江济汉工程穿长湖，湖底的软土层厚度决定穿湖方案是否可行。在可行性研究阶段，设计院在长湖后港湖汊布置了6条线路进行比选，通过勘察，最后选择了穿湖线路短、软土厚度较小（1.2m左右）的穿湖线路。在穿湖段，采用围堰填筑法施工，清淤、填堤，将施工围堰作为渠堤的一部分，并对围堰软基采用粉喷桩进行工程处理。

引江济汉工程已于2014年9月建成通水，到目前为止，运行良好。通过该工程的建设，设计院进一步认识了膨胀土的性质和针对膨胀土渠道的处理方法，为类似工程的建设积累了经验。在鄂北地区水资源配置工程修筑膨胀土渠道时就借鉴了引江济汉工程膨胀土处理的成功经验。同时也对诸如软土地基、砂基等不良地基工程地质特性的认识和处理积累了经验。

第二章 | 试验检测

第一节 发 展 历 程

1997—2002 年是试验专业逐渐萎缩的阶段。1997 年，随着水利行业建设监理制的兴起，试验专业的一些技术人员逐渐转向监理专业发展。1999 年，设计院撤销了实验室，大部分试验专业技术人员转岗到了其他科室工作，余下人员被并入地质大队组新成立的实验组。技术人员流失、设备老化损坏造成试验专业萎缩，试验组仅能承担工程勘察最常规的土工、岩石试验。

2003—2008 年是试验专业逐步发展的阶段。2003 年，实验室在并入地质大队 4 年后重新恢复成一个独立的试验室。为了试验专业今后的发展，在新一届科室领导班子的带领下，全室干部职工统一思想认识，在做好院各试验项目的同时，积极筹备申请实验室计量认证。计量认证是国家凭借政府计量行政部门的计量技术手段，来评价检验机构是否真正具有为社会提供公证数据的条件和资格。只有通过了计量认证，实验室才有资格对外承揽业务，才能走出立足于市场。为此，设计院一方面对实验大厅进行了改造装修，改善办公环境；另一方面，组织科室内部技术培训，安排技术骨干参加技术监督局的培训班，并请相关专家现场指导质量管理体系文件的编写和计量认证的筹备工作。经过几个月紧锣密鼓的准备，2007 年 11 月 22 日顺利通过了湖北省技术监督局计量认证评审组的现场评审，12 月取得了实验室计量认证合格证书。至此，试验专业的发展迈出了至关重要的第一步。

计量认证之后，实验室通过引进人才、更新老化落后设备等举措稳定强化现有试验能力，并逐步对外承接试验项目。2005 年，随着日本协力基金贷款设备的到位，实验室利用监督评审的机会，进行并通过了扩项认证评审。试验专业的检测资质范围得以扩大，在原来土工、天然建筑材料和岩石试验的基础上增加了混凝土/砂浆/钢筋等建筑材料检测、混凝土结构工程现场检测以及建筑地基/基础检测等，为试验专业进入工程检测领域奠定了基础。扩项之后，试验专业便开始涉足水利工程施工质量检测领域。随着对外工程检测业务的开展，试验专业技术人员逐步开阔了眼界，在实践过程中不断学习领会，专业能力稳步提升。2008 年，实验室换证评审同时也迎来了《水利工程质量检测管理规定》（水利部令第 36 号）的颁布，实验室立即组织试验人员分期分批到北京参加各专业检测员培训，取得相关专业的检测员资格证书，为 2009 年申请水利部甲级检测资质做好了必要的准备。

2009—2016 年是试验专业迅速发展的阶段。2009 年，《水利工程质量检测管理规定》（简称《管理规定》）正式施行，按其规定，检测单位应为独立法人机构，应当取得资质，并在资质等级许可的范围内承担质量检测业务。检测单位资质分为岩土工程、混凝土工程、金属结构、机械电气和量测 5 个类别，每个类别分为甲级、乙级 2 个等级。取得甲级资质的检测单位可以承担各等级水利工程的质量检测业务。设计院通过对《管理规定》的仔细研究和对省内检测市场的调查分析，决定与湖北省水科院、湖北省水利厅水电工程检测研究中心强强联手，整合3家单位的试验检测资源，组建湖北正平水利水电工程质量检测有限公司（简称"正平公司"），以期申请取得水利部5个专业类别的甲级检测资质，确保湖北水利工程检测市场的绝对优势，逐步进军外省检测市场。

正平公司成立后，在原3家机构具备的检测能力基础上，对照《管理规定》中甲级资质等级的标准查缺补漏，更新添置设备，购置规程规范，进行人员专业培训，编写管理体系文件，重新建立了公司的质量管理体系，并于2009年4月申请取得了具备水利部甲级检测单位资质要求的计量认证证书。随后组织检测人员参加各专业的检测员培训取证，收集原3家机构近3年的检测业绩，整理相关材料申报水利部甲级检测资质。同年8月，正平公司不负众望取得了水利部5个专业类别的甲级检测资质。取得资质后不久，正逢水利部建管总站面向全国招标水利部水利工程稽查检测单位，经过充分精心的准备，正平公司又一举中标，成为全国仅有的6家水利部稽查检测单位之一，是中标单位中唯一一家地方检测机构。

随着正平公司检测业务的开展，试验专业进入了一个快速发展阶段。近几年来，公司陆续承接了省内外水电站、水库、泵站、水闸、灌区、分蓄洪区、引调水工程等各类水利工程设施的安全检测、水利建设工程的质量检测、水利工程验收质量抽检以及安全监测项目等。专业类别从原来岩土、混凝土两类发展到现在的岩土、混凝土、金属结构、机械电气、量测五类，横向项目产值从2008年不足20万发展到2015年超过500万元。

第二节　专业建设

目前，试验专业有21名职工，其中正高职高级工程师3名，高级工程师3名，工程师6名，研究生2名；拥有国内外各类先进的试验检测仪器设备设施；业务范围包括工程勘察设计的土工、岩石、天然建筑材料试验，水利水电工程、土木工程实体及用于工程建设的原材料、中间产品、金属结构、机电设备检测，水利水电工程施工质量检测（平行及跟踪检测、监督及验收检测），水工建筑物安全鉴定检测，水利水电工程质量仲裁检测，水利水电工程质量检测技术研究与开发。

近年来，院试验专业每年承揽数十项各类项目的检测任务，主要试验检测项目如下：

（1）南水北调中线引江济汉工程土工试验项目（膨胀土）。

（2）汉江干堤除险加固工程渗透变形试验。

（3）珠海乾务赤坎大联围工程土工试验项目（软基小三轴试验）。

（4）湖北省竹溪县鄂坪水电站工程天然建筑材料试验项目。

（5）湖北省竹山县龙背湾水电站工程天然建筑材料与现场岩体试验项目。

（6）湖北省竹山县小漩水电站工程天然建筑材料与现场岩体试验项目。

（7）白河水电站工程天然建筑材料与现场岩体试验及滑坡体研究项目。

（8）碾盘山水电站工程天然建筑材料与现场岩体试验项目（大三轴、岩体抗剪、岩/混凝土抗剪断）。

（9）湖北省罗田县天堂水库除险加固工程工程防渗墙塑性混凝土配合比设计试验项目。

（10）汉江遥堤工程竣工验收质量抽检项目。

（11）水利部辽宁土门子水库稽查质量检测项目。

（12）湖北省房县三里坪电站施工质量平行检测及第三方检测项目。

（13）湖北省竹山县龙背湾电站施工质量第三方检测项目。

（14）清泉沟隧洞混凝土衬砌质量检测项目。

（15）南水北调中线工程兴隆水利枢纽泄水闸地基基础检测项目。

（16）湖北省大冶市毛铺水库工程防渗墙质量检测项目（无损检测）。

（17）湖北省宜昌市东风渠普溪河渡槽安全检测项目。

（18）沙坪水库安全检测项目。

（19）荆南四河堤防加固工程施工质量平行检测及第三方检测项目。

（20）南水北调中线工程鲁山北标段施工自检项目。

（21）鄂北水资源配置工程试验段 PCCP 混凝土砂浆原材料选择及配合比设计试验项目。

（22）鄂北水资源配置工程试验段施工自检项目。

（23）鄂北水资源配置工程试验段安全监测项目。

在国家大力推进供给侧改革、水利工作改革创新不断深化的大环境下，试验检测工作将立足省内、辐射省外，依托现有技术能力与技术支撑，进一步拓展试验检测技术的深度和宽度，不断深化技术创新，加强人才培养和储备，拓宽技术服务面，为水利水电工程、土木工程等提供优质高效的质量检测服务。

第三章 | 工程测绘与遥感

第一节 发 展 历 程

2010 年以前，工程测绘处称测量大队，下设工程师室、外业队、综合队，2003 年成立航测队。2010 年设计院更名，测量大队改称为工程测绘处。目前工程测绘处下设测绘一室、测绘二室、测绘三室、航测室、综合室。2000 年出台了测量项目管理办法，并不断进行修改完善。管理制度的建立，规范了测量工作程序，明确了效益兑现和成果质量要求，有利于调动技术人员和职工工作积极性，有力地保障了测量工作的顺利完成。

20 年来，随着设计院发展与和专业技术力量增强，工程测绘处的人员结构有了很大的改善，技术能力与装备水平有较大提高。目前职工有 42 人，专业技术干部占比达 80％以上。本科以上学历 28 人，其中研究生学历 5 人，拥有正高职高级工程师 5 人，高级工程师 9 人，工程师 7 人，注册测绘师 6 人。

测绘技术装备得到了不断更新，测绘综合生产效率明显提高。1995 年，设计院自主开发了水准测量记录程序、导线测量记录程序，实现观测记录的自动化；自主开发了纵、横断面数据处理和绘图程序，实现纵、横断面数据处理和绘图的自动化。1998 年，采用瑞得 RDSCAN 地形图扫描矢量化软件，实现了地形图的内业数字化成图。1999 年，添置了第一套测量型 GPS 接收机（Ashtech step - 1）和第一套数字测深仪，控制测量获得实质性的变化，并实现了水下地形测量的数据采集自动化、成图数字化。2002 年，通过差分 GPS、数字测深和数字化测图技术的集成，提出了水深值粗差探测的有效方法，完成的"水下地形的数字化测绘"科研项目通过湖北省水利厅主持的鉴定，并获得 2003 年湖北省科技进步奖三等奖。2003 年，添置了第一套数字航空摄影测量系统，地形测量的效率提高了 10 多倍。2004 年，添置了第一套高精度测量机器人（TCA2003）和 GPS RTK 接收机，实现了精密控制网测量和 GPS 实时动态测量；采用南方测绘 CASS 软件，实现了内外业一体化数字化成图，全面实现测绘成果的数字化生产。2011 年，在湖北省首次采用 IRS - P5 卫星影像，完成了竹溪县竹溪河流域 1：10000 比例尺地形测绘。2014 年，采用地理信息技术（GIS），完成了农业部试点——随县农村土地承包经营权确权数据建库，标志着开始向信息化测绘过渡。截至 2016 年 4 月，工程测绘处测量技术装备有 DNA03 等型号数字水准仪 5 台、Leica TM50 等型号测量机器人 2 台、Leica TS 06 等型号全站仪 22 台，Leica GS 15 等型号测量型 GPS 接收机 22 台，E - sea sound MP 35 等型号数字测深仪 6 台，Map Matrix 等型号全数字摄影测量系统 8 台。

在测绘质量管理方面，从 2000 年起，全院质量管理按 ISO9001 质量体系文件执行，

2016年开始实施"三标一体"管理体系。测绘质量管理由主任工程师和专职检查验收员负责测绘成果的检查验收，执行"两级检查，一级验收"制度，严把质量关，并接受测绘行业和水利系统的技术指导和质量监督。

2008年以来，工程测绘处逐步开拓了测绘监理、第二次土地调查项目城镇（村庄）土地地籍测量、农村土地承包经营权确权数据建库、山洪灾害调查评价项目等测绘市场，目前从事工程测量甲级资质业务，乙级资质业务有航空摄影测量与遥感、地理信息系统工程、不动产测绘、行政区域界线测绘、房产测绘、地图编制。2015年，工程测绘处获得了工程测量监理甲级资质，已经成为湖北省水利水电行业工程测绘专业的主力军。近年来设计院推行了三维设计，这也对测绘专业提出了更高的要求，为适应现代技术的快速发展，增强设计院的测绘专业实力，工程测绘处在现有技术和装备基础上，进一步探索地理信息系统、数字摄影及机载激光扫描、无人水下测绘系统等方面的运用。

第二节　代　表　性　工　程

一、南水北调一期引江济汉工程

1999年，设计院采用平板测量方法，投入两个分队，完成了引江济汉工程选线阶段1∶5000比例尺地形图的绘制和118.5km^{2}地形的测量，2003年采用航空摄影测量方法，完成了1∶2000比例尺地形图面积为131km^2，正射影像图（DOM）131km^2，正射影像图直观性强，极大地方便了设计人员选线，为设计选线提供了可靠的测绘保障。

2010年，引江济汉工程进入施工阶段，工程测绘处承担了南水北调中线一期引江济汉工程施工控制网项目。

GPS骨干网作为渠线平面施工控制网的基础框架，有7个GPS点，其中3个为国家一、二等三角点。GPS骨干网最弱点其坐标及点位中误差为：$M_x = 1.89$cm，$M_y = 2.05$cm，$M_p = 2.79$cm。二等水准采用LEICA DNA03数字水准仪观测，最弱点（HBYJ15）高程中误差为6.02mm。

渠线平面施工控制网是在GPS骨干网的基础上布设的三等GPS网，共有189个点，点位密度高，采用标称精度为不低于5mm＋1ppm的8台双频GPS接收机进行观测。二维约束平差后平均边长相对中误差为1/920000，小于限差1/150000。

建筑物平面施工控制网包括4处水利枢纽施工控制网和1处桥梁施工控制网，主要控制点采用混凝土标墩。并采用TCA2003全站仪对网中部分相邻点边长进行二等精密测距。采用一点一方向进行平差计算，将GPS向量和地面精密测距联合平差，平差后平均边长相对中误差为（1/300000～1/670000），均小于限差（1/250000），最弱点点位中误差0.64cm。

南水北调中线一期引江济汉工程施工控制网于2011年1月通过了湖北省南水北调工程建设管理局组织的验收，并于2011年获全国优秀水利水电工程勘测设计奖铜质奖。

二、龙背湾水电站

龙背湾水电站库区河道总长82km，测区高程400.00～2000.00m，山高坡陡，林木茂密，交通不便，给测量工作带来很大的困难。测量人员想方设法，采用GPS测量、五等电磁波高程导线测量、免棱镜激光全站仪等先进技术和设备，2003 年工程设计阶段，设计院完成了河道纵横断面测量 183km、1∶10000 比例尺地形图面积为 400km²、1∶1000 比例尺地形图 10km²、1∶500 比例尺地形图 5.5km²、Ⅳ 等水准测量 150km，Ⅳ 等 GPS 测量 24 点。期间为了测绘库区 1∶10000 比例尺地形图，采用 E 级 GPS 进行像控点测量，共完成 50 个像控点测量，并利用新一代中国似大地水准面 CQG2000 模型，对近似正常高进行系统误差改正得到正常高，经外部检验，像控点的正常高中误差为 ±0.21m，满足山区 1∶10000 像控点精度要求，圆满完成了龙背湾水电站的测量任务。

三、马里甘蔗种植基地测量

马里甘蔗种植基地项目是马里共和国 6000tCD 糖厂日榨 6000t 甘蔗糖厂配套项目。为了进行马里甘蔗种植基地农田水利工程设计和施工，需要施测 1∶5000 比例尺地形图。本工程地形平坦，只有少数岗地。测区多为沼泽、灌木林地，天气炎热，给测量工作带来较大困难。

马里甘蔗种植基地共有三期测量工作，第一、第二期分别于 2010 年、2011 年完成，采用 RTK 方法测图，完成 1∶5000 比例尺地形图，面积分别为 72.5km²、40km²。

2012 年，针对第三期测量工作量大、工期紧的情况，经过调研，制定了利用 GEO-EYE－1 测图卫星遥感数据测绘 1∶5000 比例尺地形图的技术方案。完成了 D 级平面控制网 74 点和四等水准控制 114.6km，采用 GNSS 高程拟合方法，高程中误差为 1.31cm，实现了 GNSS RTK 三维测绘；利用 GEOEYE－1 测图卫星遥感数据，基高比较大，有利于提高高程精度，共施测了 43 个像控点，采用基于有理函数模型（RPC）的区域网平差软件进行区域网平差，仅用了 6 个像控点；检查点有 37 个，绝对定向平面中误差为 0.26m，高程中误差为 0.22m；检查点平面中误差为 0.46m，高程中误差为 0.34m，完成了 1∶5000 比例尺地形图测绘 261km²。

新技术的应用显著提高了综合测量效率，与常规数字测图方法比较，效率提高 4 倍，并保证了测绘成果质量，为工程建设赢得了宝贵的时间。

该项目获 2015 年湖北省优秀测绘工程奖一等奖。

四、鄂北地区水资源配置工程

鄂北地区属湖北省北部，引水线路长达 269.3km。工程测绘采用 1980 年西安坐标系，高斯正形投影，为了减小长度投影变形，分两个自定义投影带，中央子午线分别为 112°10′、113°25′。

四等 GPS 网于 2012 年 12 月 12 日进场，2013 年 12 月 22 日选点埋石工作结束，共埋设标石 120 个。2013 年 1 月 12 日 GPS 静态观测完成。2013 年 4 月四等水准测量 560km 完成。采用航空摄影测量方法进行测绘，完成 1345 幅 1∶2000 带状地形图，面积约 800km²，另外采用数字测图技术，完成 1∶500 比例尺地形图共 172 处，面积 24.8km²。

利用具有 POS 的 ADS80 高分辨率航空传感器，大幅度减少了野外控制的工作量；建立了厘米级区域似大地水准面，实现了 GNSS RTK 三维测绘；纵横断面测量采用了自主开发的断面数据自动处理与检查软件，提高了数据处理的可靠性。像控测量采用 GPS 静态相对定位方法，保证了像控点的精度和可靠性，最弱点平面中误差为 0.042m，最弱点高程拟合中误差为 0.025m。为了检查地形图的数学精度，对 70 幅地形

图，利用 RTK 方法测量了 3800 多个外业检查点，丘陵区图幅高程中误差的最大值为
0.42m，高程误差的最大值为 0.64m；山区图幅高程中误差的最大值为 0.43m，高程误差
的最大值为-0.80m。

湖北省鄂北地区水资源配置工程主要建筑物有管桥、明渠、隧洞、渡槽、倒虹吸等
60 余座，必须建立全线统一的、高精度的施工控制网。2014 年 10 月至 2016 年 2 月，工
程测绘处完成了施工控制网测量。

坐标框架采用斜轴墨卡托平面坐标系统，长度投影变形不大于 1cm/km，解决了多个
投影带导致频繁的坐标换算的问题。

平面控制分两级布设，二等干渠平面控制网 GNSS 点共 48 座，基线最短边长为
1791.8m，最长边长为 20544.4m，平均边长为 8261.3m。经三维约束平差后，最弱点的
大地坐标的中误差为：南北方向 1.2cm，东西方向 1.0cm，垂直方向 2.9cm。经二维约束
平差后，平均边长相对中误差为 1/2094000，最弱边的边长相对中误差为 1/722000。三等
干渠平面控制网 GNSS 点共 735 座，最大平均边长相对中误差 1/730948，小于限差 1/
150000；最弱边的坐标相对中误差：$Md_x=0.20cm$，$Md_y=0.16cm$；最弱点的坐标及点
位中误差为：$M_x=0.38cm$，$M_y=0.35cm$，$M_p=0.52cm$。三等干渠 GNSS 平面控制网的
相邻点边长（共 113 条）进行二等精密测距。94.6% 的边长较差小于 10mm。

高程控制网分两级布设，进行了二等水准测量和三等水准测量。

宝林隧洞长度为 13.84km，埋深 300～400m，采用 TBM 的隧洞施工工法施工，贯通
误差的控制十分重要。宝林隧洞控制网经平差计算，平均边长相对中误差为 1/1735500，
洞外控制测量的横向贯通误差估算值为 7.8cm。

五、荆江大堤综合治理工程

为了配合荆江大堤综合整治工程初步设计工作，工程测绘处组织力量施测了纵、横断
面以及施测沿堤 1∶2000 比例尺带状地形图、1∶2000 比例尺渊塘地形图。2012 年 11 月
至 2013 年 2 月，完成 1∶2000 比例尺地形图 148km²，断面测量 2438km，完成三等水准
测量 401km、三等 GPS 测量 84 点。

利用具有 POS 的 ADS80 高分辨率航空传感器，大幅度减少了野外控制的工作量；建
立了厘米级区域似大地水准面，实现了 GNSS RTK 三维测绘；纵横断面测量采用了自主
开发的断面数据自动处理与检查软件，提高了数据处理的可靠性。像控测量采用 GPS 静
态相对定位方法，保证了像控点的精度和可靠性，最弱点平面中误差为 0.042m，最弱点
高程拟合中误差为 0.025m。采用 ORIMA 自动空中三角测量系统软件进行空三加密，每
个模型的两端提供 4 个地面控制点，在每个模型的中部布设了 2 个检查点。绝对定向控制
点和检查点的残差及中误差均符合规范要求，采用全数字摄影测量系统 Map Matrix 进行
测图。通过对地形图成果的大量检测分析，1∶2000 比例尺地形图的平面精度为
0.37mm、高程精度为 0.32m，能达到平地中误差要求。

堤防纵横断面测量采用了自主开发的坐标型断面数据自动处理与检查软件，功能包括
成果表生成、纵横断面图绘制、测量数据的间距检查、高程异常点检查、水位检查等，提
高了数据处理的可靠性，并保证了数据处理的高效完成。堤防纵横断面外业测量采用全站
仪自动记录，出错极少，效率高。

　　荆江大堤综合整治工程测量内容较为复杂，工程测绘处对测绘任务进行了精心组织安排，选派具有丰富经验和技术水平的人员参加，对各个关键环节及时进行中间检查，并在外业现场进行了最终检查。

　　荆江大堤综合整治工程测量获 2015 年全国优秀工程勘察设计行业奖二等奖。

第四章 | 规划

第一节 发 展 历 程

规划专业在1956年设计院成立之时已初具规模，至1990年鼎盛时期技术人员达到48人。2010年以前称规划设计室，设计院更名后改称规划设计处，主要承担流域水利规划、区域水利规划、灌溉、供水、排涝、水能开发、水资源保护等专业规划和专项工程规划等编制工作，并在项目建议书、可行性研究和初步设计阶段承担工程建设必要性、水文、工程任务与规模、经济评价、水土保持、征地移民、环境影响等分析论证工作。因此规划专业被称为"大规划"专业。

1998年以后，水利水电工程建设进入高潮期，防洪工程、大型灌区续建配套与节水改造规划、水电开发、南水北调等工程大规模推进。随着经济社会的发展，审批要求的提高，长江堤防、龙背湾水电站、引江济汉、鄂北水资源配置等大型水利工程陆续开展，不仅对水文分析、工程任务与规模论证和经济评价提出了更高的技术要求，而且要求工程征地、水库淹没和移民安置、水土保持、防洪影响评价、环境影响评价等专项工作更专业化和精细化，基本上在可研阶段就要求编制专题报告并独立审查，专业性和独立性提出了专业细分需求。为适应这一发展趋势，2000年水土保持专业从规划设计室分离，设计院单独成立水保设计室；2004年，工程征地及移民安置专业从规划设计室分离，设计院单独成立移民设计室；2006年防洪影响评价专题报告划分由防洪设计室承担，并从2014年开始，按省相关主管部门要求，该专题的主体内容纳入规划同意书一并审查；2010年，水生态修复的规划设计工作从规划设计处逐步分离，设计院单独成立生态环境与建筑处。

目前规划设计处现有职工33人，其中正高职称人员5人，高级工程师8人，工程师12人，助理工程师及以下8人，正高、副高、中级、初级职称人数分别占科室总人数的15%、24%、36%和24%，规划设计处现有职工均为本科以上学历，其中博士1名，硕士研究生17名。

随着水利水电前期工作水平的不断提高，开展的前期工作专项要求也越来越多。2003年，规划设计处开展水资源论证工作，成为全省首批编制水资源论证报告的单位之一，至今编制的水资源论证报告涉及火电站、水电站、造纸、自来水厂以及灌溉等项目，覆盖从江河、湖泊取用水以及地下水取水各个行业；近几年又开展了规划水资源论证工作；2004年，开展了排污口设置论证工作，排污口设置论证涉及各行各业；2013年，规划设计处开始编制水工程建设规划同意书专题报告，是全省率先完成规划同意书编制的单位。目前规划设计处主要承担区域发展规划和战略规划、流域和区域综合规划、防洪抗旱减灾及水资源保障和水资源保护等专业规划以及各类专项规划的编制工作，负责各类规划水资源论证。在工程项目建议书、可行性研究和初步设计阶段承担工程建设必要性、水文、工程任务与规模和经济评价等分析论证工作，并负责编制水工程建设规划同意书、建设项目水资源论证报告书等专题报告。

水利规划是反映新时期中央对水利要求的顶层设计，规划处编制了大量的河流、湖泊综合规划编制和防洪治涝、灌溉供水、水力发电等工程规划，为湖北省各个时期水系治理和利用开发，提供了有力支撑和技术保障。进入 21 世纪以来，与以往规划编制相比，无论在规划的经济社会发展背景、水利发展的重大问题，还是规划思路和理念、总体布局和战略重点等方面，都发生了重大调整和显著变化。因此规划技术人员必须准确把握全面深化改革、加快生态文明建设对水利的新要求，准确把握经济转型升级、创新社会治理对水利的新要求，调整思路，更新观念，注重提高规划的科学性、针对性、指导性和可操作性。

规划设计处在计算手段方面不断提高，1997 年计算机应用逐渐普及，规划室组织推广电子表格（Excel）应用，全面取代传统的统计分析和计算，工作效率得到了极大提高；2000 年编制了频率曲线计算程序；2003 年为完成全省水资源综合规划，开发了水资源供需平衡通用计算程序，大大提高了工作效率；2004 年编制了农作物定额计算通用程序以及设计洪水、水面线计算等程序；2004 年引进水能计算程序进行吸收、改进，使设计院水电站水能分析计算由简单的调节计算转为由调度图进行调节计算；2006 年联合武汉大学开发二维水沙数学模型，提高了水库泥沙淤积计算及回水计算的精度；2015 年引进MIKE 21 水动力水质模型，模拟污染物质在河道内的迁移和分布，填补了规划设计处历年来水质分析计算方面的不足。

规划设计处在专业技术创新方面不断取得成果，具体表现在以下方面：

（1）节水灌溉技术应用于设计中。自 1997 年起，大型灌区节水灌溉示范区首次开始采用微喷灌和滴灌设计及技术，随后该技术被应用于众多节水灌溉项目中；灌溉工程设计中，水稻节水灌溉定额全部采用"薄浅湿晒"节水灌溉制度。

（2）水库规划方法得到了拓展。2006 年堵河小漩水电站设计中，根据反调节水库电站要求，设计规划处采用反调节计算方法确定小漩水库的特征水位及调节库容。

（3）采用非恒定流计算河流动力。设计院承担了汉江干流上的梯级电站白河、新集及碾盘山的设计，为解决径流式电站运行对下游河道的影响，对典型日调节过程进行了非恒定流计算。

（4）复杂的区域水资源配置研究取得突破。2013 年，规划设计处自主开发出水资源配置数学模型（同时引进迈克模块），并将之运用于鄂北水资源配置项目，解决了复杂区域水资源配置问题。

（5）水库调度技术取得突破。2016 年，设计院联合湖北长江工程设计有限公司开发出以城乡供水和灌溉为主的水库径流调节及水库调度图绘制方法，解决以城乡供水和灌溉为主的水库在工程设计和水库运行管理中的径流调节及水库调度图的绘制问题。

目前，规划设计处人力资源存在的主要问题是能独当一面的业务骨干相对不足，水利规划队伍与新形势和新要求下水利强省的地位还不相适应。规划专业建设的当务之急是加强人才梯队建设，尽快在年轻职工中培养出一批具有牵头承担项目能力的骨干人才。

第二节　主要规划成果

经统计 1997—2016 年规划设计处已完成编制和在编的水利规划约 133 项，其中水利发展规划 3 项（专项发展规划未单列），综合性流域或区域规划 27 项，专业规划 32 项，专项规划 71 项。见表 4-4-1。

表 4-4-1　　　　1997—2016 年设计院规划设计处编制的主要规划项目

序号	规　划　名　称	编制时间/年
（一）	发展规划	
1	湖北省水利发展"十一五"规划及其专项规划	2005—2007
2	湖北省水利发展"十二五"规划及其专项规划	2010—2011
3	湖北省水利发展"十三五"规划及其专项规划	2014—2016
（二）	综合规划	
1	富水下游水利综合治理规划报告	1998
2	湖北省四湖流域综合规划	2007
3	洞庭湖近期实施方案（湖北部分）	2008
4	湖北省水资源综合规划	2002—2008
5	汉江干流综合规划（湖北部分）	2005—2008
6	湖北省县级农村水利综合规划	2008—2009
7	淮河流域综合规划修编（湖北部分）	2008—2009
8	长江流域综合规划修编（湖北部分）	2008—2009
9	竹溪河流域综合规划	2010
10	堵河流域综合规划	2011
11	湖北省重要支流综合治理规划	2011
12	大冶湖水利综合规划	2011
13	汉北河综合治理规划	2011—2012
14	府澴河综合治理规划	2011—2012
15	沮漳河综合治理规划	2011—2012
16	举水综合治理规划	2011—2012
17	浠水综合治理规划	2011—2012
18	湖北省洞庭湖区水利综合规划	2010—2012
19	洪湖水利综合治理规划	2012—2013
20	梁子湖水利综合治理规划	2012—2014
21	童家湖水利综合治理规划	2013—2014
22	网湖水利综合治理规划	2013—2014
23	湖北省湖泊综合治理规划	2014—2015
24	湖北省英山县水利综合规划	2015—2016

序号	规 划 名 称	编制时间/年
25	沮漳河流域综合规划	2015
26	府澴河流域综合规划	2015
27	汉北河流域综合规划	2015
（三）	专业规划	
1	湖北省重要城市防洪规划	1999
2	湖北省重要支流防洪规划	1999
3	湖北省平原区治涝规划	1999
4	沿渡河水电开发规划	1999
5	湖北省府环河干流防洪规划	2001
6	厦铺河水电开发规划	2001
7	泉河干流水电开发规划	2001
8	唐岩河上游干流河段水电开发规划修编	2004
9	公祖河干流水电开发规划	2005
10	湖北省山洪灾害防治规划	2003—2005
11	香溪河流域水电规划复核	2006
12	沿渡河流域水电规划复核	2006
13	湖北省平原区除涝体系建设规划	2006
14	湖北省水土保持生态建设规划	2008
15	湖北省城市饮用水源地安全保障规划	2006—2009
16	湖北省抗旱规划	2009
17	湖北省节水灌溉规划	2009
18	湖北省农田水利建设规划	2010
19	湖北省水中长期供求规划	2012—2013
20	湖北省水资源保护规划	2013—2015
21	湖北省汉江中下游水资源配置规划	2014—2015
22	湖北省水利规划体系建设规划	2014—2015
23	荆州市城市防洪规划修编	2014—2015
24	安陆市城市防洪规划	2015—2016
25	清江水能资源开发规划修编	2014—2015
26	堵河水能资源开发规划修编	2014—2015
27	南河水能资源开发规划修编	2014—2015
28	沮漳河水能资源开发规划修编	2014—2016
29	湖北省治涝规划	2014—2016
30	梁子湖保护规划	2015
31	网湖保护规划	2015

续表

序号	规　划　名　称	编制时间/年
32	湖北省水资源配置规划	2016
（四）	专项规划	
1	湖北省大型及重要中型病险水库加固规划	1999
2	湖北省大型灌区续建配套与节水改造规划	2000
3	蕲水水库灌区续建配套与节水改造规划	2000
4	举水灌区续建配套与节水改造规划	2000
5	温峡口灌区续建配套与节水改造规划	2000
6	漳河灌区续建配套与节水改造规划	2000
7	惠亭灌区续建配套与节水改造规划	2000
8	引丹灌区续建配套与节水改造规划	2000
9	观音寺灌区续建配套与节水改造规划	2000
10	泽口灌区续建配套与节水改造规划	2000
11	兴隆灌区续建配套与节水改造规划	2000
12	天门引汉引水灌区续建配套与节水改造规划	2000
13	湖北省平垸行洪、退田还湖、移民建镇3—5年规划	2000
14	汉江中下游南水北调城市水资源规划	2001
15	湖北省汉江中下游干流供水区水资源供需分析	2001
16	湖北省长江中游干流河道采砂规划	2002
17	湖北省主要支流等防洪工程建设规划	2003
18	湖北省汉江流域中下游水利现代化试点规划纲要	2004
19	湖北省病险水库除险加固专项规划	2004
20	湖北省粮食主产区水利建设轮廓规划	2004
21	湖北省粮食主产区重点县骨干排、灌工程建设简要规划	2004
22	湖北省漳河水库汛限水位设计与运用研究	2004
23	湖北省三峡库区产业发展水利保障规划	2004
24	湖北省大型排涝泵站更新改造规划	2005
25	湖北省排灌工程建设专项规划	2006
26	湖北省长江采砂管理能力建设规划	2006
27	湖北省长江干流岸线利用规划	2007
28	湖北省长江干支流河势控制及采砂规划	2007
29	湖北省长江流域治涝专项规划	2007
30	湖北省长江流域灌溉专项规划	2007
31	湖北省农村水力资源调查评价规划	2008
32	湖北省小水电代燃料规划（2009—2015）	2008
33	湖北省大型灌区续建配套与节水改造规划（2009—2020）	2008

序号	规　划　名　称	编制时间/年
34	湖北省大型灌排泵站更新改造规划	2008
35	湖北省水土保持近期治理建设规划	2008
36	湖北省汉江中下游河道采砂规划报告修编	2008
37	湖北省仙桃-洪湖新农村建设试验区水利专项规划	2008
38	湖北省新增100亿斤粮食生产能力规划	2008
39	武汉市城市圈生态水系和水资源保护规划	2008
40	武汉市城市圈生态"两型社会"空间规划（水利部分）	2008
41	湖北省长江流域供水专项规划	2009
42	湖北省农业综合开发重点中型灌区节水配套改造规划	2009 修编
43	湖北省小（一）型病险水库除险加固规划	2009
44	湖北省汉江流域中下游农业综合开发总体规划（水利部分）	2009
45	湖北省长江经济带新一轮开放开发总体规划（水利部分）	2009
46	湖北省中小河流治理和病险水库除险加固、山洪地质灾害防治、易灾地区生态环境综合治理专项规划	2010
47	湖北省农村水电增效扩容规划	2010
48	湖北省农村水电增效减排工程规划	2010
49	湖北省重要河道采砂管理规划	2010
50	湖北省新增33亿斤粮食生产能力实施规划（2009—2012年）	2009—2010
51	湖北省汉江流域现代水利建设专项规划	2010
52	湖北省重点地区排涝能力需求分析与规划研究	2011
53	湖北省小型农田水利工程建设规划	2011 修编
54	湖北省小（二）型病险水库除险加固专项规划	2011
55	湖北省坡耕地水土流失综合治理规划	2010—2011
56	湖北省加快实施最严格水资源管理制度试点方案	2012
57	汉江流域水利现代化规划	2011—2012
58	鄂北地区水资源配置工程规划	2012—2013
59	湖北省用水总量控制指标体系研究	2012—2013
60	襄阳市水利现代化规划	2012—2013
61	应城市城市供水汉江引水工程规划	2013
62	梁子湖流域水系连通工程规划	2013
63	黄冈市城东新区水系整治规划	2013
64	荆门市汉东引水工程规划	2013
65	黄梅县小池新区水系整治规划	2014
66	湖北省新增小型病险水库除险加固规划	2014—2015
67	洪湖市下内荆河灌区续建配套与节水改造规划	2014—2015

序号	规　划　名　称	编制时间/年
68	长江经济带沿江取水口排污口和应急水源布局规划	2015—2016
69	湖北省江河湖库水系综合整治实施方案（2016—2020年）	2015—2016
70	一江三河水系连通工程规划	2015
71	湖北省重大水系连通工程规划	2016

第五章 | 防洪

第一节 发 展 历 程

设计院防洪设计处成立于 1986 年，原称防洪设计室，2010 年设计院更名时改称防洪设计处。现有职工 26 人，其中教授级高级工程师 2 名，高级工程师 7 名，工程师 12 名。目前已经形成了较为全面的专业配置，涉及水资源、治河、水工等相关专业，主要从事洪水调度、防洪工程规划设计、建设项目防洪评价、防洪咨询等业务，并为省水利厅的防洪决策提供技术支撑。

"防汛是湖北省天大的事"，为了适应长江、汉江防洪的需要，经省水利厅批准，设计院于 1986 年成立防洪设计室，着手研究长江、汉江干流湖北段的防洪调度方案，对荆江河段洪水调度方案进行专题研究，并取得了阶段性具有应用价值的成果。1996 年沮漳河发生较大洪水以后，针对沮漳河水情、工情的变化以及防洪存在的问题，防洪设计室开展了沮漳河洪水调度方案研究。1999 年，湖北省防汛抗旱指挥部办公室以鄂汛字〔1999〕22 号文印发《沮漳河防洪调度方案（过渡）》，作为近期应急度汛的依据；2013 年以鄂汛字〔2013〕28 号文印发《沮漳河洪水调度方案（试行）》。沮漳河洪水调度方案考虑了三峡工程建成运用及长江堤防整险加固完成后的水情和工情改变，进一步完善了沮漳河洪水的科学调度。在此基础上，防洪设计处进一步展开研究，于 2015 年提出了《沮漳河洪水调度细化方案》。根据国家防办《关于要求调整江河防汛特征水位设置意见的通知》（办河〔2002〕38 号）及长江委《关于请研究确定长江流域重要控制站防汛特征水位的通知》（长汛〔2003〕297 号）等文件要求，防洪设计处综合堤防加固、历史险情及上下游、左右岸的协调等因素，提出了《湖北省长江干流防汛特征水位调整研究报告》和《湖北省长江干流及其重要支流主要控制断面防汛特征水位调整意见》，为政府防汛决策部门提供了有力的技术支撑。

每逢湖北省大江大河防洪抢险关键时期，防洪设计处都充分发挥专业技术优势，为省防汛部门决策提供方案和依据。在 1998 年长江大洪水期间，防洪设计处完成了荆江河段监利县三洲联垸、新洲垸和石首市北碾垸、小河联垸扒口分洪的时机和预计分洪效果的分析计算，为长江防洪调度提供了重要参考，汛后，防洪设计处被湖北省水利厅授予"一九九八年抗洪抢险先进集体"称号。在 2005 年、2010 年和 2011 年汉江较大洪水防汛期间，按照省长"努力实现严防死守不分洪、万不得已分小民垸、确保不溃堤不垮坝不失防"的指示和要求，防洪设计处对汉江杜家台分蓄洪区分洪、东荆河民垸扒口行洪等方案进行了大量计算和分析，提出了现实可行的技术方案，为省防办的科学决策提供了技术依据。2011 年 6 月，十堰市房县上龛乡平渡河发生大面积山体滑坡，形成堰塞湖，防洪设计处作为后方技术组，分析险情、论证方案，对水力学及溃堰洪水演进过程进行计算分析，并将分析成果第一时间通报前方技术组。前、后方紧密配合，为堰塞湖抢险救灾提供了有效的技术支持。

1998年长江特大洪水以后，党中央、国务院及时做出了根治水患、灾后重建的"封山植树，退耕还林，退田还湖，平垸行洪，以工代赈，移民建镇，加固干堤，疏浚河道"的重大决策，将"平垸行洪、退田还湖、移民建镇"作为增强长江中下游行洪能力、根治水患的重要措施之一。防洪设计处于2000年5月编制完成《湖北省平垸行洪、退田还湖、移民建镇3～5年规划报告》，2001年编制了《湖北省平垸行洪、退田还湖、移民建镇巩固工程建设实施方案》，为湖北省洲滩民垸的退田还湖、平垸行洪、移民建镇工作的顺利实施提供了科学依据。

防洪设计处承担设计任务的汉江遥堤整险加固工程从1999年开始施工，至2009年全面竣工验收，荣获2011年度全国优秀水利水电工程勘测设计奖铜奖和2011年湖北省水利优质工程奖江汉杯；2005年编制完成的《湖北省山洪灾害防治规划报告》为湖北省山洪灾害防治工作提供了全面、科学、指导性的文件，荣获2006年度湖北省优秀咨询工程一等奖；在湖北省中小河流防洪治理的设计工作中，针对河流的特点，通过一系列措施，将防洪堤建设为景观堤、文化堤、生态堤，把河道建设成为"河畅、岸美、水清"的魅力河道。目前已治理完成的十堰市马家河成为当地文化休闲的城市名片，取得了良好的社会效益。

防洪设计处在防洪工程设计等主要业务的基础上，积极拓展业务市场，开展了防洪影响评价、采砂论证、洪水风险图编制等工程咨询业务，充分发挥防洪专业优势，优质服务，开拓创新，不断取得更大发展。

表4-5-1　　　　　　　　1997—2016年防洪设计处完成的主要项目

项目类别	项　目　名　称
洪水调度方案研究	《湖北省长江干流防汛特征水位调整研究报告》《沮漳河洪水调度方案（试行）》《沮漳河洪水调度细化方案》《汉北河洪水调度方案》等
防洪及水利工程	湖北省汉江遥堤加固工程、湖北省沮漳河近期防洪治理工程、湖北省荆门汉江河道堤防综合整治工程可研、湖北省襄樊汉江河道堤防综合整治工程可研、湖北省十堰市泗河流域马家河下游河道综合整治工程初设、湖北省鄂州市长港河道整治项目、宜昌城区临江溪防洪护岸工程初设、《湖北省平垸行洪、退田还湖、移民建镇3～5年规划》、《湖北省平垸行洪、退田还湖、移民建镇巩固工程建设实施方案》等
滞蓄洪区建设	荆江地区蓄滞洪区安全建设工程可研、杜家台分蓄洪区蓄洪工程可研、杜家台分蓄洪区安全建设工程可研等
防洪影响咨询	《改建铁路沪汉蓉通道武襄段增建二线隔蒲潭特大桥防洪影响防治与补救措施实施方案》《襄樊电厂—樊城变500kV线路刘集（汉江）大跨越工程防洪评价报告》《向家坝—上海、锦屏—苏南±800kV特高压直流输电工程杨家厂长江大跨越工程荆江大堤补救措施实施方案》《西气东输二线管道工程中卫至广州大中型穿越工程蕲水、浠水、巴河穿越工程防洪评价报告》《南水北调中线一期工程汉江中下游局部航道整治工程（丹江口至汉川段）防洪评价报告》《武汉新港纱帽港区公用综合码头工程防洪影响补救措施专项设计报告》等

项目类别	项目名称
山洪灾害防治	《湖北省山洪灾害防治规划报告》《十堰市郧西县、竹溪县、丹江口市（含武当山特区）及神农架林区山洪灾害调查评价》、湖北省通城县重点山洪沟黄龙河防洪治理工程、湖北省保康县重点山洪沟黄堡河防洪治理工程、湖北省兴山县重点山洪沟大礼溪防洪治理工程等
河道采砂规划	《湖北省汉江上游干流河道采砂规划（2013—2017年）》《汉江中下游干流及东荆河河道采砂规划（2011—2015年）》《湖北省荆南四河采砂规划（2015—2019年）》等
洪水风险图编制	汉江遥堤防洪保护区洪水风险图编制项目、汉南至白庙长江干堤防洪保护区洪水风险图编制项目、湖北省荆江分洪区洪水风险图编制项目等

第二节 典型专业案例

一、湖北省山洪灾害防治规划

2003年，水利部会同国土资源部、气象局、建设部、国家环境保护总局在全国范围内开展山洪灾害防治规划编制工作。湖北省政府高度重视山洪灾害防治规划编制工作，成立了山洪灾害防治规划领导小组，确定规划方案编制由省水利厅牵头，会同省气象局、省国土资源厅、省建设厅、省环保局等部门共同完成。省水利厅明确由设计院为总牵头单位，由防洪处负责规划报告的编制工作。

《湖北省山洪灾害防治规划》在详细调查历史山洪灾害的基础上，以小流域为单元，根据各小流域山洪灾害易发程度及灾害特点，参照降雨、地形、地质条件及其分布，结合社会经济特征，明确了湖北省小流域降雨区划等级，制订了湖北省山洪灾害易发程度分区图，划分了湖北省经济社会区划及山洪灾害重点防治区和一般防治区，并对典型流域山洪灾害防治进行了规划。编制了山洪沟治理规划、泥石流沟治理规划、滑坡治理规划、山坡水土保持治理规划、病险水库除险加固等工程规划，以及监测通信、预警系统规划、防灾预案、政策法规建设等非工程措施的规划，进行了环境影响分析、投资估算及效益评价工作，提出保障措施和近期实施意见。

《湖北省山洪灾害防治规划》所有图件成果均以 ArcView 为工作平台，在全省1∶25万电子版地形图上完成，采用基于 GIS 环境的数字制图方法，以小流域为基本单元。该成果既是一个区划图，也是一个综合数据库，各个区划单元内集成了山洪灾害类型、数量、易发程度、经济社会等因子数据。该规划报告为湖北省山洪灾害防治工作提供了全面、科学、指导性的文件，使湖北省山洪灾害防治更加规范、更加科学、更有成效。

《湖北省山洪灾害防治规划》获得了2006年度湖北省工程咨询协会一等奖。

二、湖北省平垸行洪、退田还湖及移民建镇项目

1998年汛期，长江流域发生了1954年以来最为严重的特大洪水，沿江洲滩圩垸绝大多数漫溃和扒口行洪，当地群众遭受了巨大经济损失。对此，党中央、国务院及时作出了根治水患、灾后重建的"封山植树，退耕还林，退田还湖，平垸行洪，以工代赈，移民建镇，加固干堤，疏浚河道"的重大决策，将"平垸行洪、退田还湖、移民建镇"工作作为增强长江中下游行洪能力、根治水患的重要措施之一。

为贯彻落实中发〔1998〕15 号和国发〔1999〕12 号文件精神，1999 年 8 月，水利部下发了《关于平垸行洪、退田还湖、移民建镇移民安置规划任务书的批复》（水规计〔1999〕456 号）和《关于抓紧做好长江平垸行洪、退田还湖、移民建镇移民安置规划工作的通知》（水规计〔1999〕457 号），根据上述指导精神，2000 年 5 月，设计院防洪处编制完成了《湖北省平垸行洪、退田还湖、移民建镇 3～5 年规划报告》，经省水利厅上报长江水利委员会，长江委汇总后于 2000 年 10 月编制完成《长江平垸行洪、退田还湖规划报告》并上报国家计委、水利部。2001 年 5 月，水利部联合国家发改委、建设部、农业部、国土资源部等对《长江平垸行洪、退田还湖规划报告》进行了审查。遵照党中央国务院的统一部署，自 1998 年，起国家发改委分四批下达了湖北省移民建镇计划 139000 户 570061 人，国家投资 22.63 亿元，对湖北省沿江 320 个垸垸（扣除续迁垸垸重复数）实施了移民建镇工作，其中属长江干流垸垸 195 个，主要支流河口垸垸 102 个，主要湖垸 23 个。320 个垸垸土地面积 1290.65km²，耕地面积 100.04 万亩，蓄水量 56.89 亿 m³。属"单退"（退人不退耕）性质的垸垸 218 个，"双退"（退人退耕）性质的垸垸 102 个。

长江委以长计〔2002〕324 号文对设计院防洪处编制及省水利厅上报的《湖北省平垸行洪、退田还湖、移民建镇巩固工程建设实施方案》作了批复，核定湖北省平垸行洪巩固工程总投资为 21313.84 万元。湖北省平垸行洪巩固工程共分为五批计划实施完成。1999—2002 年，国家共投资 21308 万元（含配套资金 2976 万元），对湖北省 231 个垸垸进行了平退，建设平垸行洪巩固工程共 265 个，其中进退洪口门 73 处，进退洪闸 36 处，裹头 31 处，双退刨堤 125 处。

三、湖北省沮漳河近期防洪治理工程

沮漳河与荆江防洪关系密切，是湖北省一条防洪问题突出、受长江洪水影响较严重的连江支流，防洪保护范围涉及宜昌及荆州两市。由于两河口以上洪水峰高量大，来势凶猛，两河口附近及以下一直是沮漳河流域防洪的重点和难点，历来受到各级领导的重视。为进一步提高防洪能力，保护沿岸人民生命财产安全，保障流域内社会经济可持续发展，根据湖北省水利厅的要求和部署，设计院防洪处编制完成了湖北省沮漳河近期防洪治理工程可研及初设报告，确定近期防洪治理工程堤防整治长度 135.688km，堤基防渗处理长 5.102km，填塘固基 54 处总面积为 31.43 万 m²，实施护岸 26 处总长 35.83km；整治穿堤建筑物 65 处，其中涵闸 42 处，泵站 23 处；河道桩号 37＋000 以上的洲滩结合施工取土场布置采取挖滩降糙，对于桩号 37＋000 以下的洲滩采取清除外滩上废弃小垸堤和阻洪林木，以利洪水下泄；漳河改道工程开挖堤防 0.466km，新建上下堵口堤防 1.331km，退挽新建堤防 3.768km，加固堤防 3.491km，漳河疏挖河道 3.3km，沮河疏挖河道 8.5km，险段守护 8.21km，新建建筑物 4 处。工程总投资 10.74 亿元。

湖北省沮漳河近期防洪治理工程设计报告中，技术人员采用不同计算方法对沮漳河主要控制站河溶站的设计洪水进行了重新复核；通过一维恒定流和非恒定流模型，根据实测洪水过程，对模型进行率定和验证，复核沮漳河现状防洪能力，合理确定沮漳河防洪治理标准；分析了洲滩民垸对沮漳河防洪的影响，有针对性地提出了移民搬迁、清障行洪、挖滩降糙、退垸还河的洲滩整治方案；进行了移民建镇方案、漳河防洪综合治理方案和漳河改道方案的比选，经过充分比较分析论证后，推荐采用漳河改道工程方案，以彻底解决河

溶镇城区防洪保安问题；细化漳河改道工程布置，提出了挖滩扩槽、局部堤防退挽以及岸坡守护等工程措施，以有效降低漳河改道工程带来的不利影响；在故道上游兴建引水涵闸，保证区域内生产生活及生态用水，故道下游兴建彭家湾排涝泵站和彭家湾排水闸，恢复区内排涝体系，形成完整的防洪、排涝、生态工程布局；提出彭家湾排涝泵站和彭家湾排水闸工程中采用预应力高强混凝土管桩基础，在湖北省水利工程软基处理中系首次应用。

四、洪水风险图编制

洪水风险图是洪水风险分析成果的重要表现形式，也是防洪非工程减灾措施中的一种重要方法。它融合了地理、社会经济、洪水特征，通过资料调查、洪水计算和成果整理，以地图形式直观反映某一地区发生洪水后可能淹没的范围和水深，用以预示和分析不同量级洪水可能造成的风险和危害。洪水风险图不仅可为水利和防汛部门制定防汛应急预案，部署应急响应行动，进行洪涝灾情评估，推行洪水影响评价，开展防洪治涝工程体系的规划、建设与管理等工作提供基本的依据；而且对于国土资源部门开展洪水风险区土地利用规划与管理，城建部门制订城市发展规划、推行建筑物耐淹设计规范，保险机构制定保险费率，相关行业与企事业单位制定应急预案；以及对社会公众开展洪水风险的宣传、教育、培训，防灾演习与训练等，都具有重要的价值。

洪水风险图的主要内容和技术路线为：分析研究区主要洪涝威胁和相应水文特征，依据暴雨、洪涝组合的影响分析，确定洪水来源；收集基础地理、水文、水利工程及调度、社会经济、历史洪水及灾害等资料；确定洪水分析量级和洪水组合方式，设定溃口或分洪方式；全面开展洪水影响分析，设计合理的洪水分析方法及洪水分析模型，合理设置边界条件，正确计算溃口或分洪过程，按照相关要求选取、率定参数并进行模型验证；开展避洪转移分析，合理正确确定避洪转移洪水量级、转移范围、转移人员、安置场所规划和转移路线的原则；完成洪水风险图基本图、避洪转移图和历史洪水实况图的成果绘制。

2013年6月，国家防总商财政部后全面启动了全国重点地区洪水风险图编制项目。湖北省计划于2013—2015年编制完成16个防洪保护区、7个蓄滞洪区、3个重点城市等区域的洪水风险图。防洪设计处参与了各年度实施方案的编制，通过投标取得2013年度荆江分洪区、2013年度补充完善方案、2014年度汉江遥堤、2015年度汉南至白庙保护区、2015年度洪水风险图管理与应用系统建设以及3个年度成果汇总集成等项目。防洪设计处2015年编制完成的荆江分洪区洪水风险图技术总报告为全国第一家率先通过专家审查会的报告，对湖北省重点地区的洪水风险图编制工作发挥了重要的指导作用。

第六章 水利水电工程设计

第一节 发 展 历 程

1997—2008 年设计院水利水电工程设计专业由水工设计室负责，包括水工、施工、概算专业，设计人员有 100 多人。为了便于专业发展和管理，2008 年 6 月，施工和概算专业从水工设计室分离出去，单独成立施工造价室。2010 年设计院更名，水工室改名为水工设计处，设计人员 80 多人。2014 年，水工设计处分为水工设计一处和水工设计二处。水工设计一处现有职工 43 人，其中正高职高级工程师 3 人，高级工程师 14 人，工程师 16 人；具有博士学历的有 1 人，硕士研究生学历 12 人，有多人次考取各类注册证书。水工设计二处现有职工 40 人，其中正高职高工 5 人，高工 10 人，工程师 12 人，具有硕士研究生学历的有 13 人，有多人次考取各类注册证书。

1997—1998 年，水工设计室台式计算机仅 10 余台，还少量便携式笔记本电脑和打印机。从 1999 起，设计院陆续为每位技术人员配备 3 台式计算机，为技术骨干配备便携式笔记本电脑，2013 年起，中级职称以上技术人员均配备了便携式笔记本。原计算手段主要以手算为主，后逐步依托新疆院、河海大学、理正等简单软件程序为计算手段，现已发展至 Ansys 等复杂的大型软件。绘图手段由图板模式，转变为 Kmcad、Autocad，再升级为 Autocad 外带 ZDM，Civil3D 等，目前正在大力推进 BIM 三维设计。

水利水电工程设计包括水利枢纽、水电站、堤防、引调水、水库、涵闸、泵站、河道整治等方面，随着新材料、新技术和新工艺的广泛应用和计算机技术的发展，水利水电工程设计水平不断提高，设计院水利水电工程设计专业在设计实践中不断创新，在坝工、泵站、水闸、堤防加固等多个专业处于国内领先水平。

第二节 专 业 发 展

一、水电站设计

随着计算机技术的普及，水电站水工专业的设计服务水平发生了很大的变化。从开始的计算器到 PC1500 计算机，从 286、386 的 DOS 操作系统到 Windows 个人计算机，从图版丁字尺到 KMCAD 再到 AutoCAD 绘图，从 BASIC 到 QBASIC 再到 C 语言的个人编程，发展到购买大型专业计算机软件。三维有限元计算技术的普遍应用，使得复杂水工建筑物结构应力、应变、渗流、温度场等复杂计算变得更加快捷，从而大大地提高了设计的效率，也优化了设计方案。由于有了计算机的辅助设计，非对称变厚双曲拱坝做全方位的体形优化成为可能，拱坝复杂体形的自动化绘制也变得容易和精确。由于采用了计算机数字网络化技术，文件图纸的传输交流变得非常方便，极大地方便了偏远山区工地现场信息的传递，提高了现场设计代表的效率，方便了资料整理和归档工作。

随着建筑材料和施工技术的发展，水电站水工专业的设计理念也发生了变化。混凝土面板堆石坝、PVC心墙堆石坝、碾压混凝土施工技术的快速发展，为水工人员选择坝型方案增加多种可能。设计院多次大胆创新，运用新材料、新工艺设计的混凝土面板堆石坝和碾压混凝土拱坝，创造了多个国内第一，培养了一批高水平设计领军人才，提升了设计院的声誉。

二、堤防设计

堤基处理的传统措施是在堤后设置铺盖、设置减压井、减压沟等排水减压设施，98大洪水后，水工设计人员将土石坝的防渗墙技术大胆运用在堤防上。高喷、多头小口径、垂直铺塑、液压抓斗、钢板桩及德国先进的液压塑性混凝土防渗墙技术等新技术、新工艺，在堤防工程中均获得了良好的效果，为今后的堤防设计积累了宝贵的经验，另外在堤防软基的桩基处理、渊塘吹填及穿堤闸站设计等方面也获得了许多好经验。

三、闸（泵）站设计

湖北省的闸站大多建在透水地基或软基上。近20年来，通过大量闸站改造、新建水闸（泵站）等项目，水工专业对闸（泵）基础处理拥有成熟的技术和经验。

对于软基，泵站建筑物采用混凝土灌注桩或粉喷桩复合地基处理提高地基承载力，减少建筑物基础变形；对于强透水地基按沉井施工要求进行泵房结构设计。基坑临时渗控处理采用高压旋喷防渗墙、封闭式深井降水、半封闭的轻型井点降水、Y形导滤盲沟和分级设置马道或钢板桩基坑支护等措施；对基坑突涌抢护，采用围堰沉箱加固、轻型井点降水辅助及分块抢浇基础混凝土压盖等措施，确保施工和建筑物安全。

四、引调水设计

设计院设计的大型引调水工程如南水北调中线一期引江济汉工程、鄂北地区水资源配置工程、应城供水工程等，工程规模大、技术难度大，在设计施工过程中，水工专业技术人员勇于创新，大胆实践，基本掌握了膨胀土（岩）处理技术、长距离大管径高压力倒虹吸（PCCP）设计、长距离大洞径CRD开挖支护技术、TBM隧洞开挖支护、大跨度渡槽、沉井等设计技术。在设计过程中，技术人员贯彻绿色、生态、环保的设计理念，做到工程与自然的和谐统一，调出区与受水区和谐发展。

第七章 | 水力机械、电气与金属结构

第一节　概　述

1997—2010 年机电设计处称为机电设计室，2010 年设计院更名，机电设计室改称机电设计处。长期以来，机电设计处设有水力机械、电气、金属结构三个专业。水力机械专业主要承担水利水电工程的水力机械、厂房通风采暖、消防工程的设计；电气专业主要承担水利水电工程的电气（包括发变电部分以及水工建筑物的供配电工程）、劳动安全与工业卫生、节能降耗设计等，近年来机电设计处以电气专业为依托，努力发展水利信息化专业，主要承担水利信息化项目规划设计、科研咨询、开发建设等工作；金属结构专业主要承担水利水电工程中的闸门及其操作设备，以及筏道、拦污和清污机械的设计等。机电设计处现有职工 30 人，其中正高职高工 13 人，高级工程师 9 人，工程师 4 人；其中具备硕士研究生学历的有 4 人。

第二节　水　力　机　械

近 20 年来，水力机械专业承担的工程项目从湖北省扩展到贵州、四川、云南、新疆等省、自治区，甚至远及哈萨克斯坦、吉尔吉斯斯坦等中亚国家。水力机械专业技术发展很快，机电设计处技术人员不断了解掌握新技术、新产品、新材料，并在项目设计中积极采用。设计院设计的水电站从小型到中型和大型水电站，选用的机型从低水头的灯泡贯流式、轴流转浆式、到中高水头的混流式和高水头的冲击式，中小型水电站的水头范围在 5～1000m 之间，几乎包罗了水轮机的所有机型。设计院设计的大型泵站主要有分水泵站和白马泾泵站，其中白马泾泵站水力机械设计主泵机组选型设计适应泵站扬程的高变幅，叶片调节选择了世界先进的中置式环保型液压全调节。

在多年的工程设计和工作实践中，水力机械专业技术人员积累了丰富的经验，掌握了多项国内领先的技术，专业技术发展具体体现在以下几方面：

（1）采用新的水力模型。由于三峡等巨型水电站和南水北调工程的建设，高中低水头段的水轮机水力模型大量增加，高扬程的轴流泵和混流泵的水力模型大量增加，设计院在设计中大量采用新的水力模型，提高工程效益、节约能源。

（2）采用新材料。机组主要部件采用可焊性能好、抗空蚀耐磨损性能优良的不锈钢材料。

（3）采用新结构。应用大量的高可靠性技术，如无接触主轴密封、导叶摩擦装置、泵板结构、主轴中心孔补气装置等；尾水管采用钢结构；大泵叶片调节选用了世界先进的中

置式环保型液压全调节。

（4）操作油压提高。接力器的操作油压油 20 年前的 2.5MPa，逐步提升到 4.0MPa、6.3MPa、16.0MPa。

（5）起重设备采用慢速桥式起重机。

（6）辅助机械设备采用新技术新产品，如潜污泵、大型潜水轴流泵和大型潜水混流泵、立轴或卧轴潜水泵、自吸泵、高真空水环真空泵、全自动滤水器、弹性座封闸阀、偏心半球阀、流量调节阀、水力控制阀、双级或单级高真空净油机、透平油过滤机、精密滤油机、螺杆式低压空压机、多功能水力机械监测装置、屋顶风机、无动力风机、除湿机等。

第三节　电气及水利信息化

电气专业具体从事水力发电厂、变电所、泵站和水利工程电气部分的电气主接线、短路电流计算和设备选型、电气设备布置及安装、过电压保护及接地、无功补偿、继电保护和自动控制系统、电缆敷设、照明及厂内外通信等。随着电气技术进步和设计经验积累，设计院设计的水电站、泵站规模不断加大，电站布置型式由地面到地下，电站升压站电压等级从 35kV、110kV 提高到 220kV，各种新技术、新设备、新材料在电气设计中大量应用，电气设计水平不断提高。

1. 专业技术发展

专业技术发展具体体现在以下几方面：

（1）创新利用交通洞敷设高压电缆。洞坪水电站是设计院成功设计的第一座地下厂房水电站。在电气设计中，电气技术人员在充分吸收国内大量同类型电站的设计方法和理念，利用现代电气设备的优越性能，采用 220kV GIS、室内水冷变压器、封闭式共相母线等，最大限度地减小了厂房尺寸，并将 220kV 出线电缆通过 500 多米的交通洞送出，打破采用专用电缆洞的常规敷设方式，将电缆架空敷设在交通洞顶部，在保证电缆安全运行和交通人员安全的前提下，减少了工程投资。

（2）气体绝缘全封闭组合电器（GIS）设备应用。GIS 设备集成度高、占地小、维护方便、可靠性高，与常规电气设备相比优势明显，特别适合在地域狭窄、设备布置困难的项目中使用。2000 年以来，设计院新设计的洞坪水电站、白马泾泵站等多个工程就采用了这种 GIS 设备，布置有洞内、屋内、户外楼顶、户外地面多种形式。

（3）电气设备布置多样化。根据机组结构形式和水工总体布置的不同要求，电气布置也逐步多样化。电气副厂房可以布置在主厂房左侧、右侧、上游侧、下游侧，变电站可以布置在户外、尾水平台、副厂房内甚至洞内或副厂房楼顶。设备布置也会根据不同要求不断优化，例如，考虑到辅机层环境潮湿，辅控设备中的电子元件易受到损坏，将辅控设备移至上层相对干燥的环境中；为使主厂房宽敞明亮、美观，并且易于管理，将所有电气设备集中布置在副厂房；贯流式机组特点就是辅助设备多，机组控制程序复杂，电气设备布置紧凑，运行层下部的电缆、油、气、水管道特别多，需要专业互相配合，统一规划管道、桥架走向和布置方式，尽量做到管道、桥架不交叉，不影响，不走迂回路径，且还要留有运行、维护通道。

（4）计算机监控系统已成为电站、泵站的标配。在水电站、泵站自动化控制与管理方面，通过广泛调研、参加专业进修、请有关专家讲课、与产品制造厂家交流等形式，采用走出去、请进来等多种方式进行专业建设，基本掌握了国内外电站、泵站计算机监控系统结构、性能及各种运用情况。目前，计算机监控系统已成为电站、泵站的标配，设计院已成功设计出一批具有国内先进的计算机监控系统的水电站和泵站。其中，2006 年投运的洞坪水电站已经实现了离电站 100 多 km 外的城市进行远方控制，现场只需少人值守。2012 年投产的小漩水电站，已实现潘口、龙背湾、小漩三处水电站的联合运行调度。

（5）继电保护配置走向规范化和标准化。近些年，随着继电保护技术的发展，水电站、泵站主要电气设备的继电保护均已采用微机型智能保护装置。国家电力公司《二十五项反措继电保护实施细则》（2002 年）和国网《继电保护"六统一"标准化设计原则》（2008 年）相继发布后，继电保护配置已逐步规范和标准化。继电保护也从满足基本保护功能转变为信息化、网络化以及可查询记录，保护及故障信息子站的应用已经普及，提高了继保系统管理和故障信息处理的自动化水平。同时由于电力系统光纤网络的发展，线路保护中光纤纵差保护已取代传统的高频保护。

（6）安全运行的重视程度越来越高。在电站安全运行方面，为适应电监会对电站安全提出的各项要求，设计院设计的电站网络系统，均按重要性进行了安全分区和隔离，对电站上传的电力调度数据也要进行纵向加密，以保障电站监控系统和电力调度数据网络的安全。另外，随着泵站信息化的建设，泵站的安全运行也逐渐重视起来，泵站设计中，内部数据网与外网之间也安装安全隔离装置。

（7）光纤传输已取代微波、载波传输方式。在通信方面，由于电力系统已将 SDH 光纤传输网取代微波、载波传输网。为配合电力数据传输，电站厂外传输设备也由以前的载波设备改为 SDH 交换机设备。厂内通信系统、行政和调度通信现已全部采用数字程控调度交换机。

2. 新业务发展

随着技术人员的发展壮大和设计院承接工程类型的变化，电气专业除完成本专业工作内容外，还积极拓展新的业务范围，在节能降耗和劳动安全与工业卫生设计、阴极保护设计，尤其在信息化规划设计方面取得了较好的发展，具体有以下几方面：

（1）节能降耗和劳动安全与工业卫生设计。随着国家对节能减排和安全生产的重视，项目审查对节能降耗和劳动安全与工业卫生提出了新的要求，新的编制规程也增加了相关章节和内容。院确定由机电设计处电气专业牵头，负责节能降耗和劳动安全与工业卫生设计工作，机电设计处安排有关人员（相对固定）从事该项设计。通过对外学习交流和培训，逐步摸索出了一套适合水利水电工程节能和劳安的设计方法，并应用到各项工程中。

（2）阴极保护设计。阴极保护技术是电化学防腐保护技术的一种，设计院以前很少接触该技术，没有与此相关的设计专业，而且水利工程中的阴极保护防腐技术处于起步阶段，可参考的技术规范很少，设计困难很大，但设计院承接的鄂北水资源工程中的预应力钢筒混凝土管（PCCP）的防腐需要用到此项技术。困难即是机遇，机电设计处技术人员破除万难，积极与其他相关研究单位和厂家进行交流学习，利用工程实践机会，对 PCCP

管的阴极保护进行各项试验研究和设计。目前鄂北工程阴极保护各项试验正在资料整理阶段，不久将会完成试验报告，它对类似 PCCP 管的阴极保护设计工作有重要的参考作用。

（3）信息化规划设计。我国政府高度重视信息化的发展，从中央到地方各级政府都成立了信息化工作领导机构，各个行业都在研究和持续推进各自领域的信息化，以"十三金"工程为重点的信息化发展战略在全国逐步推进，其中的"金水"工程就是水利信息化。为了解决水利信息化项目建设资金投入难题，除涉及全国的大项目（如防汛抗旱指挥系统）以专项资金投入外，很多项目是以"工程带信息化"的办法解决建设资金问题，即在水利工程建设项目中，必须包含信息化建设内容，与主体工程同步规划设计，同步实施。在这种政策背景下，设计院承担的水利工程规划设计大多都含有信息化建设内容，院信息化专业设计任务由机电设计处承担，开始是由电气设计人员兼顾这部分设计，从2014 年开始，配备了信息化专业人员，加强了信息化专业的技术力量。截至 2016 年，已有信息化设计专职和兼职技术人员 10 余名，信息化设计专业技术能力的持续提高，为设计院的发展增添了新的动力。

水利信息化的体系架构，主要包括三个部分：一是信息基础设施，包括各种信息的采集、通信及计算机网络、水利工程自动监控、现场视频监视等；二是数据库及应用支撑平台；三是应用系统。"十一五"期间，湖北省县级及以上水行政部门的计算机网络都已建立起来，且相互间联网运行，在网络之上的视频会议系统也已建成投入使用。各类监测站采集的信息均按照相应的流程上传汇聚，初步形成了数据库，目前正在启动数据中心建设，为各类应用提供数据资源。设计院承担完成的设计项目，基本上是在全省信息框架内进行。

引江济汉工程是南水北调中线一期工程中汉江中下游四项治理工程之一。信息化建设内容包括：沿干渠 67km 敷设光缆并建设光传输系统及语音通信系统，在通信系统基础上建设覆盖所有管理机构及工程建筑物的计算机网络系统，建设视频监视系统，在 13 座水闸、1 座泵站和 3 座橡胶坝建设自动监控系统，在工程沿线重点部位建设工程安全监测系统和水质监测系统，在省南水北调局建设数据存储中心及应用支撑平台，并在此基础上开发建设调度系统、调度会商决策支持系统、综合办公系统等。

鄂北地区水资源配置工程信息化设计主要建设内容有：信息采集系统、通信系统、计算机网络系统、视频会商系统、视频监视系统、数据库与存储系统、安全监测系统、水质监测系统、闸站远程自动控制系统、工程管理系统、水量调度系统、用水管理系统、洪水预报系统、三维仿真系统、信息服务系统、档案管理系统、办公自动化系统、信息安全系统等，并通过集成形成覆盖整个输水工程沿线及管理单位的自动化调度运行管理系统。

荆江大堤信息化设计内容包括：建设覆盖省堤防建设管理局、荆州市长江河道管理局及其下属分局的视频会议系统，新建 6 处水情监测站点，建设 62 处视频监视站点，开发综合数据库和应用系统。设计中，在全省首次将移动互联网技术运用到堤防日常巡查之中，能够将现场发现的异常情况通过手机客户端发送到上级单位，以便及时采取应急措施予以处理，同时利用沿堤敷设的光纤，将险工险段和重点地段的视频图像送到湖北省堤防局和市县堤防管理单位，实现了监测、监视的一体化。

设计院对新建、除险加固或更新改造的泵站、水库、灌区等工程都加入了信息化项目设计，对流域规划项目，完成了相关信息化规划和可研工作。2015 年 6 月设计院完成了《湖北省水利信息化建设技术指引》的编制，为湖北省水利信息化项目建设管理提供了技术参考，填补了湖北省水利信息化建设的技术空白，展示了设计院的综合技术实力。2016 年 4 月完成了《武汉市水生态文明建设规划——河湖水系智能化调度系统框架研究》，围绕武汉市水生态文明建设的总目标，提出了构建智能化调度系统框架体系的实现路径。框架体系以智能调度云平台为核心，以智能感知为收集信息手段，对大数据进行分析研究，采用虚拟现实技术对现状进行模拟，按调度准则生成智能调度方案进行实时调度，并对调度过程进行模拟和分析评价，通过不断优化调度方案，直至完成调度目标。

第四节 金 属 结 构

20 年来，设计院金属结构专业不断发展，拥有雄厚的专业实力，形成了成熟完善的设计体系和独特的设计风格，设计了各种大型表孔弧形闸门，大型深孔弧门、高压平板闸门、人字闸门、浮箱叠梁闸门、翻板闸门、双扉门等多种门型，各种启闭设备、清污机拦污栅、浮式拦污浮排、自动挂脱梁、活动钢质公路桥、高水头深孔钢衬砌，以及其他非闸门类金属结构项目（包括升船机、顶升式活动钢制桥、浮式拦污浮排、深孔钢衬砌结构和微波通信铁塔等），其中不乏国内领先、国际先进的创新型设计。如无闸墩型活动挡水闸、梯形桁架结构双向挡水横拉闸门等门型属国内首创；樊口泵站液控大型拍门断流装置具有国际先进水平；特别是引江济汉工程的拾桥河超大型节制闸，孔口跨度超过 60m，采用了超大型平面对开弧形三角闸门，其双向挡水工况在同规模闸门中属国内第一。

具有典型特色的金属结构形式设计有以下几种：

（1）横拉闸门。横拉闸门是沿水平方向移动的平面矩形闸门，它的门叶结构与直升和平面闸门相似，不同之处在于其支承和行走部分设在不同的部位。

20 世纪 60 年代末设计院为黄陵矶船闸下闸首成功设计了结构新颖的梯形断面横拉门，由于采用了桁架结构，比实腹结构节省钢材 16% ～ 25%。1997 年，设计院在大冶四顾船闸下闸首再次成功设计了结构新颖的梯形断面横拉门。2004 年，设计院设计的新滩口船闸上下闸首均采用了矩形横拉闸门，双向挡水，孔口尺寸 12.0m×19.5m（宽×高），采用 1×250kN 集成式液压启闭机操作，液压启闭机行程达 12.5m，中间加设了支撑随动装置，为当时国内集成式液压启闭机最大行程。

（2）带支臂上翻式平板钢闸门。2011 年，设计院在珠海澳门大学挡洪工程的滨海东路挡潮闸设计了一种形式新颖的门型，结合当地景观和工程整体布局，较好地实现了建闸于无形的特殊要求。闸门采用带支臂上翻式平板钢闸门，门叶采用主横梁布置，面板布置在上游侧，支臂布置在下游侧。支铰座采用铸钢，支铰轴的支架预埋在闸墩二期混凝土内，门槽埋件采用耐蚀铸铁。根据工程的要求，选用集成式启闭机作为闸门的启闭设备，按一机一门布置，闸门通过双向作用的液压启闭机，带动闸门绕着支铰旋转，达到开启和关闭闸门。整个水闸建成后，所有金属结构设备全部在桥涵下房，做到了"建闸于无形之中"。

（3）液压顶升式带活动导向的平面钢闸门。2010 年，厦门集杏海堤开口改造工程通过工作闸门控制湾内水位，并保留后期纳潮功能。采用 22 孔 12.0m×5.5m 的工作闸门，景观要求水闸所有金属结构设备均要求布置在闸顶平面以下。设计院精心设计了顶升式平面钢闸门结合活动门槽钢结构导向柱的方案，闸门全开或检修工况开启活动门槽钢结构导向柱，其余工况闸顶无突兀建筑物。由于结构空间限制，工作闸门顶伸油缸、导向柱控制油缸全部采用双级柱塞油缸和双级活塞油缸结构型形式。

（4）大型泵站液控大拍门断流装置樊口泵站出口拍门尺寸 4.5m×4.5m，是当年已建泵站中规模最大的拍门。拍门与快速液压机联动，组成液控大拍门新型断流装置，这套装置设计合理，技术先进，当时属国内外先进水平，1986 年被列入国家科学技术研究成果 1984 年。樊口泵站工程被评为国家级优秀设计，荣获金质奖。泵站运行多年后，出口拍门液压机停泵缓冲效果达不到要求，事故停泵撞击力过大，危及建筑物安全。2014 年，设计院对樊口泵站出口拍门液压机改造设计，液压启闭机油缸及液压系统全部更新，液压启闭机采用 QPPY - 160kN/800kN - 6.3m。由于土建结构限制，拍门液压启闭机液压泵站仍采用一控八模式，油缸更新设计的核心部分为对液压机缓冲座进行优化设计，将原等径侧向开孔进油变更为变径正向进油，截流渐变回油口槽道设计形式在活塞杆进入缓冲段，截流回油处于线形变化，避免由于截流突变产生的冲击，从而进一步增大了设备运行的安全可靠性能。为消除滑槽中心线与安装中心线偏差，改造设计中对液压机的吊具进行了重新设计，增加了一套短吊头，短吊头与液压机吊头连接轴、连接杆与短吊头连接轴垂直，及形成了一个十字铰，拍门在下降过程中，可消除因受到侧向力作用，滑块侧向偏移，与滑道产生卡阻的现象。根据运行观测，液压机运行平稳，拍门在关闭时感觉不到门体的撞击振动，改造后运行效果良好。

（5）引江济汉超大型平面对开弧形三角闸门。引江济汉工程拾桥河枢纽左岸节制闸位于引江济汉主干渠上，担负着分段节制水位的作用，兼做通航孔，主要承担防御拾桥河洪水和满足上、下游干渠检修的任务。其通航按限制性Ⅲ级航道、1000t 级船队的标准设计，根据交通部门限定的通航条件，要求 60m 宽航道内无碍航水工建筑物；通航净空要求最高通航水位以上 8.5m，为此，超大型非常规闸门设计成为本枢纽一大技术难点。

闸门结构形式采用了介于三角闸门和横拉门之间的一种新门型——超大型平面对开弧形三角闸门。在确定工程基本门型的基础上，对闸门的结构形式、启闭装置（包括检修闸门）等进行了设计研究和优化布置，采用了浮箱式门体结构、管系空间桁架式支臂结构、自润滑关节轴承支铰形式、对底槛压力值的控制基本恒定等一系列技术和方法，使闸门具有更强的可靠性和实用性。设计人员对工程超大型平面弧形双开闸门结构动力稳定性、抗振、冲淤措施等关键技术方面做了深入研究，在挡水工况、门高、启闭机容量等方面大胆进行了尝试和突破。

拾桥河枢纽左岸节制闸闸门孔口净宽 60m，为目前湖北省内水利工程上孔宽度最大的闸门，而且该闸门门型特殊，类似工程在国内仅有一例。2015 年 3 月 12 日，超大型平面对开弧形三角闸门关键技术通过了湖北省科技厅组织的科技成果鉴定，鉴定结论为：该成果总体达到国际先进水平，其中超大型平面对开弧形三角闸门双向挡水技术为国际领先。2016 年 1 月 6 日，超大型平面对开弧形三角闸门取得实用新型专利证书，该成果正在积极申报湖北省科技进步奖。

（6）大型弧形闸门。近年来，设计院设计的表孔弧形闸门基本选用了液压启闭机，如朝阳寺、洞坪、龙背湾等水电站工程。支承形式有圆柱铰、双圆柱铰、锥铰和关节轴承等。

第八章 | 施工与造价

第一节 发展历程

施工造价处成立于 2008 年，包含施工和造价两个独立的设计专业。1999 年以前，施工专业和造价专业是水工室的两个专业组，即水工室施工组和水工室概算组，独立开展施工专业设计和概预算编制工作。由于施工专业和概算专业存在着密切的关系，在工作中也需要较频繁的沟通，设计院于 2000 年将施工组和概算组合并为水工室施工概算组，两个专业的人员混编在一起办公，各自承担自己的专业设计工作。1997—2007 年间，施工和造价两个专业的发展都遇到了很多困难，尤其是施工专业在 2003 年后已变得举步维艰。为了给施工专业和概算专业提供一个良好的发展平台，2008 年 6 月，设计院将施工概算组从水工室分离出来，正式成立了施工造价室，2010 年设计院更名，施工造价室改称施工造价处。目前施工造价处共有 28 人，其中施工专业 16 人，造价专业有 12 人，正高职高工 7 名，高级工程师 8 名，工程师 7 名；博士学历 1 名，硕士研究生学历 4 名，10 人已获得"水利部水利工程注册造价师"或"水电工程注册造价师"职业资格证书。

一、施工专业发展

1997—2007 年，施工专业是隶属于水工室的一个专业组，由于新老人员交替、外调和院内转行等原因，施工人员逐渐减少。2003 年后随着珠海分院、北京分院的成立，施工专业先后派出 5 名专业人员去分院工作，而这期间施工专业仅从高校引进了 2 名人员，施工专业人员最少时仅有 4 人。随着设计院承接的项目越来越多，设计任务更多地转向水电站，一大批电站设计时间紧、任务重，业主的要求高，施工专业面临人力资源严重缺乏和技术能力不足的问题，施工专业的设计工作压力非常大。由于人力资源短缺问题无法在短期内解决，为缓解矛盾和压力，设计院决定将部分施工专业的设计工作转交给水工专业来完成，这更加制约了施工专业的发展。

2008 年，施工造价室成立，施工专业仅有 8 人，其中还有 2 人长期借调珠海分院；恰逢院里承接了引江济汉、白河电站、龙背湾水电站、新集水电站等一批大中型水利水电工程的设计任务，因人力资源严重缺乏，施工专业面临前所未有的压力。施工专业发展的核心问题是人力资源问题，针对这一问题，施工造价处决定向社会引进人才，并通过设计项目的锻炼来打造一支全新的团队。在 2008—2013 年间，施工造价处每年都从高校和社会上引进施工专业的人才，并采用"老带新"的模式让新员工迅速参与到引江济汉、龙背湾水电站、白河电站等大中型项目的设计工作中，把他们派到施工现场从事设代服务工作，并有计划地派他们参加各种技术培训和交流活动。2008—2016 年，经过 8 年的努力，施工专业已经培养了 8 名年轻的业务骨干，他们承担了鄂北水资源配置等大型工程的设计工作，人才的培养为施工造价处的下一步发展奠定了基础。

二、造价专业发展

1997 年，造价专业共有 15 人，当时设计任务并不饱满，且概预算工作逐渐从手算向计算机编制转化，人力资源处于饱和甚至过剩状态。在随后几年，造价专业的人员数量变化不大，至 2007 年底造价专业仍有 12 人。

施工造价处成立后，造价专业有 3 人先后退休，同时从外单位和设计院其他处室转入 2 人，目前造价专业技术人员维持在 11 人左右。通过小漩电站、白河电站、新集电站、碾盘山电站等一批水电站工程和引江济汉、鄂北水资源配置等引调水工程的实践，造价专业在业务水平方面有了明显的进步。虽然造价专业人力资源一直比较充足，但年龄结构逐年老化，后备力量仍显不足。2016 年造价专业 11 人中，50 岁以上的有 3 人，40～50 岁以上的有 6 人，28～35 岁的有 2 人，缺少 35～40 岁和 28 岁以下年龄段的技术人员。造价专业亟待培养年轻技术人员。

第二节 专 业 发 展

随着引江济汉、龙背湾水电站、鄂北水资源配置、碾盘山电站等一批大中型项目的建设，施工专业在施工导流设计、施工技术应用等方面比过去有了较大的进步。通过对大型渡槽施工方案进行专题研究，确定在鄂北水资源配置工程孟楼渡槽施工中采用先进的架槽机施工方案。这些成功的施工设计，使施工专业技术水平不断得到提升。

概预算工作由原来的手算编制全部升级为计算机编制。设计院承接的项目中有的项目涉及外省市或非水利行业，省外水利市场和其他行业都明确要求使用专业软件来编制概预算，例如在承接珠海市和厦门市的水利项目时，业主就明确要求必须使用广东省和福建省推广的概预算编制软件，为此，施工造价处购买相关软件并派专人学习。2013 年，施工造价处购买了青山软件。2016 年，设计院承接武汉市水生态治理项目，业主明确要求必须使用专业软件按照市政工程来编制概预算，施工造价处购买了广联达计价软件。由于市场上概预算编制软件众多，且相互兼容性差，成果相互验证困难，水利部也没有明确的指导和要求，因此，使用和推广专业软件编制概预算目前尚存在诸多问题。

2012 年受湖北省水利厅委托，施工造价处承担了水利厅定额站的具体工作，湖北省水利厅并在当年出台了鄂水利建函〔2012〕932 号文，要求在编制概预算时增列工程质量抽检费、工程造价咨询审核费及工程竣工验收费等费用。2016 年，为适应国家税制改革，根据财政部、国家税务总局《关于全面推开营业税改增值税试点的通知》（财税〔2016〕36 号）等文件要求，施工造价处在湖北省水利厅建设处的指导下，按照"价税分离"的原则，编制了《省水利厅关于水利工程营业税改增值税后计价依据调整的报告》。此外，随着水利市场的发展需要，湖北省水利厅还委托设计院参照水利部水总〔2014〕429 号文《水利工程设计概（估）算编制规定》，结合湖北省实际情况，起草湖北省水利工程设计概（估）算编制规定，并针对近些年施工中出现的新技术、新工艺、新方法，通过调查、研究和测算，补充编制部分定额，以改进现行定额中存在的不足。这项工作正在进行中。

第九章 | 生态与建筑

第一节 发 展 历 程

20 世纪 80 年代，设计院组建了建筑设计室，并逐步增设了建筑、结构、给排水、电气和概预算等多个专业。2011 年 3 月设计院抽调院内规划、水工等专业的技术人员，与原建筑设计室合并，成立生态环境与建筑处，下设生态环境室和建筑室，主要承担水生态环境与景观、工业与民用建筑等方面的设计任务。2015 年，景观组从生态环境室独立出来，成立了景观室，与生态环境室、建筑室组成生态环境与建筑处的三个专业。目前生态环境与建筑处共有职工 32 人，涉及规划、水资源、水生态、环境工程、园林景观、建筑、结构、给排水、电气、水工、概预算等多个专业，正高职高工 4 人，高级工程师 7 人，工程师 10 人，助理工程师及以下 10 人，全部具有本科学历，其中具备博士学历 2 人，硕士研究生学历 11 人。

生态环境室主要以水生态环境治理、水生态修复工程为主体，将传统水利规划技术与现代水质水量动态仿真模拟技术相结合，可承接水资源保护与修复、生态水网构建、湖泊综合治理、城市水系综合治理、城市水生态文明建设等方面的业务。工业与民用建筑专业包括建筑、结构、给排水、电气等多专业，可承接住宅楼、别墅、办公楼、商场、综合楼、体育馆等多种类型的建筑设计任务。景观专业向生态景观方向发展，承接生态河道治理、滨水环境改造、公共空间景观，居住区景观、水利风景区建设等方面的业务。

生态环境与建筑处成立以来，完成了武汉市水生态文明城市建设规划、襄阳市水生态文明建设规划以及水利部科技推广中心生态水网构建技术在武昌大东湖项目中的示范推广、武汉市东湖港综合整治工程等 43 项生态水利工程和科研课题；先后完成了梧桐湖新城小港生态景观规划设计、荆江大堤生态示范段设计、潜江东干渠河道治理工程、九八抗洪纪念碑 EPC 项目等滨水景观工程设计几十项；完成了湖北工业大学商贸学院体育馆、神农架红坪山庄别墅、亿钧集团荆州基地仓库、武汉大学科技园等多项建筑工程设计。多项工程被评为优质工程，特别是 2013 年完成的梧桐湖新城小港生态景观规划设计，从全国 200 多家设计单位中脱颖而出，获得由水利部主办的第一届"中水万源杯"水土保持与生态景观设计大赛一等奖，为设计院在生态环境景观设计领域打开了局面。

在全面推进水生态文明建设的大背景下，生态环境专业将以水生态工程中心为平台，以博士后工作站为契机，发展水生态环境整治及水质水量动态仿真模拟等核心技术，结合河湖水生态治理、海绵城市建设、城市水环境综合整治等项目，开展水生态环境产、学、研三位一体工作，进一步增强专业技术的含金量，打造水生态环境与景观设计精品工程；工业与民用建筑专业将充分利用自己的理论知识和实践经验，在生态建筑、绿色建筑设计应用新材料、新技术、新工艺；景观专业结合水利工程、城市规划、水生态修复、水土保持等各学科的先进设计理念和技术，打造与工程基础设施融为一体的滨水环境，以求在发挥工程效益的同时，为人民群众提供美丽、和谐、多彩的景观。

第二节 专业发展

一、工业与民用建筑专业

1999—2003 年间，建筑设计室并入水工设计室，组成水工建筑室。随着市场经济的发展，工民建设计越来越市场化，为了适应经济形势的变化，2004 年建筑室又从水工建筑室独立出来，逐步发展出建筑、结构、给排水、电气和概预算等多个专业。目前，建筑室可以完成包括水利水电工程建筑、多高层建筑、综合性建筑、别墅、体育馆、仓库等在内的各种类型的建筑及环境设计，拥有专业技术人员 15 人，其中，正高职高工 3 人，高级工程师 4 人，工程师 4 人，助理工程师及以下 4 人；包括一级注册建筑师 1 人，一级注册结构师 2 人，注册设备工程师 2 人，注册造价工程师 2 人。

1998 年以前，工业与民用建筑设计施工图主要靠手工绘制，分析计算主要靠手工和 PC1500 机计算。1998 年开始，建筑室逐步配备计算机，到 2000 年已实现全面使用计算机绘图。建筑绘图采用的 AutoCAD、APM、ABD、天正软件等，使绘图变得快捷高效；结构分析计算主要使用 TBSA 和 PKPM 软件，最初使用的 TBSA 软件，可以完成多层和高层的结构分析计算，现在使用的 PKPM 不仅可以完成多层和高层的结构分析计算，还能直接生成初步的施工图及完成工程量统计。结构计算软件可以大大减少人为计算失误，提高设计质量和效率，为复杂结构设计提供了基础。给排水的鸿业市政管线软件，自动化程度高，不论地形识别、管网计算、雨污水计算，还是管道纵断面以及材料表的绘制，均可利用软件自动完成。概预算采用的神机妙算软件，对工程量、钢筋、造价的集成，覆盖整个工程预算的全过程，使概预算的效率和准确率得到了保证。随着技术手段的提高，工民建专业陆续承担湖北工业大学商贸学院体育馆、神农架红坪山庄别墅、亿钧集团荆州基地仓库、武汉大学科技园、徐鸯口泵站等建筑工程项目。

湖北工业大学商贸学院体育馆为综合性体育馆，平面形状为橄榄形，平面尺寸 64m×38m，比赛场地净空高 15m，能同时容纳观众 4000 余人，可进行篮球、体操、乒乓球等室内体育项目的训练和比赛，是武汉地区高校一流的体育馆之一。体育馆主体采用大空间的框架结构，屋面为大跨度网架结构，基础形式为人工挖孔灌注桩基础。为了满足建筑专业要求的立面、平面和空间效果，该建筑成功地使用了后浇带代替伸缩缝来减少结构柱的施工工艺。体育馆通过竣工验收后，第八届 CUBA 联赛女子八强赛在该体育馆举行，场馆使用效果非常好，令业主相当满意。

神农架红坪山庄别墅位于山谷里，虽然该别墅仅为 2 层，但由于地基为高差较大的嶙峋怪石，没有一块较平坦的建基面，且需要引导山洪从房屋下部穿过，以便形成下游的人工瀑布。鉴于实际情况，该房屋采用了下部架空的框架柱与新鲜无风化岩石通过植筋相连的方式，充分利用了岩石的抗压强度以保证建筑安全，避免出现整体滑移，节省了基础的造价。通过结构处理，整栋房屋更加轻巧。在别墅下面留有山洪下泄的空间，既避免了山洪带来的不利影响，又为下游的人工瀑布提供了条件。

亿钧集团荆州基地仓库为轻钢结构，建筑面积 $14400m^2$，跨度为 $2m \times 24m$，柱距为 $15m$，高度为 $11.5m$，每跨 4 台 5t 单梁地操桥式吊车，每跨吊车梁按 2 台 5t 桥式吊车计算。该轻钢结构仓库跨度大，按照工艺要求，为方便地面轨道式设备的运行，采用了大柱距，根据经验，柱距增大必然导致屋盖系统造价的提高，常规的冷弯薄壁型钢檩条不能满足设计要求，通过比较，采用在柱顶设钢梁作托架来支撑屋面钢梁的方法，将檩条的跨度由 $15m$ 变为 $7.5m$，仅此一项措施就节约投资 15%。

二、生态环境专业

2011 年，设计院从事生态环境专业设计人员有 6 人，随着业务不断拓展，2014 年景观组从生态环境室独立出来，并成立了景观室，从事生态环境专业设计人数逐年扩展，目前有 10 人，其中正高职高工 1 人，高级工程师 3 人，工程师 5 人，其中具备博士学历 2 人，硕士研究生学历 6 人，涉及规划、水资源、水生态、环境工程 4 个专业。

生态环境室成立后即确立了河湖水生态修复与保护、城镇水系规划与整治的专业发展方向，承担了襄阳市城市水系规划、四湖流域水生态治理工程、潜江市水生态修复与保护以及梧桐湖新区梧桐湖新城水系整治工程等 11 项生态水利工程。2014 年以后，生态环境室在已有专业业务基础上，向水生态环境区域规划和基础理论研究方向发展，积极申报和承担了省部级与水生态相关的科学研究课题，具有代表性的成果有武汉市水生态文明城市建设规划、襄阳市水生态文明建设规划、湖北汉江开发开放生态水利规划、汉江中下游水资源保护规划以及水利部科技推广中心生态水网构建技术在武昌大东湖项目中的示范推广等 32 项生态水利工程和科研课题。

三、景观专业

景观专业是设计院最新设置的专业，2009 年，为了高标准地完成白马泾泵站工程景观环境建设任务，设计院专门在建筑设计室下设景观专业。2011 年，生态环境与建筑处成立后，下设生态环境室景观组，2015 年景观组从生态环境室独立出来，成立景观室。景观室现有专业设计人员 7 人，其中工程师 1 人，助理工程师及以下 6 人，其中硕士研究生学历 2 人，本科学历 5 人。

2010 年以前，景观专业的主要工作任务是进行水利工程配套景观设计，业务较为单一，承担了白马泾泵站工程景观设计、沐家泾泵站工程景观设计、杨林山泵站景观设计等工程。2011 年，生态环境与建筑处成立后，业务类型从单一传统水利工程景观设计转变为以滨水生态环境、滨水景观工程设计为主，兼顾传统水利工程景观设计，景观专业承担了汉江兴隆水利枢纽工程景观及生态文化建设规划、鄂北水资源配置工程生态环境建设规划、汉江兴隆水利枢纽工程水保绿化工程、引江济汉水保绿化工程、浠水白莲河水厂景观设计、黄石长江干堤江滩综合整治工程、梧桐湖新区梧桐湖新城水系整治工程、潜江市水生态修复与保护规划、武汉市青菱湖水系与环境综合整治规划等项目。2013 年凭借梧桐湖新城小港生态景观规划设计获得"中水万源杯"水土保持与生态景观设计大赛一等奖，从全国 200 多家设计单位中脱颖而出，为设计院在新的设计领域争得荣誉，也为景观专业在生态规划设计创新打开了新的思路。

2015 年，景观专业发展为景观成设计室，随着水生态文明建设的深入开展，专业业务逐步由滨水生态环境、滨水景观工程设计向水生态修复发展，兼顾传统水利工程景观设计与滨水景观工程设计，承担了荆江大堤生态示范段设计、潜江东干渠河道治理工程、竹溪县莲花村莲花塘生态治理工程、98'抗洪纪念碑 EPC 项目、引江济汉标志性建筑物 EPC 项目、兴隆标志性建筑物 EPC 项目、武汉市东湖港综合整治工程、武汉市水生态文明城市建设规划、襄阳市水生态文明建设规划、竹溪县水生态文明规划等项目。2015 年，景观室凭借湖北省宜都市中小河流治理重点县综合整治和水系连通试点-杨家湾河道示范段生态整治工程获得由水利部主办的第一届"环能德美杯"水利新技术应用设计大赛二等奖。

第十章 | 移民与环境

第一节 发 展 历 程

计划经济时期，水利水电工程移民属于补偿性移民，为政府行为，较多强调的是国家建设需要，要求移民"舍小家，为大家"，由政府给予一定的补偿，通过组织动员完成移民搬迁任务，以满足工程建设需要。受限于当时的政策环境及"重工程、轻移民"的思想影响，全国范围内省级设计院开展移民专业化设计和研究的单位几乎是空白。设计院水利水电工程移民专业的建设是在改革开放后，伴随着国家政策的变化和水利水电事业的发展，逐步从无到有、从小到大，经历了"学习探索、专业建设、发展壮大"三个阶段。

一、学习探索阶段（1997—2003 年）

1997 年以前，设计院承担的移民设计任务非常少，没有固定的移民设计人员。项目中涉及征地移民设计，一般由规划专业、防洪专业和概算专业的人员编制方案，缺乏持续的研究，对移民政策、规范的学习和理解还不够，设计方案一般是在地方政府提供的实物基础上，以编制补偿投资为主，与规范要求还有较大差距。1998 年长江流域发生特大洪水，设计院承担了大量的堤防整险加固工程设计，征地移民设计工作量较以往有很大的增长。规划、防洪两个专业在洪湖监利长江干堤、武汉市长江干堤、汉江遥堤等多个堤防整险加固工程的设计中，承担了大量的征地移民设计工作，设计人员边学习边探索，为后来的专业发展奠定了基础。1999 年，湖北省利用世界银行贷款进行长江干堤加固工程建设，世界银行对移民设计的技术要求高于当时国内同类项目。为完成好设计任务，设计院以规划、防洪专业人员为班底，专门成立了湖北省利用世行贷款长江干堤加固工程移民设计项目组。项目组在世行移民专家指导下，于 2000 年编制完成了《湖北省利用世界银行贷款长江干堤整险加固工程移民行动计划》（RAP），这是设计院首部移民专题设计报告。报告一次性通过世界银行董事会的评估，为湖北省引进外资，促进地区经济发展作出了重要贡献。2001—2003 年，项目组对项目区实物进行了全面详细的调查并以县（市、区）为单位编制了移民实施规划报告。在完成世行项目的同时，项目组还相继完成了长阳招徕河水电站移民实施规划、恩施老渡口水电站预可行性研究水库淹没处理及移民安置专题报告等水库移民设计专题报告。项目组大量的工作和丰硕的成果为设计院培养移民设计专业人才，筹建专业化设计队伍，奠定了坚实的基础。

二、专业建设阶段（2004—2006 年）

2004 年 4 月设计院决定设置移民设计专业，2004 年 5 月由世界银行贷款移民设计项目组负责人牵头，在院内现有技术人员中挑选有移民设计经验或与移民专业有关的专业设计人员，正式成立了移民设计室，由 7 名设计人员组成。2004—2006 年，移民设计室先后承担了南水北调中线一期汉江中下游治理引江济汉工程、汉江兴隆枢纽水利工程等国家重点项目及汉江白河（夹河）水电站、堵河龙背湾水电站等大中型水电工程移民专项工作，涉及移民补偿投资超过了 40 亿元。至 2006 年移民设计室人员发展到 10 人。2006 年 7 月，移民设计室引入了环境评价专业硕士，承担环评和环保设计工作，移民设计室改名为移民环评室。

三、发展壮大阶段（2007—2016 年）

2006 年 9 月，国务院颁布《大中型水利水电工程建设征地补偿和移民安置条例》（国务院令第 471 号），对移民设计工作提出了更高的要求，由于移民补偿投资占主体工程比重越来越大，移民设计工作量也越来越大，同时，全社会对环境保护也越来越重视。在这种形势下，通过不断的培养、引进人才，设计院移民和环评环保设计专业得以发展壮大，2010 年设计院更名，移民环评室改称移民设计处，人员增至 25 人。在现有专业基础上，移民设计处积极拓展业务领域，开展了社会稳定风险评估工作，并多次派职工参加有关内容的培训学习。2013 年 6 月，移民设计处编制完成设计院首个社会稳定风险分析专题报告《湖北汉江新集水电站社会稳定风险分析专题报告》，并在当年顺利通过襄阳市人民政府评估，在社会稳定风险分析评估业务领域有了新的发展。

截至 2016 年年底，移民设计处人员发展到 28 人，其中正高职高工 2 人，高级工程师 8 人，工程师 12 人，博士学历 1 人，硕士研究生学历 14 人；具备注册移民工程师资格的有 4 人，持有环评上岗证的有 10 人。业务领域涵盖水利水电工程移民设计、环评及环保工程设计、社会稳定分析评估三个方面。

移民设计处成立 10 余年来，所完成的移民设计项目投资规模超过 300 亿元，环评环保设计、社会稳定风险评估项目超过 150 项。多人被聘为国家发改委评审中心、水利部水规总院及湖北省移民局专家，参加国家级和省级重点项目的审查评审工作。2015 年起，移民设计处作为省移民局认可的第三方评估机构，多次承担移民项目的咨询评估，并承担了清江流域水库移民帮扶解困规划及部分县市大中型水库移民避险解困规划等移民后期扶持项目，在移民项目咨询评估及移民后期扶持领域开拓了新的市场。

移民设计的技术手段也在不断更新，GPS 测量、激光测距仪等设备用于外业调查，计算机数据处理和制图已成为内业设计的基本手段，GIS 和 BIM 技术在移民设计中已开始探索运用。

作为水库移民大省，湖北省在 2020 年以前要解决贫困移民脱贫解困问题，移民人均收入要保持持续稳定增长，总体达到当地农村平均水平。要进一步加强库区和移民安置区基础设施和生态环境建设，农村移民生产生活条件得到根本改善，使库区和移民安置区同步实现全面建成小康社会目标，要实现这些目标，设计是龙头。在机遇面前，移民设计处主动出击，抢占先机，承担了湖北省移民事业发展"十三五"规划及多个县、市的大中型水库移民后期扶持"十三五"规划工作，为今后设计工作的进一步深化、拓展打下了基础。

第二节 典型专业案例

一、湖北省利用世界银行贷款长江干堤整险加固工程移民项目

湖北省利用世界银行贷款长江干堤加固项目总投资 25.83 亿元人民币（其中世行贷款 1.67 亿美元），其项目范围涉及荆南长江干堤、武汉市长江干堤、汉南长江干堤、鄂州耙铺大堤、黄冈长江干堤共 418.73km 的一级和二级堤防及 70 座涵闸的加固整治。2000 年 6 月，设计院完成了首个移民设计专题报告（即《利用世界银行贷款长江干堤加固工程移民行动计划》）的编制工作，该报告于 2000 年 8 月通过了世界银行董事会的评估。随后，为指导项目实施，设计院又编制完成了湖北省水利工程的首部移民实施规划报告，即项目涉及的 15 个县（市、区）的《利用世行贷款长江干堤项目的移民实施规划》。在该项目移民设计中，增加了脆弱群体和特困人群补助项目，进行了公众参与、社会整合及移民申诉与抱怨等方面的项目内容，切实贯彻了"以人为本"的设计理念。该项目于 2008 年项目竣工验收，共计完成移民搬迁 3664 户 16403 人，搬迁企事业单位 319 家，拆迁房屋 73.49 万 m²，永久征地 17094 亩，完成移民总投资 51713.60 万元。

二、南水北调中线一期汉江兴隆水利枢纽移民项目

2003 年，设计院承担了汉江兴隆水利枢纽移民项目的可行性研究、初步设计和实施规划。兴隆水利枢纽合计永久征地 6220 亩，淹没和占压滩地 17826 亩；临时用地 8736 亩；搬迁 307 户 1269 人，房屋 3.84 万 m²，征地移民总投资 49930.8 万元。采取以调剂耕地、改造中低产田为主的安置方式，生产安置人口 2847 人，采取集中与分散安置相结合，集中安置为主的方式，规划集中安置点共 7 处，搬迁安置人口 1269 人。

兴隆水利枢纽淹没占压了大量的河滩地，由于历史原因，河滩地在土地性质、权属和界限上存在着很多争议，一直是水库淹没处理的难题。移民设计人员从实际出发，多次赴现场调查、走访、取证，收集了大量资料和群众意愿。在淹没处理上，面对现实，尊重历史，不搞"一刀切"的政策。依据土地性质、土地质量、淹没影响程度及老百姓依赖程度，制定了不同的补偿处理措施，得到了上级主管部门、地方政府及老百姓认可，为工程顺利实施创造了条件。

三、南水北调中线一期引江济汉工程移民、环境保护设计

2002 年设计院承担了引江济汉工程的设计，移民设计处完成了征地移民可行性研究、初步设计、实施规划及工程环保设计。工程永久征地 19478 亩，临时用地 31823 亩，搬迁 1214 户 5495 人，拆迁房屋 24.37 万 m²，征地移民总投资 189421.3 万元。环境保护总投资为 4671.2 万元。

引江济汉工程线路长，穿过经济较发达的江汉平原，因人口密集，土地资源紧张，征地移民工作难度大。设计人员结合当地土地资源和农业生产状况，对 6985 名生产安置人口制定了在调整土地的基础上辅以发展大棚蔬菜和改造中低产田的生产安置方式，为实现征地后生产生活不低于原有水平提供了技术保障。设计人员结合当地社会经济发展及新农村建设需要，针对当地人口密集土地紧张的特点，采取了以集中安置为主的搬迁安置方式，对农民的搬迁去向和 16 个集中安置点进行了包括房屋布局、道路工程、绿化工程、

给水工程、排水工程、环卫工程、电力工程、电信工程、有线电视工程、广播工程、文教卫设施等多项内容的详细规划设计，使基础设施水平较搬迁前有明显的提高，给移民安居乐业带来了便利条件，妥善解决了 5495 名搬迁人口的安置问题。

引江济汉工程占用临时用地 31823 亩，数量巨大。为切实保护耕地资源，设计人员确定通过土地复垦措施将临时占用的土地全部进行复垦。土地复垦措施主要包括：①土地平整工程（耕作层表土剥离、表土还原、田埂修筑等）；②农田水利工程（渠道工程、排水工程、建筑物及构筑物工程等）；③田间道路工程（田间道与生产路）；④其他工程（种植意杨和水杉、铺种草皮等）。通过土地复垦后，除了将原占用的耕地全部恢复外，还将部分非耕地的土地复垦成了耕地，增加耕地面积 2800 余亩，切实保护了宝贵的耕地资源。

引江济汉线路穿越多处等级公路、高压线路、输油管道等专业项目设施，为了尽可能节省国家投资，设计人员与专业项目的主管部门反复研究，在保证专业项目功能恢复的基础上，优化复建方案。如在输油管道的复建中采用"不停输工艺"和"水平定向钻穿越设计施工"的方案，比"直接开挖施工"的管道穿越方案节省工程投资近 3000 万元。

2010 年 4 月，引江济汉工程征地移民设计负责人被评为"湖北省南水北调工程建设先进个人"；2012 年 12 月，荆州市荆州区南水北调领导小组办公室特发来感谢信，感谢移民设计人员在引江济汉征地移民工作中的付出和成就；2014 年，《南水北调中线一期引江济汉工程征地拆迁实施规划》获得"湖北省优秀工程咨询成果优秀奖"。

引江济汉工程对环境的主要影响为施工期产生的废水、废气、废渣、噪声等以及工程占地对生态环境的破坏，环境保护设计主要针对工程施工期的污染物治理以及生态保护设计，并提出各施工段的不同环保方案。在施工过程中，施工单位较好的执行了环境保护相关设计，对当地的各类环境没有产生较大的负面影响。

四、碾盘山水利水电枢纽工程移民、环境保护设计（待建）

2006 年设计院就开始了碾盘山水利水电枢纽工程的前期研究，2015 年设计院编制完成了《湖北碾盘山水利水电枢纽工程建设征地移民安置规划大纲》，得到了水利部及湖北省人民政府的批复。随后，又编制完成了《湖北碾盘山水利水电枢纽工程建设征地移民安置规划报告》。碾盘山水利水电枢纽合计永久征 85578 亩，临时用地 13688 亩；涉及人口 637 户 1080 人，房屋 11.8 万 m^2。在不考虑优惠措施的情况下，征地移民总投资 49.8 亿元，为设计院移民项目中投资最大的工程。碾盘山水利水电枢纽淹没耕地面积巨大，为保护耕地，减少淹没损失，设计人员采取了支流改线、裁弯取直、抬高土地、新建防护堤等多种措施，使淹没耕地减少了 60% 以上。

碾盘山水利水电枢纽建设除了受大坝阻隔和鱼类巡游阻隔的影响外，由于坝址位于国家级水产种质资源保护区核心区，而汉江水环境和生态环境恶化，工程环境保护的要求就更加严格。

五、清江流域水库移民帮扶解困规划

清江流域水电工程移民安置工作从 1986 年年底开始进行，依次从隔河岩、高坝洲到水布垭，前后历时 20 年，存在着许多历史遗留问题。为了解决清江流域水布垭、隔河岩、高坝洲水库移民居住不安全、生存环境恶劣、生活贫困等突出问题，湖北省委、省政府决定将清江流域水库移民帮扶解困纳入全省移民后期扶持工作范围，从 2014 年开始，连续

5年，每年投入资金3000万元，用于清江流域库区移民突出困难的帮扶，使清江流域水库移民脱贫攻坚取得实质成效。

受湖北省移民局委托，设计院承担了《清江流域水库移民帮扶解困规划》的编制工作，这也是设计院承担的首个移民后期扶持项目。设计人员认真研究《国务院关于完善大中型水库移民后期扶持政策的意见》（国发〔2006〕17号）和《省移民局关于印发清江流域水库移民帮扶解困工作实施方案的通知》（鄂移〔2014〕30号）等政策文件，成立了3个工作组，到清江流域水库涉及的长阳、巴东、宜都、建始、鹤峰、恩施、宣恩7个县（市）调查移民生产生活状况，收集有关资料。针对各地特点及不同类型帮扶群体，确定帮扶方式、帮扶内容和建设方案；制定了"一镇一策"和"一村一品"产业发展规划及适宜移民的技能培训、教育培训方案。于2014年底，编制完成了各县市帮扶解困规划及《湖北省清江流域水库移民帮扶解困项目总体实施规划》。2015年1月，规划报告通过了省移民局组织的审查，项目已进入实施阶段。

六、汉江新集水电站社会稳定风险评估

《新集水电站社会稳定风险分析专题报告》是设计院编制完成的首个社会稳定风险分析专题报告。设计人员按照《国家发展改革委办公厅关于印发重大固定资产投资项目社会稳定风险分析篇章和评估报告编制大纲（试行）的通知》（发改办投资〔2013〕428号）等相关文件的要求，通过风险调查、风险识别、风险估计等手段，明确了该项目可能发生的各类主要风险因素，并据此制定了相应的风险防范和化解措施。2013年8月，襄阳市人民政府批复同意该项目社会稳定风险评估。

第十一章 | 水土保持

第一节 发 展 历 程

2000年9月，按照省水利厅相关文件，湖北省水土保持监测监督总站设在湖北省水利水电规划勘测设计院，设计院内部称水保设计室，人员由省水利厅相关部门调入4人、设计院调派4人组成。2000年12月，设计院取得水利部颁发的开发建设项目水土保持方案编制资质证书。2010年设计院更名，水保设计室改称水保设计处。自2002年开始，水土设计处陆续从高校引进专业毕业生，现有职工23人，其中正高职高工2人，高级工程师5人，工程师8人；具有大学本科以上学历18人，其中博士学历1人，硕士研究生学历7人；3人取得注册土木工程师（水利水电工程水土保持专业）资格。业务范围从开始从事生产建设项目水土保持方案编制，发展到今天承担生产建设项目的水土保持方案编制、水土保持规划、水土保持监测、水土保持设施验收技术评估、小流域综合治理等工作。

水保设计处在10多年的发展过程中，积累了丰富的专业经验，目前已是湖北省水土保持勘测设计领域的先行者、示范者。到2016年共承担了800多项水土保持专业项目，涉及水利水电工程、公路工程、输油输气管道工程、液化天然气项目（LNG）、电力工程、矿区工程、市政工程、机场建设、小流域规划以及水土保持监测、技术评估等，业务范围覆盖湖北、广东、福建、北京、青海、新疆、西藏、四川、贵州等省、自治区、直辖市，很多成果已经成为湖北省水土保持勘测设计的范本。2011—2013年，设计院报水利部审批的生产建设项目水土保持方案报告书达到48项，获得全国部批项目第一名，自2000年以来，在水土保持勘测设计领域取得湖北省工程咨询成果二等奖3项，三等奖6项，荣获省"青年文明号"和"全省水土保持工作先进集体"称号。

第二节 专 业 发 展

一、水土保持规划

从2002年开始，水保设计处编制了多项规划报告。2002年编制完成《湖北省水土保持监测网络与信息系统建设可行性研究报告》，提出了湖北省水土保持监测网络与信息化建设总体思路及布局。在此基础上，设计院编制并协助实施了《湖北省水土保持监测网络与信息系统建设一期工程实施方案》《湖北省水土保持监测网络与信息系统建设二期工程实施方案》，初步建成了湖北省水土保持监测网络系统。湖北省水土保持监测中心数据备份站设在设计院水保设计处。2007年，编制完成《湖北省水土保持监测规划报告》得到了省政府的批复。2003 年，编制完成《丹江口库区及上游湖北省水土保持生态建设规划》并通过了水利部审查。2010 年，编制完成《湖北省水土保持生态建设十二五规划》，提出了湖北省水土保持工作"十二五"期间的发展目标及方向，目前已全部实施完成。此外，还协助水利水利厅完成了《湖北省革命老区水土流失综合治理规划》《湖北省水土保持生态建设规划报告（2006—2030 年)》等编制工作。

2012 年，省水利厅部署了《湖北省水土保持规划》编制工作，设计院作为规划技术总负责单位承担了规划编制任务。根据规划，湖北省将建成与全省经济社会发展相适应的水土流失综合防治体系，实现适宜治理的小流域清洁化、生态化；建成布局合理、功能完备、体系完整的水土保持监测网络，实现水土保持监测自动化；建成完善的水土保持监管体系，全面落实生产建设项目"三同时"制度，实现水土保持管理信息化、制度化、规范化；显著提高湖北省水土保持科技创新能力和水土保持科技贡献率；全省水土流失得到基本控制。规划中对我省的水土保持区划进行了重新划分，将原有的 9 大片划分为 13 个湖北省二级区；对湖北省政府 2000 年公告的水土流失重点防治区进行了复核划定，确定了水土流失易发区范围，为今后湖北省水土保持监督、管理、治理、监测等方面的工作打下了坚实的基础。该规划历时 4 年编制完成，2016 年已审查待批。

二、生产建设项目水土保持方案编制

根据《中华人民共和国水土保持法》第二十五条的规定，开发可能造成水土流失的生产建设项目的生产建设单位应当编制水土保持方案。为减少和治理因工程施工建设中产生的水土流失，改善项目区的生态环境，保护水土资源，为工程管理、运行创造良好的条件，依据"谁开发、谁保护"，"谁造成水土流失、谁负责治理"的原则，编制生产建设项目的水土保持方案报告。水保设计处自 2000 年成立以来，就以编制生产建设项目水土保持方案报告书为抓手，积极面对市场，承接各个行业的生产建设项目的水土保持方案报告的编制任务，2002 年第一次承担湖北省高速公路项目水土保持方案报告的编制（孝襄高速公路），第一次编制水电站项目水土保持方案报告（洞坪水电站），并在水利部报审批复。2005 年开始承担西藏公路项目的水土保持方案，当年一次承担了 5 条公路的水土保持方案编制工作。10 多年来，水保设计处编制完成的生产建设项目的水土保持方案报告近 800 份，项目涉及水利水电行业及公路工程、输油输气管道工程、液化天然气项目（LNG）、电力工程、矿区、市政工程、机场等，水保专业设计人员足迹遍布省内外，还远足至青海、新疆、西藏、四川等高海拔地区，深入无人区进行查勘选点，克服种种困难开展工作。

三、小流域治理规划设计

2006 年 2 月，国务院批复了长江委上报的《丹江口库区及上游水污染防治和水土保持规划》（国函〔2006〕10 号）（以下简称《规划》），明确将《规划》中的近期项目纳入南水北调中线一期工程总体方案，与总体工程同步实施。《规划》确定湖北省境内十堰地区 8 个县市丹江口、郧县、郧西、竹山、竹溪、房县、张湾区、茅箭区列入规划范围。《规划》明确项目区以小流域为单元，采取综合治理措施治理水土流失。同时，在农村进行沼气池、省柴灶和舍饲养畜示范建设，逐步消除因生产、生活需要对现有林草植被的破坏和生态自我修复能力的制约；健全预防保护和监督管理体系，切实保护好现有林草和水土保持设施，全面贯彻落实水土保持方案报批和"三同时"制度，禁止陡坡开荒现象，有效控制住人为水土流失。2007年"丹治"工程全面实施，整个项目一期工程全部由设计院负责完成勘测设计工作。水保设计人员艰苦奋战3个月，完成了6个项目县11个项目区及71条小流域的实施方案，为项目实施提供了有力的支撑和保障。

四、水土保持监测

生产建设项目水土保持监测的主要任务是及时、准确掌握生产建设项目水土流失状况和防治效果；落实水土保持方案，加强水土保持设计和施工管理，优化水土流失防治措施，协调水土保持工程与主体工程建设进度；及时发现重大水土流失危害隐患，提出防治对策建议；提供水土保持监督管理技术依据和公众监督基础信息。

2012年12月，设计院取得水利部水土保持学会颁发的生产建设项目水土保持监测资格证书（水保监资证乙字第305号），水保设计处已完成几十项公路工程、输变电工程、风电工程、天然气工程项目的水土保持监测工作。

五、生产建设项目水土保持设施验收评估

按照《开发建设项目水土保持设施验收管理办法》（水利部令第16号）的要求，依据批复的水土保持方案、批复文件和有关水土保持验收规程规范，分别从水土保持综合治理、工程措施、植物措施和财务经济4个方面，对项目的水土保持设施是否符合设计要求和施工质量要求，资金使用情况、管理维护责任落实情况和水土流失防治效果进行评估，并提出存在的问题及相应的处理意见，作为水土保持设施验收的重要技术依据。

设计院开展生产建设项目水土保持设施验收技术评估工作比较早，2006年就进行了襄荆高速公路工程的生产建设项目水土保持设施验收技术评估工作，2014年7月取得水利部水土保持设施验收技术评估单位资格（52家之一）。2015年随着国家政策的调整，生产建设项目水土保持设施验收技术评估变更为水利部的政府采购项目。2015年11月，水利部对部批项目水土保持设施验收技术评估单位进行社会招标，设计院与广东省水利电力勘测设计研究院、中水珠江规划勘测设计有限公司、中国电建集团华东勘测设计研究院有限公司、黄河勘测规划设计有限公司联合体中标（全国只一个标段）。2016年1月，水利部对部批项目水土保持设施验收技术评估单位进行社会招标，设计院与广东省水利电力勘测设计研究院、黄河勘测规划设计有限公司联合体中标（长江流域项目标段）。

大 事 记

1996 年 9 月设计院成立 40 周年，湖北省人民政府、国家水利部、长江水利委员会、水利水电规划设计总院发来贺信、贺电；时任全国政协副主席钱正英、时任湖北省副省长王生铁、水规总院院长高雪涛亲笔题词祝贺；12 月，召开设计院成立 40 周年庆祝大会，时任副省长王生铁、省政府副秘书长刘克毅到会祝贺，出版《湖北省水利水电勘测设计院院志》（湖北科学技术出版社，1996 年 10 月），编写《湖北省水利水电勘测设计院论文集》。

1997 年

2 月 省水利厅党组研究决定，聘任陈斌为设计院院长。

3 月 院内设管理职能部门、生产部门、下属公司共 21 个，其中管理部门 11 个，生产部门 8 个，二级单位 2 个。

4 月 湖北省水利水电勘测设计院工程建设监理中心获得国家水利部首批颁发的甲级监理资质。

荆江数字微波通信工程铁塔及基础设计荣获湖北省优秀工程设计奖。

7 月 省水利厅人事劳动处函复，同意将"湖北省水利水电勘测设计院工程建设监理中心"更名为"湖北省水利水电工程建设监理中心"。

10 月 武汉市武昌区精神文明建设指导委员会授予设计院"文明单位"称号。

11 月 省水利厅党组研究：聘任徐平为设计院副院长，任党委委员。

12 月 院提出"四化"目标：设计现代化，管理科学化，办公自动化，住房小康化。

1998 年

1 月 全国道德模范、武昌区副区长吴天祥来院授"区文明单位"牌匾。

3 月 设计院出台文件，鼓励应用 CAD 辅助设计，全面实现了计算机制图。

5 月 经湖北省防汛抗旱指挥部办公室批复，同意开展荆江分蓄洪区安全建设勘测设计工作。

6 月 长江流域遭遇 100 一遇大洪水，设计院组织 200 余人次技术干部深入"抗洪第一线"，战斗达 4 个月。

7 月 设计院组织建党 77 周年暨改革开放 20 周年庆祝活动。

9 月 全院职工在防汛的同时，开始对鄂州昌大堤和咸宁长江干堤进行整险加固工程勘测设计工作。

10 月 突击完成灾后重建工作，重点完成 34 处溃口险情的整险加固设计任务。开始对洪湖监利长江干堤、黄冈长孙堤、阳新长江干堤、武汉市江堤、汉南白庙长江干堤、汉江遥堤等堤防进行整险加固勘测设计工作。

11 月 陈斌院长在洪湖燕窝堤段向时任国务院副总理温家宝汇报设计院提出的 6 大堤防整治新技术。

12 月 湖北省水利厅党组研究，聘任王书俭为设计院总会计师。

✎ 1999 年

1 月 长江水利委员会以水规规〔1999〕16 号文对设计院编制的《荆江大堤加固工程调整概算》进行了批复。

3 月 在设计院内公开招聘设计院副院长 1 名。

4 月 韩汉民获得"湖北省五一劳动奖章"称号。

省水利厅人事劳动处函复，同意设计院成立"湖北省水利水电岩土工程中心"。

受国家计委委托，由中国国际工程咨询公司组成专家组，对设计院编制的《湖北省鄂州市长江干堤昌大堤段整险加固工程可行性研究报告》进行了评估。

设计院召开第四次职工代表大会，讨论并通过了《劳动人事管理制度》《职工从业管理规定》《医疗制度实施办法》等。

6 月 湖北省水利厅党组研究决定：古国亭任设计院党委委员、书记，程崇木任党委委员、纪委书记，韩翔任党委委员、聘任为副院长，聘任许明祥为副院长。

7 月 湖北省西北口水库混凝土面板堆石坝获全国第八届优秀工程设计银奖。

湖北省枝城市熊渡水利枢纽工程勘察获全国第六届优秀工程勘察铜奖。

湖北省水利厅党组研究，同意胡三荣为设计院工会主席，任党委委员。

11 月 设计院党委召开自 1964 年以来的第二次党代会，选举产生了院新一届党的委员会和纪律检查委员会，古国亭任党委书记，程崇木任纪委书记。

国家发展计划委员会以计农经〔1999〕1704 号文对设计院编制的《湖北省武汉市长孙堤整险加固工程可行性研究报告》进行了批复。

✎ 2000 年

1 月 省水利厅党组研究，同意增补许明祥为设计院党委委员。

4 月 院总工程师刘克传被国务院授予"全国先进工作者"称号。

5 月 国家发展计划委员会以计农经〔2000〕571 号文对《湖北省咸宁长江干堤整险加固工程可行性研究报告》进行了批复。

6 月 国家发展计划委员会以农经〔2000〕768 号文对设计院编制的《湖北省阳新长江干堤整险加固工程可行性研究报告》进行了批复。

高级工程师李瑞清，被省委组织部任命为利川市科技副市长。

8 月 湖北宣恩龙洞水库电站工程设计获第九届全国优秀工程设计国家级铜奖。

9 月 湖北省水利厅人事劳动处函复，同意设计院成立"湖北省水土保持监测监督总站"，内设水保设计室。

10 月 泵站流道和截流闭锁装置数模、试验及优化设计（CAD）研究获江苏省科技进步三等奖。

兴建了第 10 栋住宅楼，按政策对 300 余户职工住房进行了调整。

12 月 古国亭获得"全国水利系统先进工作者"称号。

设计院通过 ISO 国际质量标准认证，勘测设计质量管理迈上了新台阶。

2001 年

2 月 国家发展计划委员会以计农经〔2001〕541 号文对设计院编制的《湖北省汉江遥堤加固可行性研究报告》进行了批复。

3 月 设计院承接湖北省第一个征地移民监理项目——湖北省利用世界银行贷款长江干堤加固项目移民监理。

国家发展计划委员会以计农经〔2001〕545 号文对设计院编制的《湖北省长江干堤汉南至白庙整治加固工程可行性研究报告》进行了批复。

4 月 设计院获得国家建设部颁发的甲级招标代理资质。

国家发展计划委员会以计农经〔2001〕543 号文对设计院编制的《武汉市江堤整险加固工程可行性研究报告》进行了批复。

5 月 国家发展计划委员会以计农经〔2001〕812 号文对设计院编制的《湖北省洪湖、监利长江干堤整治加固工程可行性研究报告》进行了批复。

6 月 设计院组织开展建党 80 周年系列活动，《湖北水利党建动态》两次登载反映设计院学习情况的文章。

7 月 设计院正式出台《项目管理办法》。

12 月 湖北省副省长贾天增对设计院发扬 98'抗洪精神，坚决完成全省堤防设计紧急任务的信心和决心表示赞赏，对全院职工表示亲切慰问。

设计院获得国家水利部颁发的"全国水利行业文明单位"。

2002 年

2 月 长江水利委员会以长计〔2002〕67 号文对设计院完成的《湖北省洪湖、监利长江干堤整治加固工程初步设计报告（非隐蔽工程）》进行了批复。

长江水利委员会以长计〔2002〕73 号文对设计院完成的《湖北省咸宁长江干堤整治加固工程初步设计报告》进行了批复。

长江水利委员会以长计〔2002〕76 号文对设计院完成的《汉江遥堤加固工程初步设计报告（非隐蔽工程）》进行了批复。

3 月 湖北省水利厅党组研究决定，陈斌任省水利厅副总工程师，兼设计院院长。

7 月 韩翔享受国务院特殊津贴。

长江水利委员会以长计〔2002〕69号文对设计院完成的《湖北省武汉市江堤整险加固工程初步设计报告》(非隐蔽工程)进行了批复。

8月 以设计院为主体的技术专家组赴菲律宾进行合作项目的现场勘测设计工作,为期3个月。

11月 陈斌调任省水利厅副总工程师,聘任杨金春为设计院院长、任党委委员。

长江水利委员会以长规计〔2003〕171号3号文对设计院完成的《湖北省咸宁长江干堤整治加固工程补充项目》进行了批复。

2003 年

3月 省水利厅党组研究决定:聘任李瑞清为设计院副院长,同意李歧为设计院工会主席。

4月 省水利厅机关党委批复李瑞清、李歧为设计院党委委员。

湖北省委副书记邓道坤、省政府副省长刘友凡到设计院指导南水北调中线工程四项补偿工程。

设计院获得国家水利部颁发的移民工程监理资质(甲级)。

5月 湖北省人民政府授予设计院"全省长江堤防建设先进集体"。

8月 由院控股的湖北合丰置业有限公司成立。同年12月整体收购湖北省水利水电物资设备公司(含湖北省电力排灌公司),并接收管理湖北省防汛物资储备中心。

9月 设计院党委研究决定,成立湖北省水利水电勘测设计院检测中心。

根据湖北省有关文件精神,设计院参加省直企业养老保险。

10月 设计院通过公开招标,中标珠海市乾务赤坎大联围海堤工程勘测设计项目。

湖北省委省政府授予2001—2002年度创建文明行业工作先进单位,获评全省创建文明行业活动示范点。

11月 湖北省水利厅人事处函复,同意成立"湖北省水利水电勘测设计院珠海分院"。

设计院召开第五次职工代表大会,重点讨论《关于转让在湖北合丰置业有限公司中所持股份的报告》。

竹溪县鄂坪水利水电枢纽工程正式开工。

2004 年

2月 南水北调中线引江济汉工程规模优选研究获湖北省科技进步三等奖。

水下地形的数字化测绘获湖北省科技进步三等奖。

7月 设计院首次以参加事业单位公开招聘的方式录用工作人员。

设计院投资建设神农架"红坪山庄",对院内安排职工度假疗养,同时对外营业。

9月 应商务部援外司项目招标处邀请,中标"援佛得角水坝项目施工监理"。

📝 *2005 年*

1 月 湖北省水利厅党组研究决定：王书俭任设计院正处级调研员，免去其总会计师职务聘任周华为设计院总会计师，曾庆堂为设计院总经济师。

2 月 湖北省水利厅人事处函复，同意成立"湖北省水利水电勘测设计院北京分院"。

3 月 "湖北省水利水电工程建设监理中心"更名为"湖北腾升工程管理有限责任公司"（简称"腾升公司"），并完善名称变更手续。

5 月 设计院获得地质灾害治理工程勘察证书（勘察单位甲级）、地质灾害治理工程设计证书（设计单位甲级）、地质灾害危险性评估证书（评估单位甲级）。
与汉江水利水电（集团）有限责任公司签订了《湖北省竹山县龙背湾水电站勘测设计合同》和《湖北省竹山县小漩水电站勘测设计合同》。

9 月 中国水利企业协会授予腾升公司"全国优秀水利企业"称号。
武汉市龙王庙险段综合整治工程荣获 2005 年度中国水利工程优质奖（大禹奖）和 2005 年度中国建筑工程鲁班奖（这是湖北省水利项目第一个鲁班奖）。

11 月 国家发展与改革委员会对设计院完成的《武汉市长江支流干堤府澴河、举水堤整险加固项目可行性研究报告》进行了批复。

📝 *2006 年*

6 月 湖北省水利厅党组研究，杨金春调任省水利厅副总工程师，聘任徐少军为设计院院长，任党委委员。
院党委首次提出"把骨干发展成党员，把党员培养成骨干"的双向培养原则。

7 月 国家发展与改革委员会对设计院设计的樊口等 8 处大型排涝泵站更新改造工程初步设计概算进行了批复。

9 月 湖北省漳河水库汛限水位设计与应用研究获湖北省科技进步三等奖。

10 月 腾升公司获得水利部颁发的"全国水利建设与管理先进集体"称号。
长江堤防加固钢板桩示范项目获 2006 年中国水利工程优质奖（大禹奖）。

11 月 与武汉市水务局签订了《武昌"大东湖"生态水网构建工程合同》。
设计院成立 50 周年，湖北省政府、国家水利部、长江水利委员会发来贺信、贺电，副省长刘友凡、长江委主任蔡其华到会祝贺。

📝 *2007 年*

1 月 全国创争活动领导小组授予设计院珠海分院"全国学习型班组"称号。

2 月 湖北省水利厅党组研究决定，徐平任设计院党委书记。

4 月 湖北省水利厅人事处函复，同意成立"湖北省水利水电勘测设计院成都分院"。
设计院党委研究决定，成立"湖北省水利水电勘测设计院宏利达公司"。

5 月 设计院被省委省政府授予 2005—2006 年度全国精神文明创建活动先进单位。

设计院党委研究决定，成立施工造价处。

6 月 湖北省水利厅党组研究同意，聘任别大鹏为设计院总工程师。

8 月 设计院获得国土资源部颁发地质灾害防治工程监理（甲级）。

11 月 引江济汉工程、闸站改造工程项目设计中标。

12 月 招徕河水电站 100m 级碾压混凝土双曲薄拱坝关键技术的研究与应用获湖北省科技进步二等奖。

📝 *2008 年*

4 月 中华全国总工会授予设计院"全国五一劳动奖状"称号。

设计院召开第六届职工代表大会，表决通过《湖北省水利水电勘测设计院集体合同（修改草案）》《关于为全院职工购买意外伤害保险的报告》。

5 月 通过各种渠道向四川地震灾区捐款、损物，各类捐款达 110 万元，并在"我们心相连"湖北省抗震赈灾晚会现场再次向灾区捐款 50 万元。

9 月 湖北省水利厅党组研究，许明祥调任湖北省水利水电科学研究院院长，任党委副书记，免去其设计院副院长、党委委员职务。

10 月 开展改革开放 30 年和 98 抗洪胜利 10 周年活动。

11 月 恩施市老渡口水电站工程正式开工。

湖北省水利厅机关党委批复，别大鹏任党委委员。

12 月 设计院年货币收入为 1.11 亿元，首次突破亿元大关。

📝 *2009 年*

1 月 湖北省水利厅党组研究同意：聘任宾洪祥为设计院副院长，任党委委员。

3 月 由湖北省水利水电勘测设计院、湖北省水利水电科学研究院、省水利厅水电工程检测研究中心 3 家单位共同出资组建湖北正平水利水电工程质量检测有限公司。

4 月 徐少军获得"湖北省劳动模范"称号；李海涛获得"湖北省五一劳动奖章"称号。

台湾中兴工程顾问股份有限公司的龚诚山博士一行来院进行技术交流。

7 月 设计院被省委省政府评为 2007—2008 年度文明单位。

湖北省水利厅同意设计院挂"湖北省防汛物资储备中心"牌子。

8 月 郭生练副省长来设计院调研科技工作。

《写意江河》创刊。

10 月 武汉市江堤整险加固工程获全国优秀工程勘察设计银奖。

湖北省洪湖、监利长江干堤整治加固工程（非隐蔽工程）获中国水利工程优质（大禹）奖。

招徕河水利水电枢纽工程获全国优秀工程勘察设计铜奖。

11月 湖北省小漩水电站工程正式动工。

12月 国务院南水北调工程建设委员会办公室以国调办投计〔2009〕250号文对设计院完成的《南水北调中线一期引江济汉工程初步设计报告（技术方案）》进行了批复。

水利部、人力资源和社会保障部授予设计院"全国水利系统先进集体"。

✎ *2010 年*

3月 南水北调中线一期引江济汉工程正式开工。

5月 根据鄂水人函〔2010〕31号文《关于湖北省水利水电勘测设计院实施机构改革方案的批复》，将各科室整合为22个，其中管理职能部门6个，生产部门13个，企业单位3个。

6月 中共湖北省委省直机关工作委员会授予设计院"先进基层党组织"。

7月 "马里6000TCD糖厂甘蔗种植基地项目"正式启动。

10月 湖北省机构编制委员会办公室经研究，同意"湖北省水利水电勘测设计院"更名为"湖北省水利水电规划勘测设计院"，所属珠海、北京、成都分院明确为相当副处级机构。

湖北省堵河小漩水电站工程可行性研究报告区湖北省咨询项目一等奖。

11月 湖北省人社厅以鄂人社岗〔2010〕34号文《关于湖北省水利厅所属事业单位岗位设置方案的批复》确定设计院岗位设置。

12月 十堰市龙背湾水电站工程动工兴建。

✎ *2011 年*

3月 湖北省水利厅人事处函复，同意设计院内设机构由科、室改为处，仍为科级。

4月 韩翔获得"全国五一劳动奖章"称号。

5月 水利部、共青团中央授予设计院团委"青年文明号"称号。

6月 湖北省水利厅函复，同意设计院成立"湖北省水利水电规划勘测设计院新疆（博州）分院"。

7月 提出构件湖北省"三横两纵"的水资源配置总体格局。

8月 设计院被省委省政府评为2009—2010年度文明单位。

南水北调中线一期引江济汉工程施工控制网获全国优秀水利水电工程勘测设计铜奖。

湖北省汉江遥堤加固工程获全国优秀水利水电工程勘测设计铜奖。

10月 李歧获得"全国优秀工会工作者"称号。

溃坝风险关键技术研究获湖北省科技进步三等奖。

设计院获得水利部颁发水文、水资源调查评估资质证书（甲级）。

11 月 李瑞清荣获"水利部 5151 人才工程"部级人选称号。

12 月 接省委组织部通知，省委同意：徐少军任省防汛抗旱指挥部办公室专职副主任（副厅级）。湖北省水利厅党组研究决定，李瑞清主持设计院行政工作。

✐ 2012 年

3 月 经民主推荐、组织考察，省水利厅党组研究，聘任李瑞清为设计院院长。
院党委开创性地推出"党委联系日"制度，安排院党委委员每周一晚上轮流值班，专门听取职工的建议和诉求。
干部职工培训教育新平台——"水苑讲坛"开讲。

5 月 设计院与武汉大学水利水电学院签订学研合作协议，并挂牌成立"武汉大学研究生实践教学基地"。

6 月 设计院与武汉市人才市场有限公司签订劳务派遣协议，接收劳务派遣人员。

7 月 湖北省水利厅党组同意：聘任许明祥为设计院总工程师（正处级），任党委委员。

8 月 湖北省水利厅组织省水利水电规划勘测设计院技术人员赴襄阳、随州和大悟现场查勘，正式拉开鄂北地区水资源配置工程规划工作序幕。
新建设计院职工食堂，改善职工生活条件。

10 月 湖北省水利厅党组研究同意：韩翔享受调研员待遇，免去其设计院副院长、党委委员职务。
湖北省水利厅党组研究同意：聘任刘贤才为成都分院院长（副处级）。

11 月 洞坪水电站枢纽工程获湖北省优秀工程设计一等奖。
湖北恩施姚家坪水利水电枢纽工程预可行性研究报告获湖北省优秀工程咨询成果一等奖。
湖北省水利厅将鄂北地区水资源配置工程前期工作办公室设在本院。

12 月 国家发展和改革委员会以农改农经〔2012〕4068 号文对设计院编制的《湖北荆江大堤综合整治工程可行性研究报告》进行了批复。

✐ 2013 年

1 月 设计院获得国家测绘地理信息局核发测绘资质证书（甲级）。
设计院召开第七届职工代表大会，表决通过《湖北省水利水电勘测设计院办公楼迁建新工地的报告》。

4 月 湖北省水利厅党组研究：聘任孙国荣为设计院副院长，任党委委员。

8 月 为表彰设计院在鄂北地区水资源配置工程前期工作中的突出贡献，湖北省水利厅决定予以通报嘉奖。
中华全国总工会授予设计院"全国模范职工之家"。
水利部湖北省人民政府以水规计〔2013〕349 号文对设计院编制的《湖北省鄂

北地区水资源配置工程规划》进行了批复。

国家发展和改革委员会核发工程咨询单位资格证书（水利工程、水电、农业、生态环境和环境工程甲级）。

9 月 国家水利部核发水土保持方案编制资格证书（甲级）、建设项目水资源论证资质证书（甲级）。

12 月 湖北省委、省政府授予设计院"湖北省最佳文明单位"。

设计院实现年货币收入总额突破 2 亿元。

✍ *2014 年*

4 月 湖北省总工会授予设计院"湖北五一劳动奖状"。

7 月 湖北省机构编制委员会办公室批复同意，设计院为公益二类事业单位，事业编制 590 名。

8 月 国家发展和改革委员会以发改办投资〔2014〕1828 号文对设计院编制的《荆江大堤综合整治工程初步设计概算及中央补助投资》进行了批复。

10 月 设计院启动汉江干堤整险加固工程的勘测设计前期工作。

11 月 国家发展和改革委员会以发改农经〔2014〕2650 号文对《鄂北地区水资源配置工程项目建议书》进行了批复。

荆江大堤综合整治工程测量获湖北省优秀工程勘察一等奖。

武汉市东西湖区白马泾泵站工程获湖北省优秀工程设计一等奖。

广东省珠海市南水沥闸获湖北省优秀工程设计二等奖。

鄂北地区水资源配置工程规划获湖北省优秀工程咨询成果一等奖。

12 月 鄂北地区水资源配置工程生产性试验项目 EPC 总承包项目正式启动。

远安县付家河水库工程项目代建工程正式启动。

✍ *2015 年*

1 月 李瑞清享受国务院特殊津贴。

湖北省人力资源与社会保障厅、湖北省水利厅授予设计院"全省水利工作先进集体"称号。

2 月 中央精神文明建设指导委员会授予设计院为全国文明单位。

共青团湖北省委、湖北省精神文明建设委员会办公室授予设计院团委"湖北省杰出青年文明号""湖北最美青年文明号"。

4 月 姚晓敏荣获全国先进工作者称号。

6 月 院党委决定在鄂北管厂设"临时党支部"，把党支部建在项目上，保证了院党委的工作部署得到贯彻执行。

7 月 国家发展和改革委员会以发改农经〔2015〕1726 号文对设计院编制的《鄂北地区水资源配置工程可行性研究报告》进行了批复。

9月 设计院获得国家住房和建设部核发工程勘察资质证书（工程勘察综合类甲级）、工程设计资质证书（水利行业甲级、电力行业专业甲级）。

荆江大堤综合整治工程测量获全国优秀工程勘察设计行业奖工程勘察二等奖。

10月 湖北省鄂北地区水资源配置工程全面开工。

11月 人力资源和社会保障部、全国博士后管理委员会批准设计院设立博士后科研工作站。

湖北省应城市城市供水汉江饮用水工程获湖北省优秀工程咨询成果一等奖。

水利部以水规计〔2015〕423号文对《湖北省鄂北地区水资源配置工程初步设计报告》进行了批复。

12月 被湖北省精神文明建设委员会连续三年复核为"全省最佳文明单位"。

2016 年

1月 别大鹏荣获"水利部5151人才工程"部级人选。

2月 湖北省水利厅党组研究：聘姚晓敏为北京分院院长（副处级），聘熊卫红为珠海分院院长（副处级）。

4月 设计院党委研究决定，成立工程管理分院。

6月 国家发展和改革委员会以发改农经〔2016〕1257号文对设计院编制的《湖北省洪湖东分块蓄滞洪区工程可行性研究报告》进行了批复。

湖北省水利厅党组研究，李歧任设计院纪委书记。

7月 应对98+洪水，设计院派出专家300余人次参加防汛救灾。

9月 圆满完成援藏、援疆，水利专业技术顾问，"博士服务团""三万工作组"驻村技术人员选派工作。

10月 南水北调中线汉江中下游水资源系统调控工程关键技术获湖北省科技进步一等奖。

南水北调中线一期汉江中下游治理引江济汉工程获湖北省优秀工程设计一等奖。

11月 湖北省水利学会学术年会在洪山宾馆召开，同时又是设计院建院60周年系列活动之一。

开展设计院建院60周年系列活动，《中国水利报》刊发了专版纪念文章，湖北电视台精心制作了宣传片《水利荆楚》，编写了两本论文专集和1本画册《碧水》。

设计院党代会召开，完成院党委、院纪委换届选举工作。选举产生新一届委员会，院党委由李瑞清、李歧、宾洪祥、孙国荣、许明祥、别大鹏、刘贤才7名同志组成，李瑞清任党委书记，李歧任党委副书记、纪委书记。

12月 湖北省水利厅党组研究，同意许明祥为设计院工会主席。

编　后　语

在 2016 年湖北省水利水电规划勘测设计院成立 60 周年之际，编撰出版《湖北省水利水电规划勘测设计院院志（1997—2016 年）》，记载了设计院 20 年来发展壮大与开拓创新历程，起到保存史料，启迪未来之作用。

2016 年 3 月，成立《湖北省水利水电规划勘测设计院院志（1997—2016 年）》编纂委员会；4 月，确定编写大纲及各篇章编写人员；5 月，特邀中国水利水电出版社周媛同志来院指导；6 月，讨论编写篇章取舍问题并搜集资料；7 月，对初稿进行审查，提出具体修改意见；8 月，解答志书编写疑难问题，核查主要事件和信息来源；9 月，对各篇章文稿汇总编审；10 月，完成院志书稿编纂工作，书稿交付出版社出版。

由于编写时间紧，任务重，涵盖内容广，在短短几个月时间，编写人员既要做好本职工作，又要利用业余时间查找资料，编写文字，加班加点，付出了大量心血。在此感谢院领导的关心和支持，感谢各专业处、各分院、公司领导支持和帮助，感谢各位编写人员的不懈努力，还要感谢中国水利水电出版社给予的指导和支持，特别感谢周媛同志对编写人员的悉心指导和耐心帮助。

谨向所有为《湖北省水利水电规划勘测设计院院志（1997—2016 年）》编纂和出版工作付出辛勤劳动的同事和朋友，表示衷心的感谢！

由于时间仓促，水平有限，《湖北省水利水电规划勘测设计院院志（1997—2016 年）》中难免存在不当和疏漏之处，敬请读者批评指正。

《湖北省水利水电规划勘测设计院院志（1997—2016 年）》编纂委员会

2018 年 6 月

编 写 人 员

篇/章		编写者（执笔人与统稿人）	审核	审定
概述		魏子昌	韩 翔	李瑞清
第一篇	第一章	韩 翔 刘 源 魏子昌	田永红	徐 平 李 歧 周 华
	第二章	项 珺	项 珺	
	第三章	项 珺 彭江萍 覃忠胜 郭 靖 冯怡欣	郭 靖 项 珺	
	第四章	戴 锐 周 英 姜沁汐 边智坤 项 珺	戴 锐	
第二篇	第一章	王海波	王海波	宾洪祥 曾庆堂
	第二章	雷安华 熊 洁 熊卫红 杨胜保 刘贤才 林 军 张 信 曹树可	贺 敏 熊卫红 刘贤才	
	第三章	马爱昌 韩 翔	陈汉宝	
	第四章	马爱昌 陈汉宝	陈汉宝	
	第五章	李 德	韩 翔	
第三篇	第一章	雷新华 彭习渊 常景坤 周 明	雷新华	孙国荣 别大鹏
	第二章	韩 翔 胡雄飞 廖先悟 杨冬军 李文峰 姚晓敏 孙 峥 王大明 石国朋 陈 雷 翁朝晖 熊卫红 刘家明 崔金秀 吴红光 沈培芬 向志波 余 晖 刘 亮 李延春 代 炜 严 谨 李 婷 汤升才 邱 勇 张晚祺 徐 峰	翁朝晖	
	第三章	韩 翔 姚晓敏 张 蔚 王 焱	姚晓敏	
	第四章	姚晓敏 陈亚辉 李文峰 李海涛 廖先悟 杨晓明 吴大军 崔金秀 吴红光 陈 雷 石国朋 沈培芬 杨仕志 栾怀东	姚晓敏 崔金秀	
	第五章	周 明 梁 谦 李海涛 凌 斌 成先贵 姚晓敏 秦昌斌 罗 华 胡新益 杨胜保 李 婷 温志宇 年夫喜 陈杰君	刘学知 秦昌斌	
	第六章	黎南关 孙 峥 年夫喜 汤升才 邱 勇	邓秋良	
	第七章	雷安华 熊 洁	贺 敏	
	第八章	刘贤才 韩青峰	刘贤才	
	第九章	刘东海	宾洪祥	

198

篇/章		编写者（执笔人与统稿人）	审核	审定
第四篇	第一章	黄定强　熊友平　彭义峰　张　信　董忠萍　肖中华	黄定强	许明祥
	第二章	韩青峰　马永贵	韩青峰	
	第三章	张俊华　周国成	周国成	
	第四章	雷新华　彭习渊　黄秀英	雷新华	
	第五章	翁朝晖　胡雄飞　王大明　张晚祺　李红霞　何小花　李　军	翁朝晖	
	第六章	李海涛　陈　雷　年夫喜　张祥菊　杨　眉　孙　峥　吴红光　杨冬君　杨仕志　张晋锋　黄桂林　刘东海　吴红光　成先贵	姚晓敏　崔金秀	
	第七章	刘学知　胡新益　陈　磊　王　力　吴仁旺	徐　平　秦昌斌　张西安　罗　华　刘学知	
	第八章	王述明　喻建春　叶　永　贺宇红　解　青　郭小刚	王述明	
	第九章	邓秋良　余凯波　黎南关　宋　辉　李　娜　熊坤杨　熊红明　邹朝望　李晶晶	邓秋良	
	第十章	孟朝晖　涂澜涛　周建兰	孟朝晖	
	第十一章	周　全　杨建成　张　杰	周　全	
大事记		项　珺　王海波　戴　锐　马爱昌　田永红　钱　勇　郭　靖　魏子昌		李瑞清　徐　平　李　歧